国家出版基金项目
NATIONAL PUBLICATION FOUNDATION

2011年国家社科基金重大项目(批准号:11&ZD097)结项成果
2020年陕西师范大学优秀学术著作出版基金资助项目
2020年陕西师范大学学科建设经费资助项目

艾 冲 主编

鄂尔多斯高原历史地理研究

历史气候与动植物地理卷

吕卓民 李 冀 艾 冲 著

陕西师範大學出版总社 西安

图书代号　SK25N0851

图书在版编目(CIP)数据

鄂尔多斯高原历史地理研究. 历史气候与动植物地理卷 / 吕卓民，李冀，艾冲著；艾冲主编. —西安：陕西师范大学出版总社有限公司，2025.4

ISBN 978-7-5695-3527-3

Ⅰ. ①鄂…　Ⅱ. ①吕… ②李… ③艾…　Ⅲ. ①鄂尔多斯高原—历史地理—研究　Ⅳ. ①P942.26

中国国家版本馆CIP数据核字（2023）第013509号

鄂尔多斯高原历史地理研究·历史气候与动植物地理卷
E'ERDUOSI GAOYUAN LISHI DILI YANJIU · LISHI QIHOU YU DONGZHIWU DILI JUAN

吕卓民　李　冀　艾　冲　著

出 版 人　刘东风
策划编辑　刘　定
责任编辑　张　佩
责任校对　谢勇蝶
封面设计　张潇伊
出版发行　陕西师范大学出版总社
（西安市长安南路199号　邮编 710062）
网　　址　http: //www.snupg.com
印　　刷　中煤地西安地图制印有限公司
开　　本　787 mm × 1092 mm　1/16
印　　张　14.75
插　　页　2
字　　数　290千
版　　次　2025年4月第1版
印　　次　2025年4月第1次印刷
书　　号　ISBN 978-7-5695-3527-3
审 图 号　国审字（2024）第04866号
定　　价　98.00元

读者购书、书店添货或发现印装质量问题，请与本公司营销部联系、调换。
电话：（029）85307864　85303629　　传真：（029）85303879

总　　序

“鄂尔多斯高原历史地理研究”丛书（10卷本）即将出版，在此之前，特在此做一番简要的说明与介绍，以便广大读者了解相关信息，更便捷地阅读本丛书的内容。

一、鄂尔多斯高原的地理位置与区域范围

本丛书的研究区域是鄂尔多斯高原，因此，首先说明鄂尔多斯高原的基本地理位置与区域范围，就显得十分有必要。

鄂尔多斯高原，也称作河套高原。河套高原之地域名称，早在20世纪30年代就已出现，距今已有八十多年之久。至于鄂尔多斯高原之称呼，则迟至21世纪初期才出现。早在1936年，《伊克昭盟志》的编撰者、学者谢再善就采用河套高原之地名，以指称今鄂尔多斯高原，并在此地域展开持续两年的调查采访。这表明河套高原之地名由来已久。他指出：“伊克昭盟位于河套高原，东西北三面皆临黄河——黄河由宁夏北流，至临河东折，流至包头，复南折经晋、陕南下，整整包围了伊（克昭）盟，成为伊（克昭）盟天然界线。（伊盟）南面界限则为长城，与陕北接壤。”[①]河套高原以今白于山脉、大罗山脉与红柳河为南界。成书于20世纪30年代的《伊克昭盟志》既已出现河套高原地域名称，指的就是今鄂尔多斯高原。

鄂尔多斯高原位于今内蒙古、陕西和宁夏三省区交界地区，跨有此三个省区的局部。其东、北、西三方以滔滔黄河作为显明的地域界线，其南侧界线主要以今白于山脉、大罗山脉、红柳河为自然地物标志。由此可见，鄂尔多斯高原的地理位置、空间范围及其边缘界线是十分清楚的。

---

① 伊克昭盟地方志编纂委员会编：《伊克昭盟志》，见曾庆锡等修纂：《鄂托克富源调查记　准郡两旗旅行调查记　伊盟左翼三旗调查报告书　伊盟右翼四旗调查报告书　伊克昭盟志　伊克昭盟概况》下册，远方出版社，2007年，第287页。

具体而言，鄂尔多斯高原的区域范围，既包括今内蒙古自治区的鄂尔多斯市域、乌海市域的河东部分，也包括今陕西省的榆林市域绝大部分，以及今宁夏回族自治区的吴忠市利通区、青铜峡市东部、红寺堡区北半部、盐池县、同心县东北部，中卫市的中宁县东北隅，银川市管辖的灵武市、兴庆区黄河东侧、石嘴山市的平罗县黄河东侧区域，其总面积约为145139平方公里。

鄂尔多斯高原的毗邻区是指其外围接壤区域。其东侧毗邻区包括今山西省管涔山脉、吕梁山脉主脊以西黄河支流区域和内蒙古大黑河东侧分水岭；其北侧毗邻区包括今内蒙古狼山、查石太山南侧黄河支流区域；其西侧毗邻区则包括今宁夏贺兰山脉东侧区域和内蒙古狼山山脉西段及其余脉以东区域；其南侧毗邻区包括今陕西省白于山分水岭南侧的清涧河、延河、洛河上游流域，甘肃省泾河上游流域和宁夏的清水河流域。出于专题研究的需要，研究者经常会涉及鄂尔多斯高原的毗邻区，因而表明其区域范围十分必要。（见图1）

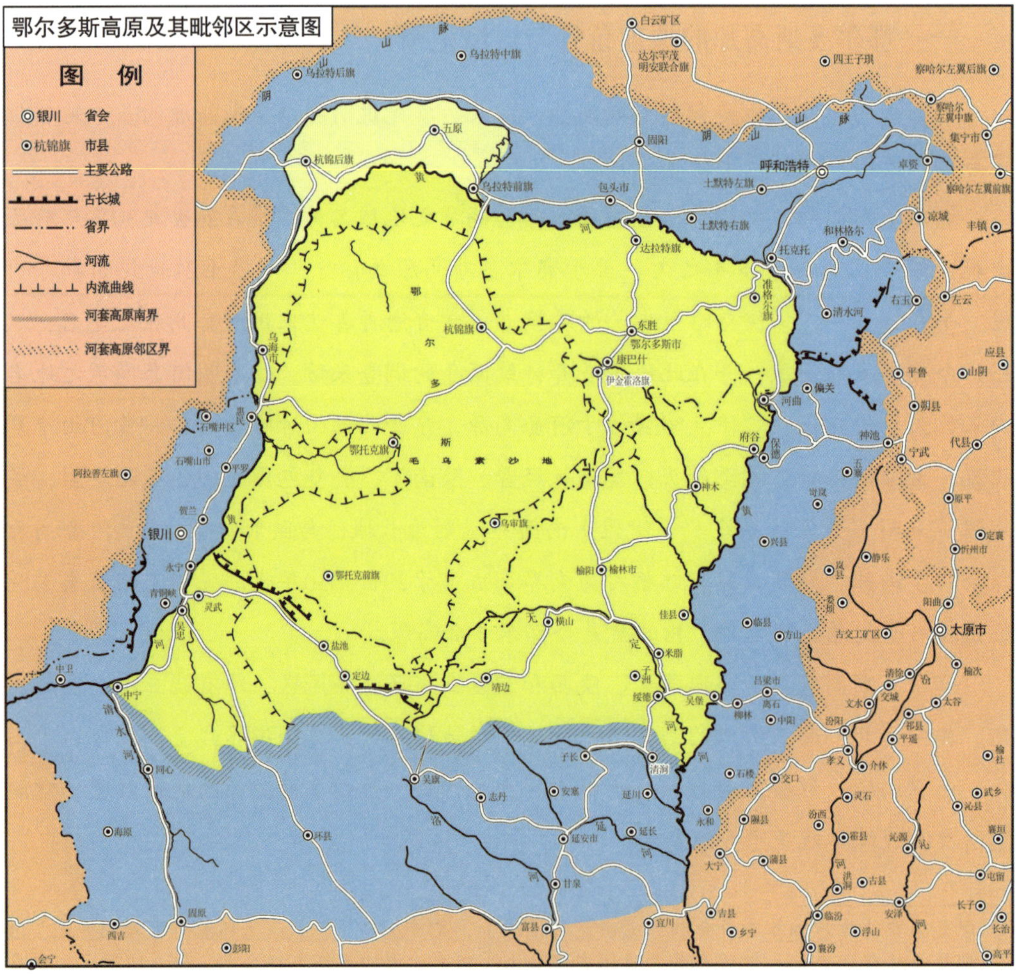

图1　鄂尔多斯高原及其毗邻区示意图

二、鄂尔多斯高原历史地理研究简介

国家社科基金重大项目“鄂尔多斯高原历史地理研究”的子课题数量达十个之多，头绪纷繁，进度不一，难度甚大。课题组经过七年持之以恒的努力，克服诸多客观存在的困难，披荆斩棘，筚路蓝缕，持续探索，终于完成了预定的研究任务。在研期间，课题组成员（包括参与者）展开野外考察达二十多次，通过实地考察解决了透过古代文献无法彻查的问题，有力地推动了重大项目研究的进度。在研期间，课题组成员（包括参与者）总共撰写及发表（出版）了阶段性研究成果一百二十多篇部，形成了相当丰富的研究成果，尤其是对此前用力不多的鄂尔多斯高原古代政区地理发表了一系列的专题论文，将重大项目研究推向深入。多次广泛的野外考察和为数众多的专题论文，为重大项目的顺利结项奠定了坚实的学术基础。

“鄂尔多斯高原历史地理研究”的结题成果共分为10卷，它们彼此呼应，前后衔接，相对全面而系统地论述了鄂尔多斯高原历史地理领域的各方面的问题。这10卷分别是：第1卷——历史政治地理卷、第2卷——历史民族地理卷、第3卷——历史城市地理卷、第4卷——历史经济地理卷、第5卷——历史军事地理卷、第6卷——历史文化地理卷、第7卷——历史气候与动植物地理卷、第8卷——历史自然灾害与土地荒漠化卷、第9卷——历史地貌与河湖地理卷，以及第10卷——历史地理综合卷。10卷本“鄂尔多斯高原历史地理研究”丛书的推出，是区域历史地理学研究的重大科研成果之一，为揭示鄂尔多斯高原历史时期地理环境的变迁进程做出了重要的学术贡献。

三、“鄂尔多斯高原历史地理研究”丛书的创新之处

本丛书的学术创新主要表现在四个方面，即学术思想与理论观点方面的创新、研究方法上的创新、数据资料采集方面的创新和解决实际问题方面的新见解等。

（一）学术思想与理论观点方面的创新

相对于本领域已有研究成果，本项目研究成果在学术思想认识和理论观点上有了新的提升。在本项目研究过程中，坚持了历史唯物主义和辩证唯物主义的思想方法与原则立场。在正确的方法论指导下，研究活动从科研实践出发，以采集现有的各种资料为基础，剖析、推理、综合研究得出结论。较诸既有的学术思想认识，新的认识更加符合历史实际。

1. 在本领域前人已有的研究成果中，存在一种较为普遍的思想认识，即隋唐时期鄂尔多斯高原土地沙漠化现象的出现，是由于过度的农业耕垦。但是，项目组在收

集历史文献资料过程中，发现形成“初期毛乌素沙漠”之地，根本不存在农耕经济成分，因此并不存在土地沙漠化与农业经济过度耕垦的因果关系。与此同时，项目组确认“初期毛乌素沙漠”形成之前，该地方存在着游牧族群的畜牧经济实体和官营牧马业，因此，“初期毛乌素沙漠”形成的驱动因素之一应是草原载畜量过大。这是课题组得出的新观点、新认识。

2. 在本领域已有的研究成果中，往往将“早期库布齐沙漠”与“初期毛乌素沙漠”混为一谈，主要表现在对唐代诗人的纪实诗中沙漠景物描写的理解判断上。课题组经过对唐代诗人的纪实诗做深度阅读与理解，纠正了前述学术思想认识的偏颇，复原出历史时期两块沙漠化土地的真实位置。

3. 在本领域已有的研究成果（尤其是历史地图学研究成果）中，对于战国秦汉时期鄂尔多斯高原政区地理，或者无法标示其具体位置（即无从定位），或者定位错误。课题组经过系统的探讨，认为战国秦汉时期鄂尔多斯高原政区分布格局完全可全面复原，即战国秦汉时期鄂尔多斯高原政区地理的郡级治城、县级治城、郡级政区边界皆可准确定位、清晰显示。这就将该地域历史政区地理研究向前推进了一大步，解决了前人由于时代局限而未能解决的历史政区地理悬案。

4. 在本领域已有的研究成果中，对于两汉时期在鄂尔多斯高原建置的属国都尉府、部都尉府、护匈奴中郎将府、度辽将军府等地方高级军事机构驻地皆语焉不详。课题组经过细致的探索、分析与综合判断，逐一予以准确定位。其中，西汉时期西河郡属国都尉府治城——美稷县城故址，前辈学者将其判定在今内蒙古准格尔旗纳林古城，课题组经过认真论证而将其准确定位在今准格尔旗榆树壕古城。其他重要秦汉故城，皆予以重新定位。通过专题研究，既获得全新的学术思想认识，也为其他历史专题研究奠定了坚实的基础。

5. 在本领域已有的研究成果中，缺乏对历史时期鄂尔多斯高原民族地理演变的全面研究，仅有极少数单个族群研究的著作或论文。课题组经过数年的不懈探索，系统地复原出春秋战国至民国时期鄂尔多斯高原不同民族迁徙（迁入与迁出）、分布、交流与融合的历史横断面图景。由于彻底探明了历史时期鄂尔多斯高原诸多民族分布与变迁的时空过程，从而在学术思想上出现新升华，此地区就不再是历史民族地理的空白区。

限于篇幅，仅列举出上述学术思想认识和理论观点的新突破。

（二）研究方法上的创新

本丛书各卷的研究，注重多学科交叉的综合研究方法。在全力收集历史文献资料的同时，十分重视田野调查方法的运用、高科技手段的使用，以及考古学、地理学理论与方法的运用。

课题组非常重视田野调查的研究途径。七年中，每年都安排不同子课题组到野外进行实地考察活动。每年平均组织两至三次田野调查，踏勘各种历史文化遗迹，确定其真实的地理位置、遗存现状，采集测量相关数据资料，据此，积累起大量有效的野外考察资料，极大地丰富了科学研究的资料库。

课题组十分重视高科技手段的使用。为在田野调查活动中获得准确的采集数据，我们购置行之有效的科学仪器，诸如GPS接收器、激光测距望远镜、照相机等，并运用这些仪器，获得相对精准的经度、纬度、高程坐标，古城遗址的长度、宽度、高度及其平面布局，地物的围长、年龄、相对高度等数据。通过采集数据，获得可靠的田野调查原始资料，服务于不同的子课题研究。

课题组尽力收集已有的地理学和考古学研究的理论与成果，与历史文献记载相互印证，结合田野调查及使用高科技手段所获资料，探索特定历史地理要素的发生、发展与空间分布变化的过程与特征。运用地理学和考古学研究的理论与成果，充实课题研究的证据，弥补文献资料的不足，填补研究资料的空白，并与其他科研资料相互交叉、相互印证，探寻鄂尔多斯高原历史地理真相。

（三）数据资料采集方面的创新

课题组重视运用精准的数据资料以支撑相关专题研究。为此，课题组成员走出书斋，走向野外，通过实地考察以采集需要的科学数据。在数据采集方面的创新主要体现于使用GPS接收器、激光测距望远镜、照相机等小型仪器，获取专题研究所需地理坐标、海拔高程、古代遗址的测量数据与平面格局资料等。要采集数据，就必须走向田野，就必须花费一定的时间和精力，就必须有不怕吃苦受累的精神，正因为如此，课题组在采集、运用数据资料方面取得了重大突破。

（四）解决实际问题方面的新见解

历史地理学研究的终极目的是为现实社会服务，推动现代社会持续发展进步，因此，解决现实社会中存在的实际问题就是研究者必须面对的重要课题，也是科学研究的落脚点。本丛书在以下两个问题上提出了新见解、新建议。

第一，在治理毛乌素沙漠、再造绿色植被以改造沙化环境上，课题组提出，应该组建陕西、内蒙古和宁夏三省区治沙联合体、治沙联动机制，即组织三省区人民群众积极行动起来，同心协力打赢治理改造毛乌素沙漠之战，为三省区人民生活水平的提升奠定良好的自然环境基础。不可采取各省区自扫门前雪的方式。

第二，出于环境保护的需要，地方政府应推行节约资源、能源的生产与生活方式，减少对自然资源索取力度，维护自然环境自我修复与再生机制，尽力减少对生态环境的破坏。同时，有步骤地保持人类社会与自然环境的和谐关系与基本平衡。为此，政府应制订长期规划与决策，对损坏自然环境的经济建设项目进行整改。

10卷本“鄂尔多斯高原历史地理研究”丛书虽然业已完成，但对鄂尔多斯高原的研究尚需继续深入。如五胡十六国时期鄂尔多斯高原的行政建制，尚未完全探明；隋唐时期少数驻防城的位置，仍待探查；秦汉与宋元时期区域交通道路分布，仍有待解的路径位置问题；历史时期动物种群与植被群落的空间分布，仍需深入研究；历史时期河川与湖泊的变迁，也有待继续细化与再深入研究。

上述问题还未探明的原因约略有三点。其一，探究相关历史地理问题的文献资料严重欠缺。由于文献记载缺失，也致使课题组在涉及相关问题研究时无从推进。其二，过往学界对鄂尔多斯高原关注不够，学界产出的相关成果较少，可资借鉴者也就甚少。其三，个别学术问题研究不够深入。鄂尔多斯高原历史地理领域可继续研究的空间较大，留待今后再探索。

在研期间，数十名博士与硕士研究生参与了课题的实际研究，为科学研究的深入推进做出了自己的贡献，也培养与锻炼了其各自的科研能力。他们或在文献资料收集与整理的技术环节付出了劳动，或在阶段性成果的撰写环节做出了贡献，或在结题成果上付出了辛劳，特在此向这些年轻的同志表示深深的感谢。

在多次野外考察的进程中，得到许多地方机构工作人员和素不相识的当地居民的热心帮助和支持，正是他们的耐心解疑和介绍以及热心引路，为我们提供了野外考察活动的方便，也节约了课题科研工作的时间，特在此向那些已认识或迄今仍不知其姓名的人士表示衷心的谢意。

艾　冲
2024年10月18日（星期五）
于陕西师范大学长安校区文汇楼C段522室

序

本书论述的时空范围是历史时期的鄂尔多斯高原，也即今人常说的“河套高原”“河套地区”。本书关注的主要问题则包括气候与动植物分布这个紧密联系但又不完全线性对应的地理现象。从本书所写内容的学科属性上来看，主要涉及历史自然地理与环境变迁这两个学科。

关于本区历史地理及环境变迁的研究论著已有很多，不过目前尚未有描述本区环境变迁的系统性著作问世。除考古报告之外，已有的相关研究成果主要集中在如下几个方面：第一，历史时期黄河中游（当然包括本区）的植被分布及水土流失情况；第二，历史时期本区的沙漠化；第三，农牧分界线的进退；第四，对于统万城遗址及其周边生态环境的综合研究。前人的论著无疑为本书提供了非常必要的写作基础及重要的参考资料，但显然也有未覆盖到的区域、时段以及问题。这样看来，以本区为特定的研究区域，以气候及动植物分布为重点观察视角，撰写一部新的系统性的区域历史地理专著，是很有价值的事情。

由于资料（包括文献史料和考古材料）情况并不理想，应该说这项写作是有难度的。相比较而言，气候方面的特征描述起来较为容易一些，因为气候这一概念本身就适用于较长的时间尺度，这也意味着我们以朝代为单位来叙述本区的气候特征时不会出现太大的偏差；同时，气候的整体变化发生在相当大的空间尺度上，通常在全国乃至全球范围内具有较好的规律性和同步性，以至于就算文献资料缺载甚多，我们也完全可以根据同时期相邻地区乃至全国的气候状况来合理推论本区的气候。例如，在普遍公认的“全新世大暖期”，本区的气候特点就与全国其他区域基本一致，是较为温暖湿润的，不可能出现比今日更加寒冷干燥的现象。但古代动植物的分布情况则较难准确描述，甚至有些时候连“合理推论”都未必能够做到。例如，历史文献记载某个州的土贡物品中有某种动物或植物，资料貌似明确，但要用这种记载来推论其分布，则较为困难。换言之，是该州全境都有分布，还是仅仅存在于某几个山头？没有土贡记载的区域，究竟是因为确实没有该物种，还是由于王朝统治范围未到而无土贡，或者文献缺载了？这类问题往往无法精确解答。面对这一难题，笔者只做合理推论，做到忠实于资料的原貌，有一份材料说一分话，不过度引申、强行曲解史料。

本区自古以来一直是兵家必争之地，常作为中原王朝的国防前线与游牧民族南下的前进基地，也曾成为割据势力的据点。战乱频发仍是本区历史的一个重要特点。也因如此，本区除盛产畜牧产品外，也成为历代重要的屯田开发区域，受到历代王朝统治者的关注。文献中关于本区气候环境的直接记载较少，但是从关于本区战争与农牧业开发的相关记载中，却可以得到反映人类活动影响和改造自然环境的大量材料。基于此种史料条件，也可能算是一种创新。本书内容的一个特点就是对于历史时期本区战争与环境的关系问题着笔较多。过去学界一般认为，在这种生态环境脆弱地带进行农业开发一定是会破坏环境的。但是，通过对本区环境变迁进程的梳理，笔者认为和平时期人类正常的开发建设活动总体上对环境并无明显损害（除统治阶级为大兴土木而进行的滥采滥伐外），甚至还有利于区域环境的改善（如修建各种农田水利设施）；而战争时期的掠夺性开发（如宋夏战争时的“侵耕”）以及故意破坏行为（如为使敌方经济陷入困境故意破坏农田、水利设施及农作物，“搜剿”敌军时故意纵火焚山等）则危害巨大。

学界已有的研究早已证明：在周秦汉唐时期，本地区的植被以及野生动物资源都非常丰富；而时至今日，本区的土地荒漠化十分明显，森林消失殆尽，草场退化严重。这种沧桑巨变是怎样发生的？究竟是受气候变化影响，还是因为人类的不当开发所导致？传统观点多认为是过度的农业开发损害了本区的环境，不但导致了水土流失，也使得原始森林及相应野生动物的分布面积大大缩小。但是在笔者看来，或许人类战争时期不计后果、不择手段的掠夺和破坏，对环境造成的危害要更严重一些。野生动物分布范围的缩小未必是人类活动直接导致的，但随着动物赖以为生的天然植被不断退化，野生动物种群数量相应不断减少乃至消失，也就成为必然的命运。

本书观点是否合理，还请各位方家不吝指正。

吕卓民

2021年5月10日

目录

第一章　鄂尔多斯高原史前环境概述

本章所述“史前”一词，系指制度文明出现前的人类历史时期，而不包括人类出现前的地史时期，具体地说，在本专题的研究语境之下，按照历史学的一般叙事传统，即指旧石器时代以来直至夏王朝建立的时段（大体相当于人们熟悉的“原始社会”一词所指时段）。地质学界、考古学界关于此时段鄂尔多斯高原自然环境的研究已较为丰富，本章即主要依据这些研究的观点编撰而成。

古人类学者一般将人类起源和演化的历程划分为如下几个阶段，即南方古猿、能人、直立人与智人（又可分为早期智人和晚期智人）。当今世界上仍然生存的人类皆属于晚期智人。具体到鄂尔多斯高原地域，迄今发现了数处史前古人类遗址，其中萨拉乌苏遗址时代最早，此期活动的人类被称为“河套人”，属于晚期智人。这也就是说，迄今在鄂尔多斯高原地域发现的史前古人类在生物学上与现代人属于同一个物种。依据这些资料信息，本书就不再追溯人类自起源以来长达几百万年的历史，而是以萨拉乌苏遗址及其活动人群“河套人”生存的年代——晚更新世（大体相当于旧石器时代晚期）作为叙事的起点，似较为妥当。

在原始社会时期，鄂尔多斯高原地域及其邻近地区的古文化大体可分为旧石器文化与新石器文化两个发展阶段。前者以萨拉乌苏遗址（距今3.5万—6万年）和水洞沟遗址（距今1.3万—3.5万年）为代表，后者以朱开沟早期遗存Ⅶ区遗址（时代大体相当于仰韶时代晚期）和朱开沟遗址第一段（时代相当于龙山时代晚期）为代表。[①]

石器时代的人类尚未创造出文字，因此难于找到确切记载这一时期自然环境面貌

① 田广金、史培军：《内蒙古中南部原始文化的环境考古研究》，见王志浩主编：《鄂尔多斯文物考古文集》第2辑上册，远方出版社，2004年，第5—17页。

或环境事件的文字资料。但依据考古发现，再与今日自然环境相比较，我们仍然可以概括出石器时代鄂尔多斯高原地域自然环境面貌的几个特点。

其一，气候特点。大气温度有过多次冷暖波动，而水资源整体呈现出变干趋势。从相关遗址地层剖面沉积物特点及出土的动植物类群组合来分析：萨拉乌苏文化所处自然环境的基本特征是“河湖广布”，“呈现出一片森林草原、灌丛及沼泽草原交织的景观”，而水洞沟文化相对应的自然环境为草原化荒漠与荒漠；至仰韶文化时期，气温总体偏高，但降水经历了“由干转湿再转干”的过程；及至龙山时期，“无论气温，还是降水，都呈现出较仰韶时代偏低和偏少”的现象。[①]这就可以解释为何本地域的原始经济形态会发生由主营农业转为主营畜牧业的变迁趋向。[②]

其二，区域特点。区域气候较冷较干。即便是以其中自然环境条件相对较好的萨拉乌苏遗址为例，以猛犸象为代 的寒冷指示动物化石的出土，表明本区域即使在水热条件最好的时期也无法与我国东部地区大河下游冲积平原的自然条件相提并论，与南方地区的差异更加悬殊。

其三，人口密度特点。区域人口密度很低，显示出极度的地广人稀。由于石器时代生产力极度低下，先民们维持生计所需物质资料主要来源于采集和狩猎，再加上本区所处地理位置限制着其水热条件，总的生物量受限（相对低纬度地区而言），因此难以支撑较大的人口规模。这就解释了为何本区面积广大而石器时代的遗址相对不多。

值得注意的是，既有的考古发现显示，本区旧石器文化与新石器文化在发展传承上存在着6000多年的时间差距，即传承脉络发生了长时段的中断。因此，就有学者认为“鄂尔多斯的旧石器时代晚期的河套人及其文化，未能转化为新石器时代的文化”[③]。而本地域新石器文化似乎是后来从其他地域迁入者。这种“空档”现象的产生，究竟是由于考古发现缺失而表现出来的假象，还是因为自然环境变迁限制了本区旧石器文化的发展？目前尚不易定论。

① 田广金、史培军：《内蒙古中南部原始文化的环境考古研究》，见王志浩主编：《鄂尔多斯文物考古文集》第2辑上册，第5—17页。

② 张忠培：《〈鄂尔多斯文物考古文集〉（第二辑）序》，见王志浩主编：《鄂尔多斯文物考古文集》第2辑上册。

③ 张忠培：《〈鄂尔多斯文物考古文集〉（第二辑）序》，见王志浩主编：《鄂尔多斯文物考古文集》第2辑上册。

第一节　鄂尔多斯高原旧石器时代考古遗址

本区旧石器时代遗址为数不少。早在民国时期，古生物学家德日进、桑志华、杨钟健等便在本区发现萨拉乌苏、水洞沟、鱼河堡、小桥畔等古人类遗址，为著名的“河套人”的发现拉开了序幕。其中保存资料最丰富、被研究得最透彻的当属萨拉乌苏与水洞沟两大遗址群。相关地点出土的大量动植物化石等遗存是探讨旧石器时代本区气候环境及动植物分布的可靠一手资料。因此本节即围绕这两处遗址群的情况展开论述。

一、萨拉乌苏文化遗址

萨拉乌苏文化遗址不是指某一个单独的考古遗址点，而是指分布在陕蒙交界处无定河上游支流萨拉乌苏河（其下游即流经陕西省靖边县统万城遗址南侧的红柳河）两岸包括杨四沟湾、清水沟湾、曲家沟湾、滴哨沟湾、范家沟湾、邵家沟湾、米浪沟湾、刘家沟湾、杨树沟湾、巴图湾等多个考古地点在内的遗址群的统称。[①]该遗址群具有我国北方晚更新世河湖相地层的标准剖面，也是我国最早发现古人类化石的旧石器时代遗址之一[②]，因此在地质学及考古学界久负盛名。由于萨拉乌苏河（红柳河）流经区域地层结构较为松散，因此该河的下切作用十分强烈，形成了厚达六七十米的巨大剖面。[③]剖面上可以较为方便地观察到主要形成于更新世以来各个地质时期的多种地层堆积，并时常可发现古生物化石，遗存丰富，野外考察条件好，堪称我国境内旧石器时代考古的乐园，也是研究鄂尔多斯地区远古环境变迁的天然资料库。以下分别从动物群、剖面沉积及植物孢粉三个角度略加论述。

（一）萨拉乌苏动物群

得名于萨拉乌苏遗址的萨拉乌苏动物群[④]是华北晚更新世标准动物群，与早更新世的泥河湾动物群（标准地点在河北北部泥河湾地区）、中更新世的周口店动物群（标准地点在北京周口店直立人遗址），共同组成华北地区更新世三大代表性动物

① 杨泽蒙：《萨拉乌苏遗址发现八十五周年回顾与思考》，《内蒙古文物考古》2007年第2期。
② 尚虹、卫奇、吴小红：《关于萨拉乌苏遗址地层及人类化石年代的问题》，《人类学学报》2006年第1期。
③ 高毅、王志浩、杨泽蒙编著：《鄂尔多斯史海钩沉》，文物出版社，2008年，第56页。
④ 也有学者将其细分为萨拉乌苏动物群和城川动物群两个动物群，并认为其代表的时代略有差异，但都还对应在旧石器时代范畴之内，因此本书便不再加以详细区分。详见谢骏义、高尚玉、董光荣等：《萨拉乌苏动物群》，《中国沙漠》1995年第4期。

群。萨拉乌苏动物群包含动物化石种类繁多，可以较为全面且非常直观地反映旧石器时代鄂尔多斯地区南部的自然环境面貌。

萨拉乌苏动物群的发现经历了几代考古学家的辛劳工作，大体可分为如下几个阶段：①

（1）民国时期的考古工作，主要由外籍学者主导进行。1922—1923年，法国人桑志华和德日进对萨拉乌苏河流域一带做了调查，采掘到羚羊、马、牛、鹿、象等野生动物化石。1928年，布勒和德日进对这批化石进行了深入研究，鉴别出脊椎动物化石44种，其中哺乳动物33种，确定其地质年代为晚更新世。

（2）1949年后老一辈古生物学家的工作。1963—1964年，中国科学院古脊椎动物与古人类研究所裴文中先生等在萨拉乌苏河流域一带进行了调查和研究，又根据新发现，将萨拉乌苏地区的脊椎动物化石增加到46种，其中哺乳类34种、鸟类12种。

（3）近年来的研究。中国科学院古脊椎动物与古人类研究所同号文等专家，对萨拉乌苏动物群进行了年代学和地层学方面的深入研究，并对晚更新世动物群中有些属种的分类命名进行了修正，确认在萨拉乌苏地区发现脊椎动物化石共45种，其中哺乳类33种、鸟类12种。至2016年查明已经灭绝的动物有8种，现生种有19种，还有6种正在仔细研究。

依据最新的研究结果显示，萨拉乌苏动物群中的33种哺乳动物包括：

食虫类：刺猬、麝掘鼹；

啮齿类：野兔、鼠兔、达乌尔黄鼠、五趾跳鼠、索氏三趾跳鼠、子午沙鼠、中华始鼢鼠、黄始兔尾鼠、长爪鼹鼾、根田鼠、布氏毛足鼠、黑线仓鼠；

食肉类：虎、狼、狗獾、最后斑鬣狗；

长鼻类：诺氏古菱齿象；

奇蹄类：普氏野马、野驴、披毛犀；

偶蹄类：野猪、诺氏驼、赤鹿、河套中国大角鹿、普氏羚羊、鹅喉羚、恰克图转角羚羊、盘羊、王氏水牛、原始牛；

12种鸟类包括：鸶、兀鹰、麻雀、山鹑、鹌鹑、毛腿沙鸡、沙禽、角鹈鹛、野鸭、翅鼻麻鸭、哑天鹅、巨鸵鸟。

在萨拉乌苏动物群的种类中，有喜欢湿热环境的诺氏象，有喜欢温润环境的王氏水牛、原始牛，也有喜冷环境的披毛犀、蒙古野马、野驴，还有生存在荒漠的跳鼠、鸵鸟及生活在湖泊周围的鸟类动物，这种现象反映出当时萨拉乌苏地区自然环境和今

① 赵兴国、王龙：《萨拉乌苏动物群研究回顾》，《化石》2016年第3期。

天大体相似，处在温暖湿润的森林草原向较为干燥的荒漠草原过渡的地带。

（二）萨拉乌苏剖面第四系沉积物分层

萨拉乌苏遗址范围内的若干剖面中，以滴哨沟湾剖面最为清楚、完整。据研究[①]，该剖面第四系沉积物总厚度为80米左右，底部为白垩系紫红色砂岩和第三系红土。自下而上的地层可分为：

第一，晚更新统下部萨拉乌苏组（Q_3^1）。底部为灰黄色粉砂质细砂与暗紫红色砂页岩屑、钙质结核、钙板、老黄土块等组成的砂土砾石层；中上部为灰绿与灰白色粉砂、亚黏土、灰黄色粉砂质细砂水平互层。

第二，晚更新统上部城川组（Q_3^2）。近顶部为一层湖沼相沉积，以灰绿色黏土质粉砂为主（碳-14测年显示距今约2.8万年）；其下又有2层风成相沉积，均以棕黄色细砂为主。

第三，全新统下部大沟湾组（$Q_4^{1\text{-}2}$）。上部为灰黑色粉砂质黏土（碳-14测年显示距今约5000年）；中部为灰绿至黄绿色粉砂质细砂（碳-14测年显示距今约9500年）；下部为锈黄色细砂。

第四，全新统上部滴哨沟湾组（Q_4^3）。下部为灰绿色粉砂质细砂与锈黄色细砂（碳-14测年显示距今约2300年）；上部为现代沙丘、冲积次生黄土、黑垆土和棕黄色黏质粉砂等。

一般认为，颜色较深（如黑色、绿色）的土质沉积物代表水热条件较好、植被与腐殖质也发育较好的时期，黄色砂质等典型风成沉积则代表相对干旱的时期，而城川组的湖沼相沉积则说明当时发育过一定面积、较为静止的地表水体。

（三）萨拉乌苏遗址植物孢粉[②]

据研究，在萨拉乌苏遗址相关地层中发现了以下植物的花粉或孢子：

第一，木本植物花粉主要有：冷杉、云杉、松属、铁杉、桦属、鹅耳枥、榛属、栎属、柳属、椴属、榆属和山毛榉属等。

第二，草本植物花粉主要有：藜科、蒿属、禾本科、菊科、苋科、毛茛科、芍药属、蔷薇科、白刺属、牻牛儿苗科、麻黄属、老鹳草属、木樨科、唇形科、茜草科、香蒲、枫香属、石竹科、车前科、莎草科、葎草属、伞形科和眼子菜属等。

---

① 董光荣、李保生、高尚玉：《由萨拉乌苏河地层看晚更新世以来毛乌素沙漠的变迁》，《中国沙漠》1983年第2期。

② 本小节观点主要依据邵亚军：《萨拉乌苏河地区晚更新世以来的孢粉组合及其反映的古植被与古气候》，《中国沙漠》1987年第2期。

第三，蕨类孢子主要有：水龙骨科、石韦属、石松、阴地蕨属、蹄盖蕨属、卷柏属、书带蕨属、紫萁属和凤尾蕨属等。

据研究，上述木本、草本花粉和蕨类孢子在地层中的含量是有变化的。这些不同地层中的孢子和花粉真实地记录了沉积时期当地及附近的植被状况，而一定的植被又与地理环境特别是气候条件密切相关。因此根据这种孢粉组合特征可以划出五个主要的孢粉组合带，进而恢复各个沉积时期的古植被和古气候状况，具体划分如下：

第一，藜、蒿、松占优势孢粉组合带，见于萨拉乌苏组河湖相沉积中。木本花粉含量丰富，种类繁多。木本植物以松属、云杉、冷杉等针叶树花粉为主，同时还有相当数量的桦、榛、栎、鹅耳枥，特别是有山毛榉等阔叶树花粉。草本、灌木花粉以藜科、蒿属为主，另有一定数量的禾本科。反映出该时期植被类型是以针叶林为主的针阔混交的森林草原，气候虽有波动，但总体较为温暖湿润。

第二，松属占优势孢粉组合带，存在于城川组中部湖沼相沉积中。木本植物花粉占绝对优势，达88%，蕨类植物孢子占6%，草本植物花粉占6%。木本花粉中以松属为主，此外还有少量云杉、冷杉，几乎未发现阔叶树种。草本植物花粉只有少量麻黄、藜科、菊科、蒿属。蕨类植物孢子主要为单缝孢水龙骨科。这反映出该沉积时期为分布有松、云杉、冷杉的森林草原景观，气候温凉湿润。在城川组上、下部沙质沉积物中未发现孢粉，由于它与马兰黄土上、下部处于偏北的同一层位，推测其植被类型为荒漠草原或荒漠，气候更为干冷多风。

第三，藜、蒿占优势孢粉组合带在大沟湾组底部。小灌木及草本占97%—99%，藜、蒿又占其中的26%—61%。木本植物松属花粉和阔叶树桦木属花粉占比极少。说明此时植被类型为干旱草原类型，气候较为干冷。

第四，松属、藜、蒿占优势孢粉组合带在大沟湾组上部。木本植物中的松属由1%—3%增加到28%—36%；草本植物的藜科、蒿属花粉减少到38%—64%；蕨类植物石松孢子大量出现，占34%。反映出当时植被类型为疏林草原，气候比较湿润偏凉。

第五，藜、蒿占优势孢粉组合带见于滴哨沟湾组地层中。木本植物松属明显减少，藜科、蒿属等小灌木与草本植物花粉增加到100%。反映出植被类型为干草原，气候较为干冷，与现今本区植被与气候特点接近。

二、水洞沟遗址

与萨拉乌苏文化遗址类似，稍晚的水洞沟遗址也并非一个单一的地点，而是由多处考古地点构成的大型露天遗址群。[①]虽然按照今天的行政区划来看，该遗址群位于宁夏回族自治区灵武市临河镇，并不在鄂尔多斯市境内，但它距鄂尔多斯市域仅一溪之隔，近在咫尺。从自然地理区划来说，仍属于鄂尔多斯高原的范围内。故该遗址的考古发现仍然是我们研究鄂尔多斯史前环境演变的重要参考。正因如此，在已有的许多关于鄂尔多斯史前环境的研究论著中都讨论过水洞沟遗址群。以下仍从动物群、剖面沉积及植物孢粉三个角度略加论述。

（一）水洞沟遗址动物群

水洞沟遗址的上、下文化层均出土过丰富的脊椎动物化石。据鉴定，上文化层脊椎动物化石有普氏野马、鹿、普氏羚羊、野驴、鸵鸟等；下文化层脊椎动物化石有披毛犀、普氏野马、野驴、鹿、水牛、普氏羚羊和鸵鸟等。[②]总体来说，这样的动物群组合反映了较为干冷的气候特征，水牛的存在可能表明当时该地存在一定规模的湖沼等地表水体。

（二）水洞沟遗址剖面及沉积物分层

地层情况以水洞沟第一剖面（即水洞沟遗址所在处）为代表。在剖面深4米多的地层中测得碳-14年龄为距今6000年左右；在剖面深约8米的地层，为一套含磨光石斧的灰色砂砾石层，厚0.10—0.50米，该地层下伏具钙结核的黄土状粉砂土层，含旧石器，此层上部的碳-14年龄为距今2.5万年左右。上述两层由一个侵蚀不整合面分开。此面之上为一套以河湖相为主的全新世沉积物，此面之下为一套上为风成相黄土状粉砂土、下为湖相或河湖相灰黑色淤泥薄层与砂砾层的沉积地层。

研究认为：由侵蚀不整合面划分的水洞沟遗址剖面包含两期文化。在侵蚀不整合面之上的湖沼沉积物中，含有距今约1万年的全新世新石器文化遗物，其时气候较温和；在侵蚀不整合面之下的黄土状粉砂土中，含有距今2万多年至1万多年的旧石器晚期文化遗物，其时气候很干寒。[③]

（三）水洞沟遗址植物孢粉

据相关研究，晚更新世以来水洞沟遗址区域的气候与环境有过多次波动，至全新世晚期明显有变干变冷的趋势，从而形成今日的植被面貌。试述如下：

周昆叔等研究了距今2.4万至2.9万年前形成的水洞沟晚更新世地层中的植物孢

① 高星、王惠民、关莹：《水洞沟旧石器考古研究的新进展与新认识》，《人类学学报》2013年第2期。

② 高星、袁宝印、裴树文等：《水洞沟遗址沉积-地貌演化与古人类生存环境》，《科学通报》2008年第10期。

③ 周昆叔、胡继兰：《水洞沟遗址的环境与地层》，《人类学学报》1988年第3期。

粉，发现木本花粉占孢粉总数的 24.4%，草本占75.4%，孢子偶见。木本植物以松、云杉、白刺为主，还有栎、桦、槭、柳等。小灌木和草本植物以麻黄、藜、蒿为主，还有禾本科、豆科、虎耳草科、茜草科、唇形科、黑三棱属、香蒲属、莎草属和菊科等。[①]上述孢粉记录显示：草本植物占优势；白刺、麻黄、藜等为干旱区植物，代表草原为主的环境。李秉成研究了水洞沟遗址的全新世剖面，发现在全新世前期和中期因降水增加，该地局部曾出现阔叶乔木与香蒲等水生植物，直至全新世晚期转变为以藜为主的干旱草原。[②]这些与前述地层特点基本吻合。

第二节　鄂尔多斯高原新石器时代考古遗址

本区新石器时代遗址主要有位于今内蒙古自治区鄂尔多斯市境内的准格尔旗官地遗址（时代相当于仰韶文化中期）、准格尔旗鲁家坡遗址（时代相当于仰韶文化全期）、伊金霍洛旗朱开沟遗址Ⅶ区（时代相当于仰韶文化晚期）、准格尔旗寨子圪旦遗址（时代相当于仰韶文化向龙山文化过渡时期）、准格尔旗周家壕遗址（时代相当于仰韶文化晚期）、准格尔旗白草塔遗址（时代相当于仰韶文化晚期及龙山文化全期）、准格尔旗永兴店遗址（时代相当于龙山文化全期）等，以及位于陕西省榆林市境内的神木新华遗址（早期遗存时代相当于龙山文化晚期）和石峁遗址（早期遗存时代相当于龙山文化晚期）等。从见诸报道的遗址数量上来看，鄂尔多斯市尤其是准格尔旗境内的相关遗址分布最为密集，但是令人费解的是，不知为何，在鄂尔多斯的众多遗址的相关发掘报告与研究文献中，几乎找不到系统的动植物遗存鉴定文字，只是在描述器物或葬式时偶有提及，而神木新华与石峁遗址则均有十分详细的动物遗存鉴定报告。因此，本节内容主要根据神木新华以及石峁遗址的相关资料整理而成。

一、神木新华遗址

新华遗址位于神木市西南部大保当镇东北新华村附近一个叫“彭素圪垯”的土丘之上，当地老百姓又称其为“油房梁”。其地理坐标是北纬38°37′30″，东经110°00′00″，海拔1190—1200米。[③]研究者认为“新华遗存的早段约处在龙山时代的

---

① 周昆叔、胡继兰：《水洞沟遗址的环境与地层》，《人类学学报》1988年第3期。

② 李秉成：《宁夏灵武水洞沟遗址全新世的古气候环境》，《吉林大学学报（地球科学版）》2006年第1期。

③ 陕西省考古研究所、榆林市文物保护研究所编著：《神木新华》，科学出版社，2005年，第4页。

晚期”，而晚段则“应该已进入夏代纪年的范畴”，“将新华遗存的绝对年代推定在公元前2150年～前1900年间应该不会有很大的偏差”。[①]

考古工作者从新华遗址的灰坑、窖穴、房屋等遗迹内发现许多动物骨骼，虽然大部分都已破碎，但经过努力，仍鉴定出10来个属种。这些动物包括：家犬、家猪[②]、鹿、狍、羚羊、山羊、大角羊、家牛、牛属未定种（疑似野牛），以及未能定种的鸟类。不过已鉴定出的每一种动物的个体数量差别却很大，原鉴定者认为，遗骸中以猪、羊的骨骼最多，而其他动物的个体数均较少。[③]一般认为，猪是代表农业经济的家畜，而大量的羊则应是畜牧经济的产物。根据上述动物遗骸的比例，研究者推断：“新华居民当时的经济应该是以农业为主的半农半牧形式，同时狩猎经济在当时的经济生活中也占据了一定的地位”；“这些动物群反映出新华遗址周围当时是一个以草原为主，有小片树林，周边有沙漠的自然景观”。[④]

研究者还对新华遗址的25个样品进行了孢粉鉴定和百分含量分析，得到的结果是：“草本植物花粉占绝对优势，含量在91.61%～98.80%之间，主要以蒿属、菊科、藜科、禾本科、毛茛科、苋属花粉为主，还有少量常见的葎草属、鹿蹄草科、瑞香科、虎耳草科、蔷薇科、伞形科、浮萍属、莎草科等花粉，花粉类型多数为干旱半干旱地区常见的花粉类型。木本植物花粉很少，含量为0.50%～6.99%，偶见少量的榆属、桦属、榛属、柳属、栎属、松属、云杉属等花粉。蕨类植物孢子更少，含量为0～2.72%，只见少量的中华卷柏、水龙骨科等孢子。孢粉浓度除个别样品超过1000粒/克外，大多数都低于150粒/克”[⑤]。

关于龙山时代本区的环境面貌，《神木新华》一书的作者得出的结论是：“毛乌素沙地内部一直同时存在着沙地、湖泊、草甸、草原等生态景观类型。全新世以来，毛乌素沙地多次活化扩大和固定缩小的主要原因是由于东亚冬、夏季风的变化的结果，而历史上，人类对这一地区所进行的土地开发在毛乌素沙漠化的过程中所起的作用是极其有限的”[⑥]。

① 陕西省考古研究所、榆林市文物保护研究所编著：《神木新华》，第272页。

② 判断这些猪是家猪的理由是“未见有野猪那样长、尖的颌骨，特别粗大的犬牙”。参见《神木新华》，第278页。

③ 薛祥煦、李永项、于学峰：《陕西神木新华遗址中的动物遗骸》，见陕西省考古研究所、榆林市文物保护研究所编著：《神木新华》，第355—366页。

④ 陕西省考古研究所、榆林市文物保护研究所编著：《神木新华》，第278—279页。

⑤ 王辉等：《陕西神木新华遗址环境考古研究》，见陕西省考古研究所、榆林市文物保护研究所编著：《神木新华》，第387页。

⑥ 陕西省考古研究所、榆林市文物保护研究所编著：《神木新华》，第279页。

二、神木石峁遗址

石峁遗址是近年来广受学界与社会公众关注的一个史前遗址。该遗址首次发现于1976年1月[①]，但当时只进行了简单的调查，未引起广泛的重视。2011—2012年间，陕西省考古工作者对遗址展开区域系统考古调查，发现了由皇城台、内城和外城三部分构成的石砌城垣，气势恢宏，构筑精良，为国内同时期遗址所罕见。城内密集分布着大量宫殿建筑、房址、墓葬、手工业作坊等龙山文化晚期至夏代早期遗迹。据初步研究，石峁城址初建于距今4300年前后，沿用至距今3800年前后，城内面积逾400万平方米，是目前中国发现的最大的史前城址。因学术意义重大，石峁遗址获评2012年度“全国十大考古新发现”，并于2013年入选“世界重大田野考古发现”，从此声名鹊起，获得多家重量级媒体报道。[②]除城址规模宏大之外，石峁遗址之所以引起众多学者及社会公众的广泛关注，一个核心的讨论话题在于：石峁遗址是否确为黄帝部族曾经的都邑？这一问题无疑是非常重要的，但本书关注的重点在于该遗址的年代而非“身份”，至于长期存在于古史传说中的“黄帝部族”是否能具象到该遗址，对本节所要论述的内容影响不大。无论该遗址与黄帝是否有直接关系，其代表的时代是龙山文化晚期至夏代，这个时代属性是比较清楚的。

石峁遗址出土的动物骨骼非常丰富。据报道，仅2012—2013年出土的标本数量就达4669件，其中可鉴定属种的标本为1527件，动物种类包括爬行类、鸟类和兽类（哺乳类），至少代表7目10科14个[③]属种的145个个体。现将所鉴定动物种类分述如下：[④]

（1）扬子鳄。石峁遗址出土的扬子鳄标本仅为背面骨板1件。虽然数量极少，但是意义却非常重大，因为它刷新了历史时期扬子鳄遗存（不包括地史时期的化石）出土的纬度纪录，比原先保持纪录的安阳殷墟、襄汾陶寺遗址一线纬度约高出2.5°。[⑤]尽管原鉴定者认为这些扬子鳄不是本地野生的，而有可能为进贡或者是人工豢养的，但笔者以为这仅仅是推论而非定论。说殷墟的扬子鳄是进贡而来，尚属可能，因为商

① 戴应新：《陕西神木县石峁龙山文化遗址调查》，《考古》1977年第3期。

② 陕西省考古研究院、榆林市文物考古勘探工作队、神木县文体广电局、石峁遗址管理处：《石峁遗址》（内部资料）。

③ 原鉴定报告说是15种，应是笔误，实际是14种，其中马被数重复了1次。

④ 胡松梅等：《2012～2013年度陕西神木石峁遗址出土动物遗存研究》，《考古与文物》2016年第4期。

⑤ 山西芮城清凉寺遗址也出土有扬子鳄骨板，只是纬度位置比安阳—襄汾一线偏南。参见山西省考古研究所、山西运城市文物局、芮城县文物旅游局：《山西芮城清凉寺史前墓地》，《考古学报》2011年第4期。

人的势力到达过江淮一带；但从历史地理学的角度审视，无论石峁遗址出土的扬子鳄属于龙山时代还是夏代，当时的中国尚未建立统一国家，交通条件也远不如今日方便，很难想象南方扬子鳄产地的部族竟会屈从于当时石峁聚落的统治者而不得不千里迢迢前来拜见就为进贡一条扬子鳄。（此处笔者提问，如果是进贡之物，那为何除了这块扬子鳄骨板之外再也未见其他疑似南方特产的贡物出土？）事实上，古代北方黄河流域有野生扬子鳄并非什么新发现，早在1981年，文焕然等就曾撰文指出北宋都城开封曾有扬子鳄出没[①]；甲骨文、金文、《夏小正》、《诗经》等先秦资料中也不乏关于扬子鳄的记载[②]，《诗经》时代我国的文明中心是在黄河中下游地区，而非江淮一带。

（2）环颈雉。俗称野鸡，但实际上它并非现生家鸡的生物学祖先种。多栖息于低山丘陵、农田、地边、沼泽、草地，以及林缘灌丛中。考虑到它有藏匿身形躲避捕食动物的需要，其生存环境中当有较高的草本或者灌丛存在。不过这种动物的气候适应性非常广，分布范围跨越纬度很大，无特殊的气候指示意义。

（3）褐家鼠。常见的老鼠种类。其栖息地类型非常广泛，在河边草地、灌丛、庄稼地、荒草地以及林缘池边都有，但大多数在居民区，主要栖居于人类住房和其他建筑物中。它也无法很好地指示自然环境。

（4）中华鼢鼠。俗称“地老鼠”，与家鼠不同，中华鼢鼠终年生活于地下，怕光，不冬眠，昼夜活动，几乎不会主动到地表来。中华鼢鼠喜栖于土层深厚、土质松软的荒山缓坡、阶地及乔木林下缘的疏林灌丛、草原地、高山灌丛，多选择地势低洼、土壤疏松湿润而且食物比较丰富的地段作为栖息位点。

（5）草兔。也称蒙古野兔，主要栖息于农田或农田附近沟渠两岸的低洼地、草甸、田野、树林、草丛、灌丛及林缘地带。

（6）家犬。也就是狗。石峁遗址出土的狗标本数量不多，应该不是养来食用的，究竟是猎犬、看家护院犬还是牧羊犬尚无从判断。

（7）马。石峁遗址出土的马经过DNA物种鉴定，确认是家马而非野马。很可能当时石峁的居民已懂得驯化和役使马匹。

（8）野猪。石峁遗址出土野猪较少，此处应是作为人类的猎获物出现。

（9）家猪。相对野猪而言，家猪标本数量较多，且根据原鉴定者研究，许多标

① 文焕然等：《试论扬子鳄的地理变迁》，《湘潭大学学报（自然科学版）》1981年第1期。
② 何业恒编著：《中国珍稀爬行类两栖类和鱼类的历史变迁》，湖南师范大学出版社，1997年，第36—40页。

本显示猪的屠宰年龄偏小，应该是人类养来食用的。如前所述，养猪通常是与农业经济伴生的现象。整个遗址兽骨家猪的最小个体数为52，位居第二。家猪的数量是农产品剩余量的间接反映，由此可推想该文化农业的发达程度，胡松梅等指出："人类有了农业剩余产品才会大量饲养家猪，这也说明当时的气候非常适合农作物的生长，风调雨顺"①。

（10）狍。哺乳纲偶蹄目鹿科空齿鹿亚科的狍属动物，今天在我国东北林区比较常见。石峁遗址出土有狍，说明当时遗址附近应当有一定规模的林木存在。

（11）梅花鹿。即斑鹿。在东亚地区分布极广，在考古遗址中也很常见。它们主要分布于草原与森林环境中。

（12）山羊。据原鉴定者分析，这些山羊应该是家羊，石峁居民饲养它们的目的是产奶与肉。

（13）绵羊。据原鉴定者分析，石峁遗址的绵羊也是家养的，但是以肉用为主，未见产毛用途的迹象。

（14）黄牛。据原鉴定者分析，石峁遗址的黄牛遗骸年龄偏大，说明它们很可能是作为耕牛被饲养，而非纯粹的肉用牛。结合出土家猪的情况，可知当时农业经济在石峁聚落占据重要地位。

原鉴定者判断："综合分析上述动物，当时石峁遗址周围的环境是一个以草原为主，草原上有各种牛、羊、马、兔等食草动物，不远处有小片树林、灌丛的环境，梅花鹿、狍子和野猪生活在其中"；"从石峁遗址中人对动物资源的利用情况可见他们同时从事畜牧、农业和狩猎，当时的经济类型应该是半农半牧形式，狩猎经济在当时经济生活中仅仅属于补充作用"。

小　结

最后，有必要综合前述内容对史前时期本区环境整体面貌进行一个小结。总体来看，史前时期本区的环境面貌与今日相比有较大差别，这一点是可以肯定的。从植被状况来看，石器时代尤其是旧石器时代木本植物（即森林）发育较多；从动物物种来看，多种大型动物如象、虎、犀牛、鸵鸟等当时在本区较为常见，而今日早已绝迹。但笔者认为必须强调的是，本区的荒漠景观应当从史前时代就一直存在，可能只是范

① 胡松梅等：《陕西高陵杨官寨环壕西门址动物遗存分析》，《考古与文物》2011年第6期。

围较今日为小，不可过分夸大史前环境的优越。从证据上讲，鸵鸟、沙鼠等是典型的荒漠动物，这些动物所占据的生态位特点非常明确，肯定不会是山清水秀之地；从理论上来说，本区毕竟处于西北内陆，水热条件肯定与东部湿润地区有所差距，就算远古时期自然环境较好，也不可无限度拔高。

第二章　夏商周时期鄂尔多斯高原自然环境变迁

传统观点认为，在原始社会结束之后到秦汉大一统帝国建立之前，我国历史上还依次存在过夏、商、周三个“正统王朝”，又合称为“三代”。当前，学界对于古文献中记载的商、周历史基本认为可信，但对于夏代究竟是否真的存在过以及夏代可能的起讫年代等问题仍存在激烈争议。而即便对于已经认定为史实的商、周历史，其许多细节也仍是朦胧不清的。既然三代历史的全貌尚且众说纷纭，想要对此一时段的环境面貌给出一个非常准确且清晰的描述无疑更是相当困难的。因笔者能力所限，关于夏商周的年代学问题本书不做进一步讨论，而直接引用学界较为主流的观点，但并不保证其绝对正确。

按照司马迁在《史记》中的记述，夏代建立前是“五帝”时代。这是一个存在于古史传说中的时期，一般认为其对应我国父系氏族社会的末期，但也尚未被考古发现所完全证实。根据学界较为通行的观点，“五帝”时代的各个部落结成一个较为广泛的部落联盟，联盟首领由众部落共同推举产生，而通过推举更换首领的过程称为“禅让”。这种制度因此也被称为“禅让制”，或者“军事民主制”。约在公元前21世纪前后，传说中的治水英雄大禹之子——夏启，利用父辈留下的政治遗产击败最后一任由禅让制产生的部落联盟首领伯益，并在“甘之战”中打败支持伯益的有扈氏势力[①]，从此废除了首领继承的禅让制并改为世袭制。这样，原先部落联盟的军事首领就转变为君王，而见于文字记载的我国历史上第一个世袭制王朝——夏朝从此登上历史舞台。夏代并无明确的疆域可言，夏民族活动的核心区域在今山西南部及河南西部一带，距离鄂尔多斯尚远。但

① 《尚书·甘誓》就被认为是甘之战战前夏启对部队做的动员讲话（誓师词）。

有学者认为本区的朱开沟遗址属于齐家文化系统，而齐家文化极有可能是早期夏文化。[①]这一观点与古书记载的“禹出西羌”之说相吻合，也符合考古学者对于朱开沟遗址“时代上限约相当于距今4200年龙山时代晚期，下限约相当于距今3500年的商代前期”[②]的判断。如果此说成立，则意味着朱开沟文化与夏文化存在一定渊源。但如何准确地将商前期的文化遗存与夏代遗存相区分，仍是考古学界尚未解决的一个难题。因此，本书只能将鄂尔多斯高原在夏商时代的环境面貌合并叙述。

在鄂尔多斯高原地区未能发现从商代晚期至西周以及春秋晚期之前的代表性古遗址，古文献也未见明确有关本区的记载[③]，似乎存在一个“巨大的历史空白”。但值得注意的是，在此时期后，本区的经济形态由主营农业转变为主营游牧。这种转变的发生，或与生态环境的改变有一定的联系。

战国时代，群雄除逐鹿中原之外，也将目光投向鄂尔多斯高原及其毗邻区一带，并与本区的游牧民族即“胡”展开激烈的争夺。先是有秦惠文王“游至北河”[④]，后有赵武灵王“西略胡地，至榆中”[⑤]，“而欲从云中、九原直南袭秦”[⑥]，到宣太后（秦昭王母）执政时“秦有陇西、北地、上郡，筑长城以拒胡”[⑦]，终于本区大部分范围并入秦国的版图。而秦昭王长城构筑之时，历史已进入秦汉“大一统”王朝建立的前夜。战国秦长城所拒之“胡”，一般认为就是匈奴。可以想见，长城所筑之处，便形成一条人为的农牧分界线，而不完全受气候、环境的制约。关于这一点，下文还要详述。

第一节　夏商周时期气候概况

从大尺度的时间区段来考察，我国历史时期气候的冷暖程度存在鲜明的变动，

---

① 易华：《从齐家到二里头：夏文化探索》，《学术月刊》2014年第12期。

② 鄂尔多斯博物馆编著：《农耕　游牧　碰撞　交融　鄂尔多斯通史陈列》，文物出版社，2013年，第66页。

③ 《诗经·小雅·六月》有“薄伐猃狁，至于太原”之句，《诗经·小雅·出车》又有“天子命我，城彼朔方”之句，所述皆是周宣王时征伐猃狁（一般认为即匈奴的前身）之事。有人据此以为这是记录周王朝将势力扩张到鄂尔多斯及其邻区的相关文献。但此处“朔方”一词应泛指北方，而非后代的朔方郡，“太原”一词实为“大原”的通假，并非今山西太原，历代注《诗经》者已论之颇详。参见程俊英、蒋见元：《诗经注析》，中华书局，1991年。

④ 〔汉〕司马迁：《史记》卷五《秦本纪》，中华书局，1982年，第207—208页。《史记正义》记载：“王游观北河，至灵、夏州之黄河也”。据此，当在今鄂尔多斯市境内及附近。

⑤ 《史记》卷四三《赵世家》，第1811页。

⑥ 《史记》卷四三《赵世家》，第1812页。

⑦ 《史记》卷一一〇《匈奴列传》，第2885页。

呈现出寒冷期与温暖期交替出现的特征。大气温度的变化，直接影响人类各种经济活动，特别是农业经济活动；也直接影响野生动物种群和天然绿色植被构成与空间分布状况。我国古代文献对气候冷热变化多有记载，形成明显的物候材料。人们通过对一些物候材料与考古材料的剖析，即可得出特定时段气候的某些特征，勾勒出其时的气候状态。

夏商周时期的宏观气候究竟是何种状况？据前辈历史气候学家竺可桢的研究，当时的气候类型属于温暖湿润型与冷干型。①换言之，夏商周时期是中国五千年气候变迁的第一阶段和第二阶段，即第一个温暖期和第一个寒冷期。显然在此时段，气候发生过剧烈的变迁。与此同时，大气湿度高于现代，气候比今天更为湿润。

一、历史气候的第一个温暖期（约前3000—前1000）

中国历史上的第一个温暖时段，大致相当于公元前3000年至公元前1000年期间，约为我国境内的仰韶文化（约前7000—前3000）晚期至西周（前1100—前771）早期。那时，我国北部地域处在温暖湿润的气候条件下。

大量的物候材料和考古材料已经证明，在此长达2000年的时段中，我国北方地域的气候基本以温暖为主体，也短暂地出现寒冷气候。考古资料反映出的气候状况，基本可信。其中，主要是依据西安半坡遗址、山东历城两城镇和安阳殷墟遗址出土的文物予以剖析研判。

西安东郊浐河东岸的半坡仰韶文化遗址，碳-14同位素测定其年代为距今5600—6080年。在该遗址出土的动物骨骼中，包含着众多的竹鼠、獐、斑鹿等野生动物的遗骨。竹鼠是生活在竹林中的动物，以竹子为食。獐子是食草动物，主要栖息于沼泽附近的草丛里。斑鹿也是大型食草动物，长于奔跑，活动在森林草原地带。据此判断，在距今5000年前，以西安为中心的关中平原的气候显然要比当代温暖许多，也湿润得多。关中平原森林密布，竹林夹杂生长于其间。在茂密的草原上，河川、沼泽错布于地表，提供着丰富的水生动物与植物资源。②须知，在当代，这些属于亚热带地区的动物，只能栖息在秦岭山脉以南的长江流域，在关中平原基本上已经绝迹。

山东历城两城镇龙山文化遗址属于新石器时代晚期。在此遗址出土了一块炭化的竹节残段，以及一些外观被制作成竹节形状的陶器。据此推断，早在新石器时代晚

① 竺可桢：《中国近五千年来气候变迁的初步研究》，《考古学报》1972年第1期。

② 马正林：《汉长安城兴起以前西安地区的自然环境》，《陕西师大学报（哲学社会科学版）》1979年第3期。

期，竹类植物群落广泛分布在黄河中下游流域，并向东延伸至历城县（今山东济南市历城区）所在的沿海地区。而今竹类植被分布区北界南移至秦岭南坡。

安阳殷墟是商代晚期都城遗址。在殷墟遗址出土的热带或亚热带动物骨骼中，既有如半坡遗址出土的竹鼠、獐的遗骨，还有貘、水牛等热带亚热带野生动物的骨骼。这就反映出商代后期华北平原地域的气候条件比当代更为温暖湿润。从考古学家、古文字学家对安阳殷墟出土甲骨文的释读可知，今河南省北部的安阳市一带在距今3000年前水稻播种期是在阳历3月，较当代约提前一个月。同时，甲骨文也反映出有大象群体游弋在那时的华北平原上。[①]但是到了今天，这些野生动物早就在华北平原绝迹了，至于大象的踪迹，只能在云南省西南部寻觅了。

至西周初期，竹类植被仍旧广泛地分布于黄河中下游流域。那时，人们日常生活中的许多器具都是采用竹子制作而成。比如在金文中出现表示家具、书籍、乐器等的文字都带有“竹”头。[②]这就反映出西周初期北方地域气候仍然较今天更为温暖湿润。

二、历史气候的第一个寒冷期（前1000—前850 / 前770）

紧随第一个温暖期后的第一个寒冷时段，大致相当于公元前1000年至公元前850/前770年期间，约当中国古代史的西周（前1100—前771）中期至春秋（前770—前476）初年。我国北部地域处在相对寒冷的气候中。

在西周中晚期，寒冷气候延续200余年。寒冷气候甚至漫延至秦岭山脉以南地域。据古本《竹书纪年》记载，在这200余年间，汉江曾出现一次江面结冰现象。[③]这反映出温暖期的结束、寒冷期的开始。西周中晚期汉江流域的气温大幅度下降，受到寒冷气候控制。那么，秦岭、淮河以北地域气候的严寒就不言而喻了。从《诗经·国风·豳风》所提供的物候信息可知，豳地（今陕西彬州、旬邑、长武等地）的气候相当寒冷。[④]

三、夏商周时期气候的干湿状况

历史气候学研究表明，历史时期气候的干燥与湿润状况的确发生过变化。同时，

① 陈梦家：《殷虚卜辞综述》，中华书局，1988年，第552—557页。
② 马正林主编：《中国历史地理简论》，陕西人民出版社，1987年，第1—3页。
③ 王国维撰，黄永年校点：《古本竹书纪年辑校》，辽宁教育出版社，1997年，第14页。
④ 马正林主编：《中国历史地理简论》，第6页。

温暖与湿润、寒冷与干燥之间也存在一定的关联。例如：新石器时期至西周早期的温暖与湿润气候。

辽宁省南部全新世地层剖析结论揭示距今2500年至8000年间的气候干湿变迁：据当地天然森林植被的树种由具优势的桦木林被栎树、桤树为主的阔叶林所替代可知，若以距今5000年作为时间分界点，其前3000年间气候最为温暖而湿润。年平均温度约为13℃，较当代高出3—5℃，干燥度＜1，属于暖温带湿润气候。显而易见，辽南区域在距今5000年前的气候类型与同期的西安市半坡遗址气候状况一致。这就反映出大范围地域气候温暖湿润的同一特征。其时，鄂尔多斯高原气候状况无疑也是如此。

而在其后的2500年间，据当地的阔叶林中针叶树种——松树的比重上升，泥炭分解程度加深、黑色淤泥层厚度较薄、堆积速度缓慢等信息判断，当时的气候要比前半期干燥，仍旧较为温暖。年平均温度为12℃上下，比当代高出2—4℃，干燥度为1.5左右，属于温带半湿润半干旱气候。

第二节　朱开沟遗址所见夏商时期鄂尔多斯高原环境面貌

朱开沟遗址位于鄂尔多斯高原东部伊金霍洛旗纳林陶亥镇（原纳林塔乡）所在地正北10千米的朱开沟村，坐标约为北纬39°6′，东经110°3′。其旁朱开沟水自北向南流，至纳林塔汇入束会川，再南流进牸牛川、窟野河，最后汇入黄河。遗址中心位于朱开沟沟掌处，在东西长2千米、南北宽约1千米的范围内，断断续续均有遗迹分布。①如前文所述，朱开沟遗址的年代属于龙山文化晚期（即夏朝建立前夜）至商代早期，因此有人认为其可能属于夏文化的存续，也有人认为其可能属于周人先祖不窋、公刘前后的先周文化遗存②。无论如何，以该遗址的考古发现来推论夏商时期鄂尔多斯高原的环境概貌是较为合适的。

一、朱开沟遗址出土的野生动物遗骨

经过前后四次发掘，朱开沟遗址已探索面积约4000平方米，划分为七个区（Ⅰ—Ⅶ）；根据地层堆积和遗物的特征又可将遗址分为五段三期：第一段为龙山晚期；第二至四段相当于夏代，其中第四段经放射性碳-14测年测定的年代为距今3420±70年，树轮校正年代为距今3685±103年；第五段为早商时期。

① 内蒙古文物考古研究所：《内蒙古朱开沟遗址》，《考古学报》1988年第3期。
② 田广金、韩建业：《朱开沟文化研究》，《考古学研究》（辑刊）2003年。

遗址中出土的兽骨主要发现于第Ⅰ、Ⅱ和Ⅵ区，散布在各段地层和灰坑及房屋遗迹中。兽骨包括头骨、上颌骨、下颌骨、脊椎骨、肋骨和肢骨等，共计1002件。动物种类以家畜为主，野生动物较少。野生动物计有马鹿、麞、青羊（斑羚）、双峰驼、獾、豹、熊，此外还有一些未能确切鉴定到种的鸟类等动物遗骨。①这些野生动物遗骨出现在文化遗址中，估计是先民们狩猎的结果。尽管种类较少，但这些遗骨提供的环境信息仍较为丰富。从一般生境而言，双峰驼显然适应的是荒漠草原的干旱环境，但马鹿、麞、斑羚、豹、熊等均是林栖兽类，显示出多种生境在本区交错的态势。

二、朱开沟遗址出土的家畜遗骨

朱开沟遗址出土的家畜遗骨，以猪、羊、牛、狗为主，而以猪和羊为绝大多数，两者的比例非常接近。正如田广金先生所言，“家猪是伴随中国农业聚落始终的家畜，而绵羊和牛则需较大草场的放养。这可能说明当时虽以农业经济为主体，但畜牧业经济已经萌芽，人们的活动范围已扩展到周围广阔的草原环境”。也就是说，在夏商时代的朱开沟遗址周围已然存在着颇为广阔的草原，结合前述野生动物遗骨反映的荒漠与森林环境背景，在本区似呈现出一种荒漠、森林、草原多元交错的生态环境格局。

三、朱开沟遗址植物孢粉分析

据郭素新报道②，从朱开沟遗址各段文化层中取样进行孢粉分析的结果如下：

第一段，木本花粉很少，主要是草本花粉，其中蒿、藜花粉占全部花粉的50%左右，为森林草原景观。

第二段，木本花粉中出现了少量的胡桃和漆等阔叶林木，草本蒿、藜花粉增多，占全部花粉的70%以上，为灌丛草原景观。

第三段，草本蒿、藜花粉继续增多，占全部花粉的90%以上，仍为灌丛草原景观。

第四段，木本花粉出现了耐寒的云杉、桦、榆等，以松、桦针阔混交林为主。

第五段，木本以松、杉针叶林为主，草本蒿、藜占全部花粉的93%，已接近典型的草原景观。

---

① 黄蕴平：《内蒙古朱开沟遗址兽骨的鉴定与研究》，《考古学报》1996年第4期。

② 郭素新：《再论鄂尔多斯式青铜器的渊源》，见王志浩主编：《鄂尔多斯文物考古文集》第2辑上册，第165—173页。笔者在引用时修订了个别明显的文字错误。

四、遗址周边古环境变迁推测

由遗址出土植物孢粉及动物遗骨种类推测，夏商时期本区的自然环境较今日要好很多[①]，但气候总体上呈现向干冷方向发展的趋势[②]。本区农业经济向畜牧业经济的逐步转化或与这种趋势有着一定的联系。当然，这种变迁应该是经历了一个长期的过程，而非灾变式的变化，这一点从朱开沟遗址文化层相当长的存续时间即可看出。

第三节　鄂尔多斯式青铜器包含的自然环境信息

在鄂尔多斯高原及陕西、山西和河北北部长城沿线丘陵地带，经常发现以各种动物纹为装饰的青铜或金银制品，因以鄂尔多斯的发现较集中且典型，故一般称之为“鄂尔多斯式青铜器”。它是古代北方草原民族文化的代表，其文化内涵丰富、特征鲜明、延续时间较长、分布地域很广，特别是与欧亚草原民族文化有着十分密切的关系，因此被研究者所注目。因该类型青铜器的考古学年代约为从商代至西汉[③]，正处于猃狁—匈奴系统游牧民族控制鄂尔多斯及其周边地区的年代，它所揭示的主要是匈奴系统游牧民族的文化与生存环境当属无疑。有观点认为，“鄂尔多斯式青铜器的出现，是与本区环境的变化有直接的关系。人类为适应这种环境，需调整土地利用方式，由农转牧。从环境条件分析，本区的牧业文化，起源于农业文化后期，且以农牧交错为特征。而真正的草原牧业文化，当以青铜文化最为典型，即在距今3500—2500年期间逐渐发展完善起来”[④]。笔者赞同此说，因为透过鄂尔多斯式青铜器上的一些代表性图案，还是可以揭示出一些环境信息的。试述如下：

一、大量虎的造型集中出现在鄂尔多斯式青铜器上

鄂尔多斯青铜器上出现了大量虎的造型，反映出当时生活在这一地区的人们对于老虎是非常熟悉的。而老虎属于适应森林草原生境的动物，在本区绝迹已久。这或许可以佐证先秦时期鄂尔多斯地区的自然环境确实优于今日。

鄂尔多斯式青铜器上马、牛、羊、骆驼等家畜形象俱全。其中，骆驼的形象可能

---

① 黄蕴平：《内蒙古朱开沟遗址兽骨的鉴定与研究》，《考古学报》1996年第4期。
② 田广金、韩建业：《朱开沟文化研究》，《考古学研究》（辑刊）2003年。
③ 内蒙古自治区文物工作队、田广金、郭素新编著：《鄂尔多斯式青铜器》，文物出版社，1986年，第185—186页。
④ 郭素新：《内蒙古发现的鄂尔多斯式青铜器概述》，《内蒙古文物考古》1992年第Z1期。

说明此时本区已有荒漠存在。而牛的形象中并未发现耕牛的踪迹，或可佐证此一阶段本区的环境已向着有利于畜牧业而不利于农业的方向变化。

二、鄂尔多斯式青铜器的制造过程显示其时环境优越

除青铜器上的动物造型之外，鄂尔多斯式青铜器的制造过程本身也暗示了当时本区的环境可能明显优于今日，这一点是学界较少提及的。据研究，以朱开沟地点出土之青铜器为代表，鄂尔多斯式青铜器质地纯净、含铁较少，成分及工艺稳定，制作精良，少见粗制滥造之物，显然是由先民们精心制作而成。[①]问题的关键在于铸造这些青铜器的过程中需要大量热能来加热金属原料，也就是说需要大量的燃料。在先秦秦汉时期，人类尚未具备利用煤炭、石油等化石燃料的技术能力，那么这种燃料来源必然只能是草木，而从燃烧的效能而言，似乎更可能是树木。这或可从另一个侧面佐证当时本区存在较多的林木可供樵采。

小　结

我们认为，这一时期本区的自然环境整体面貌仍是森林、草原、荒漠同时存在的局面，但具体范围似乎仍很难确认。有观点认为，先秦时期“鄂尔多斯高原处于暖温带灌丛草原环境，高原上看不到流沙的踪影”[②]，似乎是一个全面“绿化”的时期。但如前所述，与史前时期的情况类似，骆驼遗存在相关考古遗址的出土及其在鄂尔多斯式青铜器上的出现，或从另一个角度表明荒漠的存在。

---

① 韩汝玢、李秀辉：《鄂尔多斯式青铜器制作技术的初步研究》，见王志浩主编：《鄂尔多斯文物考古文集》第2辑上册，第181—191页。

② 王天顺：《河套史》，人民出版社，2006年，第99页。

第三章　秦汉时期鄂尔多斯高原自然环境变迁

本章主要探讨鄂尔多斯高原历史时期野生动物种群、天然植物群落空间分布及变迁。在自然地理环境中，气候是决定动物、植物生长栖息与分布变化的宏观前提条件。生存于特定气候环境的野生动物种群、天然植物群落必然带有其环境特征。换言之，温带气候条件下的动物，绝不会长期栖息于热带气候区域或亚热带气候区域；同理，生存于热带或亚热带气候区域的动物，也绝不会生存于温带气候区域。至于天然植被，也是如此，各有其气候适应性。

秦王政二十六年（前221），随着秦军灭掉函谷关以东最后一个对手——齐国，“六国灭，四海一”，标志着中国历史告别战国时代，进入所谓大一统王朝统治的历史时期。尽管秦朝灭亡至西汉建立还相隔了三年的楚汉战争，而两汉之间也有王莽新朝的短暂统治，但并不妨碍研究者将秦与两汉的历史作为一个整体进行考察。

王子今先生总结过秦汉时期的如下几个历史特征：“1.高度集权的‘大一统’政治体制基本形成，并经历了多次社会动荡的历史考验而基本完备；2.以农耕经济和畜牧经济为主[①]，包括渔业、林业、矿业及其他多种经营结构的经济形态走向成熟，借助交通和商业的发展，各基本经济区互通互补，共同创造物质生产和物质生活的繁荣，共同抵御灾变威胁，文明的进步取得了空前的成就；3.秦文化、楚文化和齐鲁文化等区域文化因子在秦汉时期经过长期融汇，形成了具有统一风貌的汉文化。以儒学正统地位的建立和巩固为突出标志的适应专制主义政治的文化建设所取得的划时代的成就，也对后来的历史发生了规范化的影响”，并且指出“秦汉历史创造，有生态环

① 笔者注：与先秦时期狩猎经济，甚至采集经济占据重要地位的经济特征形成鲜明对比，这也意味着人类对于自然环境的适应方式变得更为主动。

境的背景。这一时期生态环境的变迁，对于秦汉社会也形成了影响。秦汉人的生产和生活，也在一定程度上改变了当时生态环境的面貌”。[①]

王子今先生所述乃是站在秦汉大一统王朝角度、以中原王朝控制地域为主体对秦汉历史与生态环境背景之间关系的高度概括，并未专门提及鄂尔多斯地区，但这些论断大体仍符合我们对于本区在秦汉时期环境史的认识，这是因为：

（1）统一后的秦“北据河为塞，并阴山至辽东”[②]，今鄂尔多斯地区大体上被纳入秦汉王朝的版图。尽管随着（秦）汉匈双方实力的消长，本区的控制权也曾多次更替，但在本区内中原王朝总体上处于优势地位，实际控制时间较长。这一点从考古资料中也能够得到证实：一方面代表匈奴民族文化的鄂尔多斯式青铜器兴盛的时代下限截至西汉，与汉匈战争的进程大致相吻合；另一方面在鄂尔多斯地区已发现的众多汉代遗存中，“除部分以匈奴为代表的北方游牧民族文化遗存外，绝大多数属于汉文化遗存。其中，又以大量的汉墓和汉城最具代表性”[③]。

（2）无论是在战时还是和平时期，（秦）汉匈之间的物质文化交流从未彻底断绝，从环境史的观点来看，这是为弥补各自生存环境“短板”所必须做出的适应行为。

（3）秦汉王朝在边塞地区实行的屯田戍边政策，很明显地对当地的生态环境造成了影响，鄂尔多斯及其相邻地区正是这种影响发生的典型区域。

长城的全面修筑是秦汉时代另一件不得不提的大事。虽然战国时期各国就已经纷纷修筑长城，但其规模与秦汉长城不可同日而语。延续并扩展了战国末期秦、赵、燕三国北境长城的秦汉长城，主要防御对象为“胡”（即以匈奴势力为主体的北方游牧民族），在行使其军事功能的同时也成为一条物化的农牧分界线，从而对当时的生态环境产生不可忽视的影响。鄂尔多斯高原地区作为当时胡汉争夺的重点地区，长城带来的影响是显而易见的。

葛全胜等将秦汉时代称为“六合春煦的朝代”，并认为：“一些重大历史事件甚至就是气候变化的产物。西汉晚期之前，气候总体上温暖，中原王朝相继出现了‘文景之治’、‘昭宣中兴’等经济繁荣、社会安定的‘治世’阶段。两汉交替之际，气候在波动中趋向冷干，中原王朝虽也出现诸如‘光武中兴’、‘明章之治’的‘治世’阶段，但经济繁荣程度和社会安定局面总体上大不如前，边疆游牧民族屡次起

① 王子今：《秦汉时期生态环境研究》，北京大学出版社，2007年，第3—4页。
② 《史记》卷六《秦始皇本纪》，第239页。
③ 杨泽蒙：《鄂尔多斯汉代墓葬概述》，见王志浩主编：《鄂尔多斯文物考古文集》第2辑上册，第221—223页。

事，西域管辖权也日渐丧失”，甚至连“王莽的败亡”也“在较大程度上与气候变化相关”。关于汉匈战争的进程，也从气候和环境变化的角度做了解释。[①]

总之，多位学者均已指出，秦汉时期许多重大历史事件与生态环境变化间有着千丝万缕的联系。尽管学者论述的内容皆以中原王朝为主，但这并不妨碍本书从相似的视角来探讨秦汉与匈奴之间在鄂尔多斯高原的争夺及其对区域环境的影响。

如前所述，汉代鄂尔多斯高原地域大体分属于上郡、西河、云中、五原、朔方、北地等边郡管辖。至东汉末年，汉朝实力衰弱，羌、胡等少数民族趁机入据本区。自董卓入洛阳擅行废立而引发内战后，东汉中央政权实际已经瓦解，更难于继续对边郡实施有效控制。至汉献帝建安年间，上郡、五原、朔方三郡最终被放弃。[②]实际上，汉朝早已丧失对本区大部分土地的实际控制权，此时官方宣布弃守只是对现状的一种无奈承认而已。历史也即将迈入魏晋南北朝时代[③]。

第一节　历史动植物地理的研究方法论析

在此首先叙述专题研究的方法与途径，说明采用何种方法的评判依据，并期待用历史唯物主义和辩证唯物主义历史观和方法论，给予该项历史地理研究专题以正确的理论指导和方法指引，从而达到科学探索之目的。

就历史地理学研究而言，特定专题研究必然要遵循既定的研究思路与方法手段。特定专题研究因为研究对象所处历史时期的时间区段不同而其表现会有差异，复杂程度也不一样，因此研究者运用的方法和手段就会有所差别。换言之，即因应不同的问题采用行之有效的研究方法。在具体问题的科学探索中，坚持方法、资料的创新，是我们孜孜不倦追求的境界。

对于特定区域的历史动植物地理研究，因应具体环境的区域差异而采用的研究方法有所不同。针对不同的研究对象或待解问题，要采取不同的研究手段与方法。凡是对解决具体问题有效的方法都是正确的研究方法，并不是抱定某一种方法不放，或者运用以华丽辞藻粉饰其局限性的方法手段。在解决具体问题时，应选择性地运用行之有效的方法与手段，一般包括：（1）古代文献记载的整理与分析；（2）野外考察

① 葛全胜等著：《中国历朝气候变化》，科学出版社，2010年，第136—219页。

② 李晓杰：《东汉政区地理》，山东教育出版社，1999年，第133—137页。

③ 与曹魏并立的还有蜀汉与孙吴两个政权，一般合称“三国”。但本研究区域与吴、蜀完全无涉，故本书一般只提“魏晋”而不谈“三国”，下同。

与社会调查访问；（3）考古发掘所获墓主棺椁材质的鉴定与分析；（4）考古发掘所获图像资料（画像石、画像砖和壁画等）的甄别、判断和利用；（5）考古发掘所获动物化石或骨骼、植物遗存（孢子或花粉）的鉴定与分析；（6）古代天然森林植被的孑遗部分——“活化石”的直接利用，以及运用一些高科技手段，探索其中的个别问题。究竟使用何种方法，应视具体的问题而定。一般而言，无论使用哪种方法或手段，所获取资料都必须是与特定区域直接关联者。唯有如此，才具有令人信服的证据效力。

具体至鄂尔多斯高原的历史动植物地理研究，其方法与手段应视历史时期的阶段性、具体研究对象的不同、地理环境的差异和文献资料的丰富与否，有所侧重。但是，无论使用哪种方法或手段，所获取证据资料都必须是与鄂尔多斯高原地域直接关联的有效信息。利用其他地区发现的发掘资料或研究成果，以求探解本地域的相关专题，显然得不到正确的科学的结论。

下面，对上述研究方法与手段做一扼要的解析。

一、历史文献记载的整理与分析

在展开区域历史动植物地理专题研究的过程中，研究人员自然地将目光投向古代文献，搜寻其中有无相关记述。但是，由于古代典籍（包括官修史书）记载内容的侧重点不同，往往忽视区域动物、植物群落的记载。因此，留给后人的仅是一些只言片语的文字记录，并不能构成完整的信息链条。

在决定是否运用古代文献记载的分析方法之际，首先，要尽力搜罗各种有用的古代文献记录，越完备越好。其次，排比、遴选有价值的文献资料，以决定文献记载是否可作为专题研究的基础；价值高者予以保留，作为专题探讨的资料基础；价值低者予以摒弃，另行遴选其他方法。第三，对文献记载，要辨别真伪、详略，证据价值高低。古代文献记载特定时段特定地区动物种群、植被群落的信息越详细，其证据效力越高。

具体至鄂尔多斯高原历史时期动物种群、植物群落的分布与变迁，历史文献记载中不同阶段的信息量是不同的。两汉及其以前时期，古代文献并无可靠有效的记录，仅仅留给后人以只言片语。据此，则难于复原该地域的先秦至两汉动植物地理的真相，需要借助于其他方法。然而，对于北朝至唐朝时期的鄂尔多斯高原地域，相关的文献记录就相对丰富起来。例如，关于北魏前期皇家或官员频繁的大规模狩猎活动的记载，就为我们留下了分析推理的重要线索与资料。因此，就可较为系统地探究其分布格局与变迁过程。宋元明清时期亦然。

二、野外考察与社会调查访问

古代文献记载往往无系统性、无完整性。因此，欲获得完备的研究资料，就需展开野外考察，或进行社会调查及访问那些掌握信息的社会人士（包括地方政府干部、普通居民和专业人士等）。

要达到野外考察的既定目的，就应有周密的部署与安排。在实施野外考察前，要事先制订详备的考察计划、准备必要的物资和器具、安排考察组成员的分工等。在野外实际考察中，要强调人员与财产的安全、成员的分工与合作、任务与内容、时间与效率。在完成野外考察后，要及时回顾、讨论、总结和整理资料。

三、考古发掘所获墓主棺椁木材种类的鉴定与分析

考古发掘材料主要适用于古代文献记载阙如的历史阶段专题研究。其中，古代墓葬发掘所获资料的一部分——汉代及其以前墓葬出土的棺椁材质就成为古代植物群落研究的重要证据资料来源。

此类考古材料的证据性能之机理在于其展示的树木种类及其所在位置。首先，汉代及其以前的墓葬大多数存在木制棺椁，考古人员通过对制作棺椁所用树种的甄别可确定其树木种类。其次，依据古代社会习俗和生活习惯，为亡者制作棺椁需要砍伐的树木完全来自墓主生前居住地及其附近（即所伐树木生长地在其居所附近5公里范围内），据此可判断制作棺椁的树木来源地（即其生长地），换言之，即森林植被分布地。最后，在鄂尔多斯高原地域，迄今发现汉代墓葬群达到数十处。虽然其葬式不尽相同，但凡是竖穴土坑墓葬，都存在木制棺或木制棺椁，皆可据之推断某些树种的空间分布位置。综合起来，可基本勾勒出汉代森林植被分布格局。

四、考古发掘所获图像资料的甄别、判断和利用

汉代墓葬发掘出土的图像资料也是探讨汉代动物、植物空间分布的重要证据资料来源之一。墓葬发掘出土的图像资料包括墓葬内部的画像石、画像砖和壁画等古人绘制的图像作品。

汉代墓葬出土的图像资料内容较多，包括神怪形象、民间传说和写实的墓主生前

的生活生产图景。其中，关于墓主生前生活生产的图像内容包括宴饮图、耕作图、放牧图、狩猎图和出行图等，这些图像正是探索汉代鄂尔多斯高原动植物地理的重要资料之一。迄今为止，文物考古工作人员在鄂尔多斯高原地域经过文物调查、考古钻探和考古发掘，发现36处内存画像石或画像砖或壁画的汉代墓葬群。这些图像资料的内容间接地反映出墓葬所在地汉代生态环境状况，即天然植被、野生动物的种类与分布信息。综合此类证据信息，就可再现野生动植物种群空间分布变化的真相。

五、考古发掘所获动物骨骼、植物遗存的鉴定与分析

在鄂尔多斯高原地域，汉代墓葬或遗址发掘出土的动物骨骼（包括家养动物和野生动物）、植物种子或籽壳或茎秆（包括人工植被和天然植被），以及植物的孢子或花粉，对于再现战国秦汉时期该地域自然生态环境中的动物种群、植物群落具有重要的指示意义。这些资料对还原彼时鄂尔多斯高原地域天然植被分布格局和野生动物种群构成与空间分布状态，具有无可替代的作用。

六、古代天然森林植被孑遗部分的直接利用

在历史早期，或者说在唐代以前的历史阶段，鄂尔多斯高原地域自然生态环境呈现出暖温带森林草原景观，水草丰美，野生动物栖息于林莽之中。经过数千年人类农业开发、过度放牧和战火破坏等多种因素的影响，森林植被逐步缩小，乃至急剧衰退，甚至局部完全消失。时至今日，仅在极其少数的地方孑遗着宝贵的古代森林的残余树种，堪称古代该地区曾经的森林之“活化石”。

在鄂尔多斯高原地域，经过多次的野外考察与访问各地居民群众，迄今业已掌握的古代森林“活化石”——树龄在数百年乃至千年的古树名木达36处之多。在这36处古树地点中，每一处最少生长着一棵古老的巨树，多者达10余棵树龄约200年至近千年的古树。它们中包括松、柏、杨、柳、榆、椿等树种。透过对它们所在位置的判定，即可复原特定区域千年前或数百年前的天然植被分布真相。因此，寻觅鄂尔多斯高原地域尚存的古树名木就成为破解历史时期不同阶段区域动植物种群构成与分布范围的重要途径与方法。将这种方法与古代文献记载相互结合，可有效地复原元明清时期乃至两宋时期鄂尔多斯高原地域野生动植物的分布范围。

综上所述，研究历史时期鄂尔多斯高原地域野生动物种群和天然植被群落的构成与空间分布专题，需因不同阶段研究对象的具体情况与所掌握资料信息多少，以决

定采用何种行之有效的研究方法，不能一条道走到黑，只运用某一种习惯性的方法与手段，而忽视其他有效方法，或者采取生拉硬扯的所谓多种方法以装点门面。凡是能够合理有效地解决实际问题而得出正确结论的研究方法、手段，都是最好的方法与手段。

研究者应灵活运用各种有效的方法与手段，彻底解决其欲破解的科学难题。这是人文社会科学研究的真谛。倘若研究方法不对，就难以达到预设的研究目标。因此，运用正确的研究方法、论述方法是非常重要的一个方面。

第二节　秦汉时期北部地域宏观气候条件

秦汉时期，我国北部地域处在温暖气候条件下，鄂尔多斯高原自然也是如此。此类气候环境实际出现于春秋时期，延续至西汉末期。这就为此期鄂尔多斯高原地域野生动植物的生存提供了优越的环境。

一、秦汉时期属于历史气候的第二个温暖期（前850 / 前770—8/10）

第二个温暖时段，大致相当于公元前770—公元10年，略当春秋（前770—前476）早期历经战国（前475—前221）、秦代（前221—前207）至西汉（前206—24）末期。这一时段，我国北部地域再度处在温暖湿润的气候条件下。

这个时段的温暖型气候，主要依据古代文献关于物候的记载推知。我国北部地域在此时期冬季结冰期相对短促，竹、梅广泛分布于黄河流域及其附近地区。据《春秋左传》记载，位于今山东省西南部的鲁国（都今山东曲阜）竟然在深冬季节采不到冰块，无法供给冰室用冰。①《诗经》也多次提及黄河中下游生长着梅树，所谓“终南何有？有条有梅”，是指关中平原南缘的秦岭北坡生长着许多梅树。②司马迁在《史记・货殖列传》中记述各地经济植物时特意指出：“安邑千树枣，燕、秦千树栗；……淮北、常山已南，河济之间千树萩；陈、夏千亩漆（树），齐、鲁千亩桑麻；渭川千亩竹”③。汉武帝时期，为了治理黄河泛滥之灾，曾经大肆砍伐“淇园之竹”，以堵塞黄河决口。④这就表明竹类植被在黄河中下游区域依然呈现广泛分布之

① 杨伯峻编著：《春秋左传注》修订本，中华书局，1990年，第2版，第139、781、1139页。
② 《诗经・秦风・终南》，见程俊英、蒋见元：《诗经注析》，第349页。
③ 《史记》卷一二九《货殖列传》，第3272页。
④ 〔东汉〕班固：《汉书》卷二九《沟洫志》，中华书局，1962年，第1682页。

态势，同时折射出西汉时期我国北部地域的气温要高于当代。[①]

至东汉时期，我国北部地域气候状况却转趋寒冷与干燥。

二、秦汉时期宏观气候的干湿程度

在历史时期，我国北部地域交替受到北极地区寒冷气团和海洋温热气团的影响，气候的干燥与湿润存在着周期性演替，呈现出交替出现的状态。干燥期与湿润期的延续时间也长短不一。在干燥期内穿插着短暂的湿润期，或者在湿润期内穿插着短暂的干燥期。因此，两者的转化呈现出复杂的状态。

秦汉时期，北部地域气候既呈现出温暖湿润的特征，洪涝灾害在局部地区肆虐，就是例证；同时，也穿插着小尺度时段的暖干、冷干等气候，东汉晚期的连年干旱导致老百姓流离失所而引发黄巾大起义，便是可靠的证据。两汉时期是古代气候剧烈波动的重要时段。

在前述宏观气候环境中，鄂尔多斯高原及其毗邻区域的天然植被与野生动物种群构成及空间分布格局必然发生相应的变动。

三、战国秦汉时期的气候极端事件

在第二个宏观气候温暖期，也存在气温的上下波动、大气湿度的高低变动。气温、湿度的剧烈变化与日常波动差异过大时，会出现气候极端事件，影响大自然的植被生长与动物种群栖息的环境。

在战国至秦朝时段，气温、湿度的波动幅度基本平稳，尚未出现巨大的起伏。然而至西汉时期，我国北部地域的宏观气候频繁出现较大的波动，极端气候现象或有发生。这不能不影响包括鄂尔多斯高原在内的北方各地区的天然植被与野生动物种群的正常生长，或使其种群构成发生变更，优胜劣汰的自然规则发挥着驱动与制约作用。

从表3-1可以看出，赵成侯二年（前373），赵惠文王十八年（前281）、二十七年（前272），发生六月降雪的极端气候事件，以及黄河、漳河洪水溢出河槽的重大自然灾害。秦王政十二年（前235），北方地域出现持续3个月的大范围干旱，即“当是之时，天下大旱，六月至八月乃雨”。至秦王政二十一年（前226），发生极端严寒天气，秦国控制区域内普降大雪，积雪“深二尺五寸”。这就给秦、赵等国居民的生产、生活造成了严重的负面影响。同时，土壤严重缺水，河川干涸，也就严重制约

① 马正林主编：《中国历史地理简论》，第3—4页。

着天然植被、野生动物种群的繁衍生息。无论是赵成侯二年的六月降雪导致的气温剧降，还是黄河等河川的大洪水、连续数月的大范围干旱、极端寒冷天气，皆发生在包括今鄂尔多斯高原在内的北方地域，无疑会对鄂尔多斯高原动植物种群产生一定的影响。只是，战国至秦朝时段，此类气候突发事件次数较少，影响较为有限罢了。

表3-1　战国至秦朝时期北部地域气候冷暖干湿资料简表

帝王纪年	公历纪年	气候征候	类型
赵成侯二年	前373	六月，雨雪	低温
赵惠文王十八年	前281	大潦，漳水出	洪涝
赵惠文王二十七年	前272	河水出，大潦	洪涝
秦王政四年	前243	十月庚寅，蝗虫从东方来，蔽天。天下疫	蝗灾
秦王政五年	前242	初置东郡。冬雷	回温
秦王政九年	前238	四月，“（是）月寒冻，有死者”	低温
秦王政十二年	前235	文信侯不韦死，窃葬。……秋……当是之时，天下大旱，六月至八月乃雨	干旱
赵幽穆王五年	前232	代地大动，自乐徐以西，北至平阴，台屋墙垣太半坏，地坼东西百三十步	地震
秦王政十五年	前232	地动	地震
秦王政十七年	前230	地动。……民大饥	地震
秦王政十九年	前228	大饥	
秦王政二十一年	前226	大雨雪，深二尺五寸	低温

资料来源：《史记》卷四三《赵世家》，第1799、1820—1832页；卷六《秦始皇本纪》，第224—233页。仅限见于古代文献者，并不完全。

延至西汉时期，包括鄂尔多斯高原在内的北方地域宏观气候仍然处在第二个温暖期内。温暖湿润的气候环境非常适于野生动植物种群的生存与繁衍。但是，气候的小幅度震荡显然幅度加剧、次数增加。据不完全的资料统计，在汉高祖至景帝的60多年间，极端寒冷天气出现过一次，即汉高祖七年（前200）汉朝政府军讨伐上郡白土县王黄、赵利等叛乱势力途中突遇极寒天气，有三分之一的士兵手指被冻坏。大旱出现四次，即汉惠帝五年（前190）、文帝三年（前177）、文帝后元六年（前158）、景帝中三年（前147），以及大旱引发的两次蝗虫灾害。连阴雨引发洪涝两次，即文帝后三年（前161）“秋，大雨，昼夜不绝三十五日”、景帝中五年（前145）“天下大潦”。西汉前期的60多年间，气候波动的力度、次数相对较弱。

至汉武帝及其后的时段，气候的温度、干湿波动强烈。仅就汉武帝统治时期而言，干旱发生六次；其后，发生五次。洪灾仅有元帝、成帝期间的两次。气温的急剧波动则相当明显，其一是温热趋势，表现在三次出现暖冬气象。其二是春夏气温急剧变化，表现在文帝四年至成帝河平二年（前176—前27）间，出现十二次极寒气象。比如：汉文帝四年（前176）“六月，大雨雪”，炎热的夏六月，天降大雪，这是典型的极端天气。武帝元狩元年（前122），“十二月，大雨雪，民多冻死”。元鼎二年（前115），“三月，雪，平地厚五尺”，阳春三月，正是树木发芽、百花盛开的季节，天空降下厚达五尺的积雪。元帝建昭二年（前37），“十一月，齐楚地大雪，深五尺”；建昭四年（前35），“三月，雨雪，燕多死”；阳朔四年（前21），“四月，雨雪，燕雀死”。这种逆季节的突然降温下雪，使得飞鸟难以忍受而大量冻死。

西汉中后期，北方地域沙尘暴、扬沙、扬尘天气的记录出现。成帝建始元年（前32），出现严重的沙尘暴天气，即“四月辛丑夜，西北有如火光。壬寅晨，大风从西北起，云气赤黄，四塞天下，终日夜下著地者黄土尘也”①。

总体观察，西汉存续的200余年间，北方地域的气候基本是温暖湿润型，对于野生动植物种群而言，属于适合它们生存、延续的外在条件。虽然也存在一定的干湿、冷热的波动，甚至是较为剧烈的上下高低波动，但对于大尺度时段、地域的宏观气候并未造成大的影响，对野生动植物的影响自然也就较为轻微。

表3-2 西汉时期气候冷暖干湿资料简表

帝王纪年	公历纪年	气候征候	类型
高祖七年	前200	会天寒，士卒堕指者什二三，遂至平城	低温
惠帝五年	前190	夏，大旱，江河水少，溪谷绝（水）	干旱
文帝三年	前177	秋，天下旱	干旱
文帝后三年	前161	秋，大雨，昼夜不绝三十五日。蓝田山水出，流九百余家	洪涝
文帝后元六年	前158	春，天下大旱	干旱
景帝中元年	前149	地动。衡山、原都雨雹，大者尺八寸	雹灾
景帝中三年	前147	秋，大旱	干旱
景帝中四年	前146	大蝗	蝗灾
景帝中五年	前145	天下大潦。……秋，地动	洪涝、地震
景帝中六年	前144	三月，雨雹	雹灾
景帝后元年	前143	五月丙戌，地动，其蚤食时复动。上庸地动二十二日，坏城垣	地震
景帝后二年	前142	正月，地一日三动。……为岁不登……十月，……衡山国、河东、云中郡民疫	地震
景帝后三年	前141	十月，日月皆赤五日。十二月晦，雷。日如紫（色）	浮尘
武帝元光六年	前129	夏，大旱	干旱
元朔五年	前124	春，大旱	干旱
元狩三年	前120	夏，大旱	干旱

① 《汉书》卷二七下之上《五行志下之上》，第1449页。

续表

帝王纪年	公历纪年	气候征候	类型
天汉元年	前100	夏，大旱	干旱
天汉三年	前98	夏，大旱	干旱
征和元年	前92	夏，大旱	干旱
昭帝始元六年	前81	大旱	干旱
宣帝本始三年	前71	夏，大旱，东西数千里	干旱
神爵元年	前61	秋，大旱	干旱
元帝永光五年	前39	夏及秋，大水	洪涝
成帝建始三年	前30	夏，大水，三辅霖雨三十余日，郡国十九雨，山谷水出，凡杀四千余人，坏官寺民舍八万三千余所	洪涝
成帝永始三、四年	前14、前13	夏，大旱	干旱
惠帝五年	前190	十月，桃李花，枣[结]实	暖冬
武帝元狩六年	前117	冬，亡冰	暖冬
昭帝始元二年	前85	冬，亡冰	暖冬
文帝四年	前176	六月，大雨雪	极寒
武帝元狩元年	前122	十二月，大雨雪，民多冻死	寒冬
元鼎二年	前115	三月，雪，平地厚五尺	寒冬
元鼎三年	前114	三月，水冰；四月雨雪，关东十余郡人相食	寒冬
武帝元光四年	前131	四月，陨霜杀草木	陨霜
元封三年	前108	十二月，雷雨雹，大如马头	雨雹
宣帝地节四年	前66	五月，山阳济阴雨雹如鸡子，深二尺五寸，杀二十人，蜚鸟皆死	雨雹
元帝建昭二年	前37	十一月，齐楚地大雪，深五尺	寒冬
建昭四年	前35	三月，雨雪，燕多死。谷永对曰："……正以是日疾风自西北，大寒雨雪，坏败其功，以章不向。"	寒冬
阳朔四年	前21	四月，雨雪，燕雀死	寒冬
元帝永光元年	前43	三月，陨霜杀桑；九月二日，陨霜杀稼，天下大饥	陨霜
成帝河平二年	前27	四月，楚国雨雹，大如斧，蜚鸟死	雨雹
成帝建始元年	前32	四月辛丑夜，西北有如火光。壬寅晨，大风从西北起，云气赤黄，四塞天下，终日夜下著地者黄土尘也	风尘
成帝绥和二年	前7	九月丙辰，地震，自京师至北边郡国三十余坏城郭，凡杀四百一十五人	地震

资料来源：《史记》卷八《高祖本纪》，第384—385页；《汉书》卷二七《五行志》，第1315—1522页。

第三节 秦汉时期汉匈战争与农牧分界线的移动

前文曾述及，战国后期秦、赵、燕三国均在其北方边境修筑过长城。考古资料显示，秦昭王长城和赵北长城各有一段经过了今鄂尔多斯境内。秦始皇灭关东六国之后，不仅继承了战国时期列国原有版图，更挟统一之威势，四处扩张。在北境，秦王朝“北拒河[①]为塞，并阴山至辽东”，已将鄂尔多斯地区完全包入自己的疆域之内。秦始皇三十三年（前214）之后，更“西北斥逐匈奴，自榆中并河以东，属之阴山，以为四十四县，城河上以为塞。又使蒙恬渡河取高阙[②]、阳山、北假中[③]，筑亭障以逐戎人”，沿黄河及阴山修筑了完备的防御工事体系，并“徙谪，实之初县”。[④]王子今先生分析说：“所谓‘徙谪’，带有军事移民的性质。这些移民的生存方式，自然是以农耕经济为主”[⑤]。这样一来，就使农业区的范围大大向北推移了。此后，这条农牧分界线虽然大体上仍能与长城保持平行，但并非始终维持不变，随着（秦）汉匈双方势力的消长而互有进退，亦有过数次摆动，试述如下：

一、秦末汉初农牧分界线的南缩

在秦末农民战争中，秦王朝原先戍守于长城沿线的边防军或内调用于镇压[⑥]，或“趁机逃回”内地[⑦]，匈奴势力趁机重新占据了包括鄂尔多斯地区西北部分在内的“河南地”[⑧]。史称“蒙恬死，诸侯畔秦，中国扰乱，诸秦所徙谪戍边者皆复去，于是匈奴得宽，复稍度河南与中国界于故塞”[⑨]。此处所谓“故塞”，指的就是由南向北穿过了今鄂尔多斯地区东部的秦昭王长城。其相对于秦始皇长城，算是原有边界，因此称为“故塞”。从这时起到西汉初年，农牧分界线复又向东南方向退缩回了战国秦长城一线，大体上相当于战国时期的农牧分界线。

---

① 秦汉时代“河”字乃黄河的专称，而不是河流的通名。

② 《史记正义》曰：“高阙，山名，在五原北。两山相对若阙，甚高，故言高阙。”

③ 阳山、北假中位置不确，但既然是蒙恬渡黄河所取，应在黄河北岸，纬度肯定高于今鄂尔多斯地区。

④ 《史记》卷六《秦始皇本纪》，第253页。

⑤ 王子今：《秦汉时期生态环境研究》，第316页。

⑥ 辛德勇：《历史的空间与空间的历史》，北京师范大学出版社，2005年，第67—70页。

⑦ 邹逸麟编著：《中国历史地理概述》，上海教育出版社，2005年，第234页。

⑧ 此处“河南”及“河南地”并非指今河南省一带，而是指秦汉时期的“河南地”，一般认为是指夹于秦昭王长城与黄河几字弯之间的广大区域，包括了今鄂尔多斯地区的全境。

⑨ 《史记》卷一一〇《匈奴列传》，第2887—2888页。

二、汉武帝至汉昭帝时期农牧分界线的向北移动

汉初自高祖至文景之世，因承亡秦之敝，国力虚弱，虽与匈奴不断发生武装冲突，但汉朝整体上居于守势。自汉武帝元光二年（前133）汉军在马邑试图伏击匈奴以来，开启了大规模反击匈奴的战端。至元朔二年（前127），汉将卫青“出云中[①]以西至陇西，击胡之楼烦、白羊王于河南，得胡首虏数千，羊百余万。于是汉遂取河南地，筑朔方，复缮故秦时蒙恬所为塞，因河为固”，“徙关东贫民处所夺匈奴河南地新秦中以实之”，并“度河自朔方以西至令居[②]，往往通渠置田官”[③]，兴修水利，大力发展农耕，以强大的武力为后盾将农牧分界线重又推回到黄河以北。但武帝时期的军事胜利并不彻底，匈奴主力始终未被消灭，此后双方仍互有胜败，汉朝虽能收复秦之“河南”故地，但控制并不十分稳固，匈奴仍不时“犯塞”内侵。如：元朔三年（前126），“匈奴右贤王怨汉夺之河南地而筑朔方，数寇盗边，及入河南，侵扰朔方，杀略吏民甚众”；太初二年（前103），匈奴詹师庐单于“遣兵攻受降城，不能下，乃侵入边而去”；太初三年（前102），“匈奴大入云中、定襄、五原、朔方，杀略数千人”；征和二年（前91），“匈奴入上谷、五原，杀略吏民”。[④]这还只是见于正史明确记载的大规模内侵。针对匈奴的入侵，汉军也会展开反击，但“每汉兵入匈奴，匈奴辄报偿”[⑤]，汉匈之间，史书未能详记的小规模冲突应当还会更多一些。如此纷扰不靖的大环境，无疑会对区域内正常的农牧业生产活动造成严重影响。

三、汉宣帝至西汉末年农牧分界线的稳定北进

元平元年（前74），因匈奴不断侵扰乌孙[⑥]，乌孙昆弥[⑦]上书汉廷提议共击匈奴，书中说“连为匈奴所侵削，昆弥愿发国半精兵人马五万匹，尽力击匈奴”。这给了汉朝一个攻伐匈奴的绝好机会。汉宣帝本始二年（前72），“汉大发关东轻锐士，选郡国吏三百石伉健习射者，皆从军。遣御史大夫田广明为祁连将军，四万余骑，出西河；度辽将军范明友三万余骑，出张掖；前将军韩增三万余骑，出云中；后将军赵充

① 云中：西汉郡名，治云中县，位于今内蒙古托克托县境内。
② 令居：汉代县名，在今甘肃永登北。
③ 《汉书》卷九四《匈奴传》，第3766、3769、3770页。
④ 《汉书》卷九四《匈奴传》，第3367、3775、3776、3778页。
⑤ 《汉书》卷九四《匈奴传》，第3773页。
⑥ 乌孙：西汉时期位于伊犁河流域一带的古国，亦为该国所统治民族族名。
⑦ 乌孙王称“昆弥”，或曰“昆靡”。

国为蒲类将军，三万余骑，出酒泉；云中太守田顺为虎牙将军，三万余骑，出五原：凡五将军，兵十余万骑，出塞各二千余里。及校尉常惠使护发兵乌孙西域，昆弥自将翕侯以下五万余骑从西方入，与五将军兵凡二十余万众”，汉军从东向西，乌孙军从西向东，对匈奴发动了一次规模浩大的钳形攻击，匈奴战败逃走。同年冬天，匈奴单于不甘失败，再次袭击乌孙。袭击虽然有所斩获，但匈奴主力尚未返回驻地，就遭遇严重天灾，“会天大雨雪，一日深丈余，人民畜产冻死，还者不能什一”，而丁令、乌桓、乌孙又趁机分别从北、东、西三面攻击匈奴，匈奴损失惨重，从此一蹶不振。从汉宣帝神爵四年（前58）起，匈奴内部因争夺单于之位陷入内战，史称“五单于争立”，势力更加衰弱。此后，呼韩邪单于在汉朝的支持下击败其竞争者郅支单于，勉强恢复了匈奴各部的统一，更因汉宣帝外交手段高明善于安抚，呼韩邪单于立场逐渐亲汉。至汉元帝时，以王昭君嫁给呼韩邪单于以行和亲，匈奴立王昭君为“宁胡阏氏”，此后汉匈双方维持了几十年的和平。此一阶段，汉朝的军事优势比较明显，匈奴基本处于守势，无力大规模骚扰汉地，汉地农业生产得以正常进行，汉朝沿边各郡的农业似乎有了较大发展，不但能够自给，且尚有不少余粮储积。如史书记载“元帝初即位，呼韩邪单于复上书，言民众困乏。汉诏云中、五原郡转谷二万斛[①]以给焉”[②]，甚至有余力以大量粮食支援新附的匈奴人。

四、王莽代汉后至东汉末年农牧分界线的持续南缩

王莽上台之后，在处理民族关系问题时盲目自大，迷信武力，致使汉匈双方战端又起。此时匈奴实力已有所恢复，而新莽政权则疲于应对接踵而来的内乱，以致无暇顾及边郡，于是匈奴势力趁机再次大幅南侵。更有甚者，王莽以“天无二日，土无二王，百王不易之道也。汉氏诸侯或称王，至于四夷亦如之，违于古典，缪于一统。其定诸侯王之号皆称公，及四夷僭号称王者皆更为侯”，为了所谓的“共行皇天之威”，更将匈奴单于的名号改为“降奴服于”，以贬低和羞辱匈奴单于，同时派出大军讨伐匈奴。国内则急令各郡转输衣服、兵器、粮食等物资，导致“天下骚动”。[③]被激怒的匈奴贵族也不甘示弱，“单于历告左右部都尉、诸边王，入塞寇盗，大辈万余，中辈数千，少者数百，杀雁门、朔方太守、都尉，略吏民畜产不可胜数，缘边

① 一斛约合今60千克，二万斛就约合今1200吨。

② 《汉书》卷九四《匈奴传》，第3800页。

③ 《汉书》卷九九《王莽传》，第4105、4121页。

虚耗”，以致“数年之间，北边虚空，野有暴骨矣”。[①]东汉初年，虽然中原地区勉强恢复统一，但所谓“沿边八郡”（北地、朔方、五原、云中、定襄、雁门、代、上谷）曾一度被放弃[②]，或被匈奴所支持的军阀卢芳所割据。《后汉书》记载此事说：“初，五原人李兴、随昱，朔方人田飒，代郡人石鲔、闵堪，各起兵自称将军。建武四年，单于遣无楼且渠王入五原塞，与李兴等和亲，告兴欲令芳还汉地为帝。五年，李兴、闵堪引兵至单于庭迎芳，与俱入塞，都九原县。掠有五原、朔方、云中、定襄、雁门五郡，并置守令，与胡通兵，侵苦北边。”[③]汉光武帝建武二十三年（47），匈奴内部再次分裂为南北两部；建武二十四年（48），南匈奴首领醢落尸逐鞮单于沿袭其祖父呼韩邪单于之号，复称呼韩邪单于，归附东汉，意图借东汉助力对抗北匈奴。南匈奴归附后，东汉朝廷虽收复沿边八郡，但似未进行有效控制，而是以其地安置南匈奴，并迁南匈奴单于庭至美稷县（位于今鄂尔多斯市准格尔旗境内）。此后，本区逐渐为匈奴、羌、胡、乌桓等少数民族所据。因缺乏可靠资料，此一时期本区农、牧业生产的具体情况尚不清楚。但按常理推断，南匈奴虽已内附，却不可能在短时间内改变其社会生产习俗，因此农牧分界线当未再次北推至鄂尔多斯地区，甚至还可能进一步有所“内缩”。[④]

显而易见的是，秦汉与匈奴战争期间的农牧分界线曾经数次摆动，这主要是受军事形势影响，而与气候变化似无直接关系。尤其是有汉一代农业区的大幅向北扩展，本身并不是一个自然的生态演替过程，而是国家有意对边疆地区进行大规模农业开发的结果。司马迁曾说“龙门[⑤]、碣石北多马、牛、羊”[⑥]，也就是认为龙门、碣石一线以北发展畜牧业的自然条件是比较适宜的。很显然，秦汉时期农牧分界线的西段大大向北推进了，一些学者认为这种在宜牧地区强行发展农业的做法导致了严重的水土流失，并且成为诱发西汉一代黄河多次泛滥的主要原因，而本区与陕北黄土高原地区都被认为是这种水土流失的“重灾区”。[⑦]

① 《汉书》卷九四《匈奴传》，第3824、3826页。
② 《后汉书·南匈奴列传》称：“光武初，方平诸夏，未遑外事”。参见邹逸麟编著：《中国历史地理概述》，第235页。
③ ［南朝宋］范晔：《后汉书》卷一二《王刘张李彭卢列传》，中华书局，1965年，第506页。
④ 邹逸麟编著：《中国历史地理概述》，第235页。
⑤ 《史记正义》曰：“龙门山在绛州龙门县。”位于今山西省河津市。
⑥ 《史记》卷一二九《货殖列传》，第3254页。
⑦ 谭其骧：《何以黄河在东汉以后会出现一个长期安流的局面》，见谭其骧：《长水集》下，人民出版社，1987年，第1—32页；邹逸麟：《东汉以后黄河下游出现长期安流局面问题的再认识》，《人民黄河》1989年第2期；史念海：《由历史时期黄河的变迁探讨今后治河的方略》，见史念海：河山集》二集，生活·读书·新知三联书店，1981年，第356—390页。

还应当指出，所谓“农牧分界线”并非一条不可逾越的鸿沟。在界线以北、以西，匈奴民族仍经营着一定规模的农业，王子今先生已有论述。[①]而在此线以南、以东，汉族居民经营畜牧业的实例也比较常见。汉武帝反击匈奴的首战——马邑之战，就是因为匈奴单于“见畜布野而无人牧者”引起怀疑而未能伏击成功，此处之“畜”显然是属于汉朝边民而非匈奴的。当然，汉朝控制区内边民畜牧的种类可能与匈奴境内有不同的侧重，汉境畜牧业的发展应是从属于边防和农业需要的。《史记》曾记汉武帝时“令民得畜牧边县，官假马母，三岁而归，及息什一，以除告缗，用充仞新秦中”[②]，《汉书》也记载“北边自宣帝以来，数世不见烟火之警，人民炽盛，牛马布野”[③]，而成书于汉昭帝时期的《盐铁论》中也有“故募人田畜以广用，长城以南，滨塞之郡，马牛放纵，蓄积布野”[④]的记录，均突出牛和马，羊似乎并不受重视。养马、养牛颇受汉朝官方重视应当是与其军事和农业用途密切相关。无论如何，不仅“当时长城以北并非绝对的纯牧业区”[⑤]，长城以南也并非绝对的纯农业区。这就说明，“农牧分界线”实质上是“农牧交错带”这一狭长的地理地带在地图上的抽象。当然，这种划分仍有其意义，因为它明确地指出：以匈奴为代表的游牧民族的主要经济部门仍是畜牧业，而以汉族为代表的农耕民族的主要经济部门仍是农业。

第四节　战国秦汉时期鄂尔多斯高原天然植被的空间分布探析

进入秦汉时期，由于气候趋于温暖湿润，生态条件优越，鄂尔多斯高原的野生动物种群与天然植被生长旺盛，广泛分布。在此，主要通过汉代文献记载、汉代墓葬出土文物以及实地考察所获资料，对该地域汉代动植物种群构成和空间分布进行探讨，以勾画出汉代特定气候条件下野生动植物的分布格局。

由于年代久远和文献资料匮乏，战国秦汉时期鄂尔多斯高原地域的天然植被种类构成与空间分布的探索相当棘手。基于零星的古代文献资料、墓葬出土木质棺椁资料、墓葬出土图像资料，可进行大略的剖析、推论，以复原战国秦汉时期鄂尔多斯高原天然植被的基本轮廓。

鄂尔多斯高原恰巧处在森林与草原过渡地区。因此，历史时期区域天然植被呈现

① 王子今：《秦汉时期生态环境研究》，第438—439页。
② 《史记》卷三〇《平准书》，第1438页。
③ 《汉书》卷九四《匈奴传》，第3826页。
④ 王利器校注：《盐铁论校注》（定本）卷八《西域》，中华书局，1992年，第499页。
⑤ 王子今：《秦汉时期生态环境研究》，第439页。

出综合性特征，既存在森林植被，也存在暖温带草原植被，同时间杂着生长于湖畔、河滨的水生植物、湿生植物（或沼泽植物）和盐碱生植物等。由于鄂尔多斯高原及其毗邻区处在东南海洋湿热季风与北方极地干寒季风前沿交错地带，受到两者的交替作用，水热条件变化较为明显，其植被也呈现出东西方向的区域差异。高原东南部、东部区域存在着广泛的森林植被，间杂着草原植被；其中西部和西北部则属于稀树草原植被，草原广阔，乔木稀疏；穿插于森林、草原植被区域之间者，则是河、湖及其岸边的水生植物和湿地植物群落，以及少数盐湖周边的盐生植物群落。

历史时期，栖息于各种植被之中的野生动物呈现多种多样之特点，尤其是以大体型野生动物群体最为抢眼。高原上曾经生活着虎、马、鹿、狼、羊等大体型野生动物种群，数量众多，在很长时段内，成为古代高原及其毗邻区居民狩猎的对象。还有狐、兔、雉、鱼类、鳖类、虾类等野生动物种群。

但是，随着历史时期人类经济活动力度的加大和范围的不断扩大，在取得经济效益的同时，高原地域的天然植被和野生动物种群的生存环境深受影响，导致植被与动物数量逐步减少，以至于完全灭绝。究其原因，乃由于时代的局限性，人们尚未意识到保护自然生态环境的重大而深远的意义。这样的历史教训非常值得当代人们汲取，以便我们有意识地打造一个人类与自然和谐共处的美好生态环境。

自新石器时代晚期至春秋时期的3000多年间，鄂尔多斯高原的天然植被虽然受到宏观气候波动的影响，一直维持着森林草原交错分布的格局，郁郁葱葱，生机盎然。在鄂尔多斯高原的东半部河川中上游区域，生长着高大的针阔叶混交森林，树种包括松树、杜松、柏树、榆树、柳树、栎树、杨树等等。高原的中西部则分布着面积广阔的暖温带草原植被，包括白芨、禾本类等优质野草等等，而在内流河川沿岸也生长着茂密的乔木、灌木植被。在如此优越的鄂尔多斯高原生态环境中，生活着若干从事游牧和狩猎经济的族群，例如薰鬻、猃狁、戎、翟等族群。

至战国时期，其他从事游牧经济或农耕经济的族群逐渐移入鄂尔多斯高原及其毗邻区，对植物资源、动物资源的利用进入一个新的历史阶段。

一、透过古代文献记载窥探鄂尔多斯高原战国秦汉森林分布地

至战国时期，鄂尔多斯高原天然植被受到人类经济活动扰动的程度仍然微乎其微，因此植被覆盖范围及其类型仍无大的变化。天然植被的空间分布格局基本上是：东部外流水系区域及中部内流水系区域，地表覆盖着茂密的森林，林间交错分布着草

原植被，窟野河上游地区还生长着竹林，其范围相当于今内蒙古伊金霍洛旗大部、鄂尔多斯市东胜区、准格尔旗南半部、乌审旗北部，陕西府谷县、神木市、榆林市榆阳区、佳县等地。高原中西部为稀树草原区域，草类植被广泛分布于地表，而在内流河川中上游流域也存在森林与灌木植被，其范围包括今内蒙古杭锦旗、达拉特旗北半部、鄂托克旗、鄂托克前旗、乌审旗大部，陕西榆林市榆阳区西部及横山区北部、靖边县北部、定边县北部和宁夏盐池县大部、灵武市等地。其中一些内流河川，例如杭锦旗的摩林河、陶赖沟河，以及外流河川都斯图河等中上游区域也存在森林植被。此外，在鄂尔多斯高原西缘的桌子山，西南隅的牛首山、大罗山，南缘的白于山及其余脉等局部山区，同样存在茂盛的森林植被。

自战国时期始，鄂尔多斯高原天然植被的直接或间接的记载渐渐增多，使得后人据之可判断其植被分布状况，以及树种构成等信息。鄂尔多斯高原东半部，相当于今内蒙古准格尔旗、达拉特旗大部、鄂尔多斯市东胜区、伊金霍洛旗、乌审旗，陕西省府谷、神木、榆阳、横山、靖边及其以南诸县之地。

关于鄂尔多斯高原东南部（包括内蒙古准格尔旗南半部和陕西榆林市东部）古代天然植被状况，据《山海经·五藏山经》记载，该地生长着竹林及多种乔木。

公元前300年左右，赵武灵王经过“胡服骑射”军事变革后，快速地提升了赵国军队的作战实力。《史记·匈奴列传》载：“而赵武灵王亦变俗胡服，习骑射，北破林胡、楼烦。”[①]赵国军队遂在赵武灵王的亲自统率下进行开疆拓土的军事行动，将赵国北方的两个族群——林胡、楼烦驱逐至黄河以西的鄂尔多斯高原东部“榆中”区域。《史记·赵世家》载：“（赵武灵王）十九年春正月，大朝信宫。……王北略中山之地，至于房子，遂之代，北至无穷，西至河，登黄华之上。召楼缓谋曰：‘……又取蔺、郭狼，败林人于荏，而功未遂。今中山在我腹心，北有燕，东有胡，西有林胡、楼烦、秦、韩之边，而无强兵之救，是亡社稷，奈何？……吾欲胡服。’楼缓曰：‘善。’”[②] 同年，赵武灵王又说服其叔公子成，即“王遂往之公子成家，因自请之，曰：‘……吾国东有河、薄洛之水，与齐、中山同之，无舟楫之用。自常山以至代、上党，东有燕、东胡之境，而西有（林胡）。楼烦、秦、韩之边，今无骑射之备。’”[③]赵武灵王十九年（前307）实行“胡服骑射”军事变革后，遂向北方开疆拓土，取得辉煌成就。史载：“二十年，王略中山地，至宁葭；西略（林）胡地，至

① 《史记》卷一一〇《匈奴列传》，第2885页。
② 《史记》卷四三《赵世家》，第1805—1806页。
③ 《史记》卷四三《赵世家》，第1808—1809页。

榆中。林胡王献马。……代相赵固主胡，致其兵。”[①]“二十六年，复攻中山，攘地北至燕、代，西至云中、九原。”[②]赵武灵王二十六年（前300），赵国已经夺取榆中、云中、九原等地。赵惠文王二年（前297），“主父行新地，遂出代，西遇楼烦王于西河而致其兵。三年，灭中山，迁其王于肤施”。[③]从上述引文可知，截至赵惠文王三年（前296），赵国相继控制着榆中、云中、五原等地区，并已在“榆中”地区南部修筑了一座命名为“肤施”的城镇（今陕西榆林市榆阳区鱼河镇米家园则古城址）。

已故的史念海先生认为，林胡，即林人，是指生活在森林中以畜牧、狩猎为生计的族群。因此，林胡、楼烦两部族因受到赵国军事压力而西迁到的黄河以西的“榆中”区域，也应是一个适于他们生存的林木繁茂之地。所谓赵武灵王“西略（林）胡地，至榆中。林胡王献马”是也。此古代文献所载“榆中”，则因为区域森林的标志性树种主要是榆树而得名。战国时期的“榆中”地区，就是汉代“河南地”之东半部。《史记·卫将军骠骑列传》载：汉武帝元朔二年（前127），“汉令将军李息击之，出代；令车骑将军青出云中以西至高阙。遂略河南地，至于陇西，捕首虏数千，畜数十万，走白羊、楼烦王。遂以河南地为朔方郡”。[④]《水经注》记载：“河水又南，诸次之水入焉。水出上郡诸次山，……其水东经榆林塞，世人谓之榆林山，即《汉书》所谓榆溪旧塞者也。自溪西去，悉榆柳之薮矣，缘历沙陵，届龟兹县西北，故谓广长榆也。”[⑤]显然，“榆中”区域位于圁水（今窟野河）以西、诸次水（今秃尾河）上游流域及其西方之地。据此，其空间范围相当于今内蒙古鄂尔多斯市东胜区、康巴什区、伊金霍洛旗、准格尔旗西南部、乌审旗北部，陕西府谷县北部、神木市北部和榆林市榆阳区榆溪河流域。在战国时期，该区是一派森林草原风光。

至汉代，鄂尔多斯高原的森林草原绿色植被景观宏观格局并未改变。西汉政府在鄂尔多斯高原及其毗邻区建置诸多郡县单位，移入内地农民，开发农业土地资源。于是，人工植被出现在高原各地。与此同时，西汉政府又安置归降的匈奴族牧民于鄂尔多斯高原，形成五个以匈奴族牧民为管理对象的属国都尉府建制单位。据《汉

---

① 《史记》卷四三《赵世家》，第1811页。
② 《史记》卷四三《赵世家》，第1811页。
③ 《史记》卷四三《赵世家》，第1813页。
④ 《史记》卷一一一《卫将军骠骑列传》，第2923页；又见于《史记》卷一一〇《匈奴列传》，第2890页。
⑤ 〔北魏〕郦道元：《水经注》卷三《河水·圁水、诸次之水》，江苏广陵古籍刻印社，1998年，第52页。

书》载，汉武帝元狩二年（前121），“秋，匈奴昆邪王杀休屠王，并将其众合四万余人来降，置五属国以处之。以其地为武威、酒泉郡”。[①]五个匈奴族属国全部设置在鄂尔多斯高原及其毗邻区水草丰美之地。其中，五原属国都尉府位于五原郡蒲泽县城（今内蒙古达拉特旗白泥井镇城圪梁村古城遗址）[②]，西河属国都尉府位于西河郡美稷县城（今内蒙古准格尔旗暖水镇榆树壕村古城遗址）[③]，上郡属国都尉府位于上郡龟兹县城（今内蒙古乌审旗敖柏淖尔古城遗址）[④]，安定属国都尉府驻在安定郡三水县城（今宁夏同心县下马关镇红城水村古城遗址）[⑤]，金城属国都尉府驻在金城郡勇士县满福城（今甘肃榆中县苑川古城遗址）[⑥]。显然，除金城属国之外，五原、西河、上郡、安定四个匈奴族属国皆分布在鄂尔多斯高原。五原、西河两个属国分布在鄂尔多斯高原的东部区域，上郡属国分布在其中部区域，安定属国分布在其西南部区域。五个属国分布格局表明其所在区域必然是水草肥美之地，适宜于从事畜牧经济活动。这就从反面证实鄂尔多斯高原生态环境仍然是良好的状态。

经过西汉末年的战乱干扰，许多农用地被抛荒，转变为草原。这种自然状况延续至东汉时期。东汉政府虽然恢复鄂尔多斯高原及其毗邻区的郡县行政区划建制，但是农业人口数量相对于西汉时期有大幅的减少，劳动力不足，农地开发范围有限。而东汉政府于建武二十四年接受南匈奴归降后，仿照西汉时的做法，将鄂尔多斯高原及其毗邻区作为安置匈奴贵族与普通牧民的地方。《后汉书·南匈奴列传》载：建武二十六年（50），“南单于既居西河，亦列置诸部王，助为扞戍。使韩氏骨都侯屯北地，右贤王屯朔方，当于骨都侯屯五原，呼衍骨都侯屯云中，郎氏骨都侯屯定襄，左南将军屯雁门，栗籍骨都侯屯代郡，皆领部众为郡县侦逻耳目”。[⑦]据此，南匈奴八个部落被东汉政府安置在北疆地带八个郡级政区界内。其中，右贤王部落被安置在朔方郡境内，当于骨都侯部落被安置于五原郡境内，呼衍骨都侯部落被安置在云中郡管区，韩氏骨都侯部落被安置于北地郡地界，南匈奴单于庭及其直管部落被安置在西河

---

① 《汉书》卷六《武帝纪》，第176—177页。

② 王兴锋：《西汉五原属国都尉驻地——蒲泽县城初探》，见中国地理学会历史地理专业委员会《历史地理》编辑委员会编：《历史地理》第33辑，上海人民出版社，2016年，第252—257页。

③ 王兴锋：《汉代美稷故城新考》，《中国边疆史地研究》2016年第1期。

④ 艾冲、陈娇：《两汉上郡龟兹县治城位置新探》，《陕西师范大学学报（哲学社会科学版）》2015年第5期。

⑤ 王兴锋：《论西汉时期鄂尔多斯高原及其邻区的五属国》（待刊稿）。

⑥ 王兴锋：《论西汉时期鄂尔多斯高原及其邻区的五属国》（待刊稿）。

⑦ 《后汉书》卷八九《南匈奴列传》，第2945页。

郡北部区域，还有其他三个部落被安置在定襄郡、雁门郡和代郡境内。因此，鄂尔多斯高原接纳了南匈奴五个部落，这也反映出其时生态环境的优越。当时，常绿与落叶、针叶与阔叶形成的针阔叶混交林分布于高原东部和中部河川上游流域。常绿树种既包括柏、松，也包括桢（女贞树）、竹。早在建武十一年（35），并州牧郭伋上任伊始，行部抵达黄河以西的美稷县城外，受到预先得知消息的美稷县城数百名孩童的夹道迎接。《后汉书》载："十一年，省朔方刺史属并州。帝以卢芳据北土，乃调伋为并州牧。……始至行部，到西河美稷，有童儿数百，各骑竹马，道次迎拜。伋问'儿曹何自远来'。对曰：'闻使君到，喜，故来奉迎。'"①其中，关键环节是数百名孩童皆骑着竹马出城迎接并州牧郭伋。至于制作数百个竹马的原材料——竹子，当然来自当地的野生竹林。西河郡美稷县故城即今准格尔旗暖水镇北部榆树壕村古城。这段记述反映出东汉时期美稷县管区（包括今准格尔旗南部的黄甫川上游两条支流河川——纳林川、十里长川流域）生长着大范围的竹林。因此，才会出现美稷县数百孩童以竹竿为马，骑竹马玩游戏之事。可见，距今约2000年前的鄂尔多斯高原东部森林地带存在常绿经济林——竹林。北魏后期成书的《水经注》在《原公水》篇中援引《司马子政庙碑》之文曰："西河旧处山林"。②所谓"西河"是指汉代西河郡，句中的"旧处山林"是说西河郡旧时处在山林地区。此"旧"字即指汉代。依据《水经注》的记述，美稷县城周边地区乃是森林草原地带。

二、依据战国秦汉墓群出土木质遗物探索天然植被分布状况

考古资料也显示出汉代鄂尔多斯高原东部的天然植被状况。尤其是经文物工作者的调查和考古人员发掘的鄂尔多斯高原地域汉代墓葬出土的木质棺椁表明，制作棺椁、墓室地板、墓顶棚木的树木，必定是采伐于聚落附近的树林，而非运自远方。无论是鄂尔多斯高原东部，还是其西部，莫不如此。

（一）汉代墓葬的空间分布

在鄂尔多斯高原地域，迄今发现诸多汉代墓葬群。其分布概况略述如下：在今

① 《后汉书》卷三一《郭杜孔张廉王苏羊贾陆列传》，第1092—1093页。

② 〔北魏〕郦道元著，陈桥驿校证：《水经注校证》卷六《原公水》，中华书局，2007年，第172—173页。原文如下："原公水出兹氏县西羊头山，东过其县北，县，故秦置也，汉高帝更封沂阳侯婴为侯国，王莽之兹同也。魏黄初二年，分太原，复置西河郡。晋徙封陈王斌于西河，故县有西河缪王司马子政庙。碑文云：'西河旧处山林，汉末扰攘，百姓失所。魏兴，更开疆宇，分割太原四县，以为邦邑，其郡带山侧塞矣。王以咸宁三年，改命爵土，明年十二月丧国。臣太农阎崇、离石令宗群等二百三十四人，刊石立碑，以述勋德。碑北庙基尚存也。'又东入于汾。水注文湖，不至汾也。"

内蒙古自治区鄂尔多斯市与乌海市境内，迄今已发现战国秦汉墓群约114处；在今宁夏回族自治区黄河河道东侧区域，迄今发现战国秦汉墓群21处；在今陕西省榆林市境内，迄今发现战国秦汉墓群218处；整个区域合计发现战国秦汉墓群约353处。

1. 内蒙古鄂尔多斯市与乌海市境战国秦汉墓群的分布

在内蒙古鄂尔多斯市东胜区境，迄今发现12处战国至汉代墓群。它们分布在泊尔江海子镇附近区域，包括：吴柴登巴拉墓，位于巴音敖包乡马家湾村，属战国墓地，面积约1平方千米；哈叶陶勒盖墓地，位于巴音敖包乡巴音敖包村，属汉代墓地，面积约15万平方米；五颗圪旦墓地，位于巴音敖包乡沙日塔庙村，属汉代墓地，面积约3.5万平方米；台什圪旦墓地，位于泊江海子乡台什村，属汉代墓地，面积约6.5万平方米；山神梁墓地，位于柴登乡冯家圪台村，属汉代墓地，地表有封土堆3座，底径约15米，高约3米；乱圪旦梁墓地，位于漫赖乡娄家圪台村，属汉代墓地，市文物保护单位，面积约1.6万平方米；油房渠墓地，位于罕台庙乡油房渠村，属汉代墓地，面积约1万平方米；补洞沟墓地，位于布日都梁乡补洞沟，属汉代墓地，面积约5000平方米；后沙堰墓地，位于潮脑梁乡张家梁居民点，属汉代墓地，面积约6000平方米；杜四圪旦墓群，位于潮脑梁乡苏家圪楞村，属汉代墓地，面积约2万平方米。

其中，哈叶陶勒盖汉代墓地地表暴露有斜坡墓道土洞墓、竖穴土坑墓、砖室墓等。采集有绳纹瓦，泥质灰陶折沿盆、敛口罐、高领罐等残片。

五颗圪旦汉代墓地部分墓葬遗存大型封土堆。被破坏的4座墓葬，大体包括砖室墓和竖穴土坑木椁墓，分单室和多室。1986年，曾清理竖穴土坑墓1座，出土有泥质灰陶罐、灶、熏炉，汉五铢铜钱等。墓室内置放木制棺椁。

台什圪旦墓地地表有大型封土堆4座，为土洞、砖室和竖穴土坑墓。采集有绳纹瓦，泥质灰陶折沿盆、甑、高领壶等残片。征集有汉五铢铜钱、“四乳四螭”和“昭明”铜镜等。

乱圪旦梁墓群地表有封土堆约40座，多为砖室墓，也有少量竖穴土坑木椁墓，南北向，葬式为仰身直肢。征集有铜壶、钫、灶、熏炉、勺、鸮形釉陶壶等。墓室内置放木制棺椁。①

杜四圪旦墓群，1995年发掘竖穴土坑墓和长斜坡墓道土洞墓8座。部分土洞墓地表有封土堆，墓道长8—10米，墓室面积4—8平方米。均为双人合葬，有棺，部分有椁及头箱，墓向各异。竖穴土坑墓面积3—4平方米，均为单人一次葬，葬式为仰身直

① 国家文物局主编：《中国文物地图集·内蒙古自治区分册》，西安地图出版社，2003年，第573—574页。

肢，无棺，多数设生土二层台。出土有陶制的壶、罐、灶、釜、甑、井、水斗和漆盘及五铢铜钱等。部分陶壶施红色彩绘。墓中的木棺、木椁和木头箱等，无疑采自附近生长的林木。

不难看出，哈叶陶勒盖汉代墓地、五颗圪旦汉代墓地、台什圪旦墓地、乱圪旦梁墓群、杜四圪旦墓群等，皆分布在今东胜梁地带。墓主的棺椁、头箱等葬具的制作材料自当源于死者生前的居住地。换言之，死者丧葬所用木材就生长和采伐于今东胜梁一带。

在今达拉特旗境，迄今发现15处战国至汉代墓群，主要分布在该旗东部、中部、南部区域。包括：中部区域的瓦窑墓群，位于树林召乡瓦窑村，属战国墓地，主要分布在罕台川西岸沙地上，面积约1平方千米；全胜碾房墓群，位于中和西乡全胜碾房村，属汉代墓地，面积约3万平方米；锡尼召墓群，位于树林召乡锡尼召村，属汉代墓地，地表暴露竖穴土坑墓和斜坡墓道土洞墓4座；吴家梁墓群，位于耳字壕乡吴家梁村，属汉代墓地，面积约2000平方米。东部区域的新民堡墓群，位于新民堡乡新民堡村，属汉代墓地，主要分布在东西长约150米的坡地上，有数座砖室墓已遭破坏；城圪梁墓群，位于新民堡乡城圪梁村，属汉代墓地，面积约4万平方米；白泥井墓群，位于白泥井镇西白泥井村，属汉代墓地，在村内及村南、西近3平方千米的范围内，均有墓葬分布，其中村内比较集中，且规模较大；葬圪梁墓群，位于白泥井镇小王正壕村，属汉代墓地，面积约6000平方米；郭家渠墓群，位于盐店乡郭家渠，属汉代墓地，面积约2500平方米。南部区域的敖楞陶勒盖墓群，位于呼斯梁乡敖楞陶勒盖村，属汉代墓地，列入自治区文物保护单位，面积约25万平方米，地表有大型封土堆50余座；郭家渠墓群，位于呼斯梁乡油房梁村，属汉代墓地，面积约2.5万平方米；三合成梁墓群，位于高头窑乡三合成梁村，属汉代墓地，地表有封土堆3座；李家沟墓群，位于高头窑乡石巴圪图村，属汉代墓地，面积约6000平方米；江木图沟墓群，位于青达门乡塔并召村，属汉代墓地，面积约5000平方米。[①]

其中，郭家渠汉代墓群，地表有封土堆20余座，封土高1—3米，逐层夯实。2001年，为配合公路建设，抢救性清理发掘了8座墓葬，均是带斜坡墓道的单室竖穴土坑墓、土洞墓和砖室墓，墓道一般长10—20米。竖穴土坑墓墓穴较大，平面略呈方形，边长约4米，有木棺与木椁，有的平铺一层青砖。砖室墓及土洞墓墓穴平面呈长方形，长2—3米，宽约1.5米。砖室墓两侧壁及后壁用长方砖平砌，顶部用带榫卯口的

① 国家文物局主编：《中国文物地图集·内蒙古自治区分册》，第577—578页。

长方砖环券而成，作船篷状。土洞墓直接挖凿而成，拱形顶。墓门均用砖或树立的木头封堵。多数墓葬有早年被盗痕迹，出土遗物有西汉“五铢”、“大泉五十”、东汉“五铢”铜钱，规矩纹铜镜、龟钮铜印、铜联珠饰、漆器、陶器等。[①]内含“木棺与木椁”和“墓门均用砖或树立的木头封堵”的汉代墓葬群所在油房梁村，恰处在今东胜梁北坡区域。

位于昭君镇白家塔村的吕家梁汉墓墓室木质葬具更具有典型性，详见后叙。

在今杭锦旗境，迄今已发现13处汉墓群。包括该旗东部区域的桃红巴拉墓群，位于阿门其日格乡乡政府驻地，属春秋战国墓地，面积不详；阿鲁柴登墓群，位于阿门其日格乡阿鲁柴登村，属战国墓地，地表暴露竖穴土坑墓2座；达布素壕赖墓群，位于阿门其日格乡达布素壕赖嘎查，属战国墓地，面积约5万平方米；莽圪梁墓群，位于塔然高勒乡二石炭沟村，属汉代墓地，东西向约300米一字排列着封土堆10座；莽梁墓群，位于塔然高勒乡乌点布拉格嘎查，属汉代墓地，面积约2万平方米；庙沟墓群，位于塔然高勒乡十队，属汉代墓地，面积约8000平方米；塔布陶勒亥墓群，位于塔然高勒乡亚希力图三队，属汉代墓地，面积约2万平方米；乌兰陶勒盖墓群，位于阿日斯楞图苏木[②]乌兰陶勒盖，属汉代墓地，面积约2万平方米；顶盖敖包墓群，位于胜利乡扎日格治沙站，属汉代墓地，面积约5万平方米；哈勒陶勒亥墓群，位于胜利乡扎日格治沙站，属汉代墓地，面积约8000平方米；察汗敖包墓群，位于胜利乡广丰村，属汉代墓地，主要分布在敖包坡地上。西部区域的农业队墓群，位于伊和乌素苏木农业队村，属汉代墓地，面积约3万平方米；四圪旦墓群，位于伊和乌素苏木林场，属汉代墓地，面积约3000平方米。

具有代表性的墓葬是乌兰陶勒盖汉代墓群。其面积约2万平方米。1987年清理14座墓葬，皆为竖穴土坑木椁和长斜坡墓道土洞墓。其中，东西向3座，南北向11座。多为单棺，少数有棺有椁。出土漆器、纺织品，泥质灰陶灶、盆、罐、俑，釉陶熏炉、仓、井、鼎，铜豆、灯、五铢铜钱等。[③]乌兰陶勒盖汉代墓群所在陶勒沟河，源出东胜梁西段山坡。

在今鄂托克旗境，迄今发现战国至汉代墓葬群13处。包括：苏吉墓群，位于苏米图苏木苏吉嘎查，属战国墓地，地表已严重沙化，面积约1000平方米；苏米图墓群，位于苏米图苏木苏米图嘎查，属战国墓地，地表严重沙化，面积4000平方米；陶胡图

① 国家文物局主编：《中国文物地图集·内蒙古自治区分册》，第578页。
② 苏木：内蒙古特有的乡级名称。
③ 国家文物局主编：《中国文物地图集·内蒙古自治区分册》，第580页。

墓群，位于额尔和图苏木陶胡图牧业组，属战国至汉代墓地，面积约4000平方米；查干墓群，位于碱柜乡乡政府驻地，属汉代墓地，面积约4万平方米；阿拉玛墓群，位于公其日嘎乡阿拉玛村，属汉代墓地，面积约5万平方米；新召墓群，位于新召苏木政府驻地，属汉代墓葬，面积约7000平方米；凤凰山墓群，位于木凯淖尔镇沙井村，属汉代墓地，属旗文物保护单位，面积约5000平方米；木凯淖尔墓群，位于木凯淖尔镇木凯淖尔村，属汉代墓地，面积约200平方米；木凯淖尔西墓群，位于木凯淖尔镇木凯淖尔村，属汉代墓地，分布在长约100米、宽约50米的滩地边缘；赛乌素墓群，位于察汗淖尔苏木赛乌素嘎查，属汉代墓地，面积约1500平方米；苏机墓群，位于苏米图苏木巴嘎柴达木嘎查，属汉代墓地，分布于长约150米、宽约50米的滩地边缘；米兰壕墓群，位于乌兰镇镇政府所在地，属汉代墓地，面积约2.5万平方米。

在今鄂托克前旗境，迄今发现大型汉代墓地5处。主要分布在该旗南部，包括：布拉格墓群，位于布拉格苏木大庙村，面积约400平方米；三段地墓群，位于三段地乡乡政府驻地，属旗文物保护单位；大池墓群，位于二道川乡大池村，面积约5万平方米；克泊日墓群，位于珠和苏木克泊日嘎查，面积约3000平方米；巴音哈达汉墓群，位于昂素镇昂素村。

其中三段地汉墓群最为典型。其“位于丘陵坡地上，海拔1361米，面积约10万平方米。地表有封土堆40余座。1988—1992年，共清理墓葬28座。分土洞墓和砖洞墓。土洞墓均为拱形顶，砖洞墓多为拱形砖券顶，少数为木料搭就的平顶。墓室平面多长方形，少数呈‘凸’字形。除一座为长条形竖穴外，其余均有长斜坡墓道。多为单人葬，少数为男女合葬，均有棺，少数棺椁具备，仰身直肢，南向和北向为主。出土有陶鼎、豆、壶、扁壶、博山炉、小口罐、中口直腹罐及胡人俑、动物俑，还有漆耳杯、铁罐等。墓地东约500米的‘红圪瘩’，发现同期小型建筑台址1处。该墓地可能与西约20公里的汉代北地郡眴衍县城（今宁夏盐池县杨柳堡乡北部）有关”①。巴音哈达汉墓群皆为洞室墓，皆有木棺遗存，表明汉墓群附近曾生长着乔木或有树成林。巧合的是，巴音哈达汉墓群所在山坡顶部至今犹生长着一棵苍老的大榆树，不能不说具有古代植被变迁的象征意义。②

位于今二道川乡大池村的大池汉代墓群，面积约5万平方米，暴露墓葬26座。墓

① 国家文物局主编：《中国文物地图集·内蒙古自治区分册》，第589页。
② 李双、赵阳阳、张旭梅：《鄂托克前旗巴音哈达汉墓发掘简报》，见鄂尔多斯市文物考古研究院编：《鄂尔多斯文化遗产》，2012年，第163—166页。

扩四壁砖砌，平面多呈长方形，少数为圆形，均以圆木覆顶。[①]

在这3处汉墓群，“砖洞墓多为拱形砖券顶，少数为木料搭就的平顶”，墓室“均有棺，有的还有椁”。可以认为，覆盖墓室顶部的圆木、棺椁用木皆属于就地取材，砍伐于2000多年前的聚落附近——今三段地村、大池村周边区域。

在今乌审旗境，迄20世纪末发现6处汉代墓葬群。它们是：贾家村墓群，位于浩勒报吉乡贾家村，地表暴露竖穴土坑墓3座；希利梁墓群，位于纳林河乡洋鬼子滩村，发现墓葬20余座；窑梁墓群，位于纳林河乡堵圪湾村纳林河东岸，面积约6000平方米；巴音格尔墓群，位于嘎鲁图镇巴音格尔村，面积约2万平方米；巴尔松贵汉墓群，坐落于巴尔松贵敖包西侧、石崖顶面；敖柏淖尔汉墓群，分布在敖柏淖尔湖泊的西面和南侧。[②]

在伊金霍洛旗境，分布着32处古墓群。包括：伊旗北部的尔力湖梁墓群，位于苏布尔嘎苏木阿尔湖德梁五队村五社，属战国至汉代墓地，地表严重沙化，面积约800平方米；道劳岱墓群，位于苏布尔嘎苏木政府驻地，属汉代墓地，主要分布于道劳岱东侧山顶及南坡上，面积约2万平方米；五素加坝墓群，位于苏布尔嘎苏木哈布其勒村三社，属汉代墓地，主要分布于五素加坝沟南阴坡上，面积约15万平方米；敖包圪台墓群，位于苏布尔嘎苏木敖包圪台村，属汉代墓地，面积约3000平方米；乌拉敖包墓群，位于台格苏木门克庆嘎查一社山坡上，属战国至汉代墓地，面积约5000平方米；红泥疙瘩墓群，位于合同庙乡合同庙村三社红色山包上，属汉代墓地，面积约5000平方米；小速贝墓群，位于合同庙乡阿斯日音希里嘎查，属汉代墓地，主要分布于小速贝山顶及东坡；蝉赤庙村墓群，位于合同庙乡蝉赤庙村，属汉代墓地，地表平坦，但沙化严重，面积约5000平方米；敏盖敖包墓群，位于台吉召乡光胜村五社山包上，属汉代墓地，面积约3.2万平方米；敏盖墓群，位于台吉召乡敏盖村四社向阳坡地上，属汉代墓地，面积约5000平方米；阿格图墓群，位于台吉召乡阿格图三队村，属汉代墓地，面积约1万平方米；桑盖沟墓群，位于阿勒腾席热镇桑盖村五社，属汉代墓地，地表沙化严重，面积约1万平方米；桑盖墓群，位于阿勒腾席热镇桑盖村六社，属汉代墓地，主要分布于乌兰木伦河南岸沙梁上；台格庙汉墓，位于台格苏木台格庙嘎查山顶上，属汉代墓地，已发现砖石墓1座；伊旗东部的巴龙图沟墓群，位于纳林陶亥乡布尔敦塔村坡地上，属战国墓地，面积约5000平方米；庙坡墓群，位于纳林陶亥乡呼雅格图村三社，属汉代墓地，主要分布在山顶低洼沙地上；寨子塔墓

① 国家文物局主编：《中国文物地图集·内蒙古自治区分册》，第589页。

② 国家文物局主编：《中国文物地图集·内蒙古自治区分册》，第581—582页。

群，位于哈巴格希乡寨子塔村一社，属汉代墓地，主要分布在村办砖厂附近；白疙瘩墓群，位于哈巴格希乡查干呼舒村六社，属汉代墓地，主要分布于山包顶部，面积约1500平方米。伊旗南部的石灰塔拉墓群，位于红庆河乡柴登村三社沙洼地带，属战国墓地，面积约1.4万平方米；满来壕墓群，位于新庙乡满来壕村，属汉代墓地，地表沙化严重，面积约3200平方米；杨家坡墓群，位于新庙乡杨家坡村，属汉代墓地，地表沙化严重，面积约2000平方米；红庆河墓群，位于红庆河乡红庆河村三社，属汉代墓地，主要分布在平坦草地上，面积约3平方千米；白格针墓群，位于红庆河乡白格针村一社，属汉代墓地，所在地表沙化，草植稀疏，面积约2平方千米；乌兰淖滩墓群，位于纳林希里乡纳林希里村，属战国墓地，主要分布在比较高的坡地上；石灰沟匈奴墓，位于布连乡武家塔村，属战国墓地，主要分布在石灰沟沟掌处；囫囵阿鲁西墓群，位于布连乡花亥图村沙坡地上，属汉代墓地，面积约2000平方米；赛乌聂盖墓群，位于公尼召乡壕赖村，属汉代墓地，主要分布在山梁南坡上，面积约5000平方米；苏勒德霍洛墓群，位于乌兰木伦镇苏勒德霍洛村三社，属汉代墓地，分布于平坦草地上，面积约3000平方米；大敖包汉墓，位于新庙乡毕鲁图村康家梁，地表有圆丘形封土堆1座；再生庙汉墓，位于伊金霍洛苏木再生庙村七社，属汉代墓地，发现圆形砖室墓1座；树壕墓群，位于新街镇树壕村坡地上，属汉代墓地，面积约24万平方米；兰家渠墓群，位于新街镇树壕村，属汉代墓地，主要分布在比较平缓的沙蒿草地上；道劳窑子墓群，位于新街镇道劳窑子村四社土丘之上，属汉代墓地。①

其中，较为典型的墓葬要数阿格图墓群，面积约1万平方米。于1995年发掘竖穴土坑墓13座，墓葬单位面积2—8平方米。多数墓葬有二层台，无棺；少数规模较大的墓有棺或椁，且有长斜坡墓道。墓葬朝向或东或南，均属仰身直肢单人一次葬。出土有陶罐、盆、灶、釜、甑，漆耳杯，五铢铜钱等。②

道劳窑子汉代墓群，分布于土丘之上，面积约5000平方米。已暴露砖室墓8座，分为长方形单室墓和多室墓。单室墓一般长4—4.5米，宽1.8—2.4米。多室墓大多带耳室，均置木棺。地表散布泥质灰陶罐、小口罐等残片。③

由此可知，内置木棺的汉代墓葬所在的台吉召乡、新街镇附近当时也曾有乔木或树林。

在准格尔旗境，已发现的春秋战国至汉代的墓群有18处，主要是：北部区域的

① 国家文物局主编：《中国文物地图集·内蒙古自治区分册》，第595—597页。
② 国家文物局主编：《中国文物地图集·内蒙古自治区分册》，第596页。
③ 国家文物局主编：《中国文物地图集·内蒙古自治区分册》，第597页。

速机沟墓群，位于乌日图高勒乡布尔敦沟村，属战国墓地，面积约2000平方米；西沟畔墓群，位于布尔陶亥乡西沟畔村，属战国、汉代墓地，集中分布于两处；后赛不拉墓群，位于大路乡乡政府驻地，属汉代墓地，面积约5000平方米；赛不拉墓群，位于大路乡乡政府驻地，属汉代墓地，面积约8000平方米；玉隆太墓群，位于大路乡玉隆太村，属战国墓地，主要分布在沙丘地带；南沙梁墓群，位于东孔兑镇驻地，属汉代墓地，面积约500平方米；马山窑子敖包墓群，位于东孔兑镇马山窑子村，属汉代墓地，面积约3万平方米；南部区域的榆树圪嘴墓群，位于纳林乡榆树塔村，属汉代墓地，面积约5000平方米；宝亥社墓群，位于纳林乡刘家渠村，为一处春秋墓地，墓葬已遭破坏；三包窑墓群，位于哈岱高勒乡三包窑村，属汉代墓地，面积约7000平方米；高家坪墓群，位于哈岱高勒乡南壕社，属汉代墓地，面积约1万平方米；鲁家坡墓群，位于哈岱高勒乡鲁家坡村，属汉代墓地，主要分布在山梁上；道尔吉沟梁墓群，位于长滩乡周兆元村，属汉代墓地，面积约5000平方米；窑子塔墓群，位于大路峁乡窑子塔村，属汉代墓地，面积约5000平方米；林场墓群，位于羊市塔乡乡政府驻地，属汉代墓地，面积约5000平方米。①

鲁家坡汉墓，1993年曾清理发掘长斜坡墓道洞室墓1座。墓室平面呈长方形，长3.5米，宽约2米，拱形顶，木棺，双人合葬，仰身直肢，头向朝东。出土有泥质灰陶凹弦纹和绳纹罐、骨戒指、漆器及织物残片等。②其墓葬棺木等用材皆当取诸本地，就是今准格尔旗东南部一带。

乌海市海勃湾区发现1处秦汉墓群——新地汉墓群。

在鄂尔多斯市和乌海市境，最为典型的内置大规模木质葬具的汉墓群首先要数吕家梁汉墓群。在此有必要对之做一较详细的介绍。它位于西柳沟上游河谷西侧二级阶地上，对于探索汉代墓群与森林植被的关联具有重要价值。经过发掘清理获悉，DZBLM1属于竖穴土坑木椁墓葬，由墓道、墓室组成，全长20.8米。墓门位于墓室东壁北部，宽0.8米，残存高度0.4米。墓门系用横截面为正方形的木材垒砌封堵；方木边长0.3米，长约4.0米，残余高度0.6—0.8米。墓室平面呈长方形，东西长8.2米，南北宽5—5.2米，深3.2米。墓室大体分作三部分：进入墓门即为并列的双人合葬分间木椁室，在其西端皆单独设置头箱，再在单设头箱西侧设置共同的头箱。最令人惊讶的是，木椁室四壁皆用横断面为边长0.3米的方木垒砌搭建而成。其中紧靠墓门端立方木作柱，以榫卯结构与木椁侧壁方木连接，木椁侧壁与端壁方木也以榫卯结构连接。

① 国家文物局主编：《中国文物地图集·内蒙古自治区分册》，第511—612页。
② 国家文物局主编：《中国文物地图集·内蒙古自治区分册》，第611页。

木椁室长约5.0米，宽约3.5米；其中部由一根长4.4米、宽0.3米的整根方木将椁室纵向一分为二地隔成并列的两间小椁室；在两间小椁室西端，各有一个长1.2米、宽0.9米的小头箱。在椁室底面及椁室与墓穴西壁间的墓室底面，皆用宽0.15—0.2米、厚0.3米的方木铺垫。在椁室内，未发现木棺痕迹。整个木椁底面皆铺设一层瓦片及陶器残片。（见图3-1、图3-2）①

图3-1　吕家梁汉墓木椁配置图

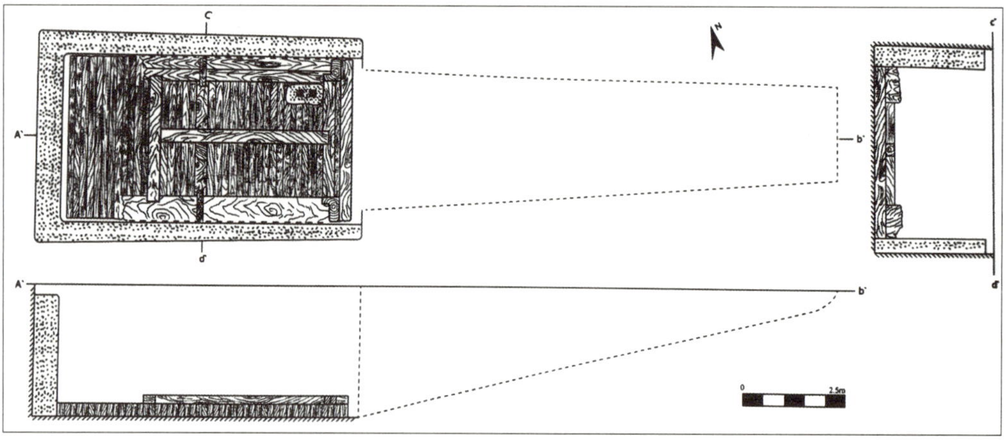

图3-2　吕家梁汉墓墓室结构图

① 徐磊、王清云：《达拉特旗吕家梁汉墓发掘简报》，见鄂尔多斯市文物考古研究院编：《鄂尔多斯文化遗产》，第167—168页。

垒砌封堵墓门的方木边长0.3米，长约4.0米，依照墓室高3米计算，约需10根方形木头。墓室平面呈长方形，东西长8.2米，南北宽5—5.2米，深3.2米。木椁室长约5米，宽约3.5米；两个小头箱长1.2米，共宽1.8米；一个大头箱长约1.0米，宽1.8米。据此，木椁室总长约7.2米，宽3.5米，其高度应为墓室高度的二分之一即1.5米。据此推算，建造木椁需要方形木头数量：木椁侧壁三道需15根、木椁端壁两道需10根，头箱端壁两道需10根。木椁底面全用宽0.15—0.2米、厚0.3米的方木铺漫，木椁宽3.5米，需要方木18根。建造此墓椁室需花费63根方木。这就意味着墓主的后人需要在附近区域砍伐63棵粗壮的大树，方可满足其对木材的需求。这个典型个案充分地表明，吕家梁汉墓所在的西柳沟河的发源地——今东胜梁高地中部在战国秦汉时期曾被茂密的森林植被所覆盖。

2.宁夏黄河东侧区域战国秦汉墓群的分布

在宁夏回族自治区黄河河道东侧区域，迄今发现21处战国秦汉墓群。

其中，石嘴山市平罗县河东区发现2处墓群：黄土梁墓群，位于陶乐镇东北2千米处，属汉代墓地，面积约2400平方米。封土不存，暴露出穹隆顶砖室墓3座。地面散布有绳纹砖和板瓦。林场墓群，位于陶乐林场场部西侧，属汉代墓地，面积约1500平方米，其中有4座墓尚残存封土。①

银川市兴庆区河东区域发现2处墓群。兵沟墓群，位于兴庆区月牙湖乡黄里岗村南1.5千米处，属汉代墓地，为自治区文物保护单位，面积约6000平方米，部分墓葬已被盗掘。地面有大小墓冢40余座，均呈馒头形，最大的底径16米，存高3—4米。大致有砖室、木椁和土洞墓三种形式。砖室墓有单室、多室。木椁墓的底、顶部及四壁全用方木铺砌，中有木板隔扇，保存完整。出土随葬品有铜车马具和陶壶、仓、灶等。横城墓群，位于临河镇横城堡明长城北侧，属汉代墓地，主要分布于横城堡明长城北、黄河东岸约2平方千米的范围内。1987—1988年，共进行过两次清理发掘工作，共发掘墓葬25座。其形制可分为砖室墓、木椁墓、土洞墓三种，出土陶壶、陶灶、甑、博山炉、铜镜、弩机、钱币及其他质料的器物近600件。墓葬时代大致属于王莽时期至东汉中晚期。②

在灵武市境，迄今发现3处墓群。东山墓群，位于崇兴镇杜木桥村东3千米处，属东周墓地，面积约1.5万平方米。黄沙窝墓群，位于崇兴镇杜家滩村北2.6千米处，属

① 国家文物局主编：《中国文物地图集·宁夏回族自治区分册》，文物出版社，2010年，第286页。

② 国家文物局主编：《中国文物地图集·宁夏回族自治区分册》，第249页。

东周墓地，其周围是高低不平的沙丘，面积约2800平方米。二道沟墓群，位于临河镇下桥村东北200米，属汉代墓地，面积约2000平方米，暴露有砖室墓和木椁墓。①

在吴忠市利通区境，已发现战国秦汉墓群7处。莫茨墩墓群，位于高闸镇韩桥村西南约3千米处，属汉代墓地，主要分布在莫茨墩周围坡地上，面积约7000平方米，有墓葬200余座。小梁子墓群，位于高闸镇韩桥村南约1千米处，属汉代墓地，主要分布在小梁子丘陵台地上，面积约3500平方米，有墓葬100余座。关马湖墓群，位于高闸镇西南约5千米处，属汉代墓地，为自治区文物保护单位，面积约6000平方米。沙渠墓群，位于高闸镇李桥村东南约1千米处，属汉代墓地，主要分布在丘陵台地上，面积约7000平方米。李桥墓群，位于高闸镇李桥村南约1.5千米处，属汉代墓地，面积约5000平方米。彬草湾墓群，位于高闸镇彬草湾村西南0.5千米处，属汉代墓地，面积约1万平方米。巴浪湖墓群，位于金银滩镇巴浪湖农场地面，属汉代墓地，面积约3000平方米，地面墓冢无存，暴露有土坑墓和砖室墓。②

在青铜峡市河东区域，仅发现1处汉墓群。余桥汉墓，位于青铜峡镇余桥村西南3千米处，为夫妻合葬土坑墓，墓室长4米，宽2米，南北方向，有木棺。随葬有陶罐和五铢铜钱等。③

在同心县罗山以北区域，迄今也仅发现1处汉墓群，即梁盖墓群。其位于下马关镇红城水村南山梁上，面积约5000平方米。封土无存，有砖室、土坑两种形制。出土随葬品有铜带钩、陶罐、壶等。破坏严重。④

在盐池县境，迄今发现5处古墓群。红梁子墓群，位于花马池镇杨家圈村西3千米处，属汉代墓地，面积约1.5万平方米。张记场墓群，位于花马池镇张记场村南，属汉代墓地，面积约5平方千米，分为村南坟梁、长城北和村西三个区。黄壕渠墓群，位于花马池镇黄壕村西，属汉代墓地，墓区东西约300米，南北约200米。宛记沟墓群，位于花马池镇宛记沟村北，属汉代墓地，墓区东西约60米，南北约100米。阳岗汉墓，位于麻黄山乡阳岗村西，属汉代墓地，面积约700平方米。⑤

在上述宁夏境21处汉代墓群中，遗存着木质葬具的墓葬主要有下列几个：（1）兵沟墓群的木椁墓，其底面、顶部及四壁全用方木铺砌，中有木板隔扇，保存相当完整。（2）横城墓群的木椁墓葬，其棺、椁所用木材量也很大。（3）二道沟墓群存在

① 国家文物局主编：《中国文物地图集·宁夏回族自治区分册》，第270—271页。
② 国家文物局主编：《中国文物地图集·宁夏回族自治区分册》，第291页。
③ 国家文物局主编：《中国文物地图集·宁夏回族自治区分册》，第300页。
④ 国家文物局主编：《中国文物地图集·宁夏回族自治区分册》，第329页。
⑤ 国家文物局主编：《中国文物地图集·宁夏回族自治区分册》，第319—320页。

木椁墓室，余桥汉墓也属于木棺墓，张记场墓群包含石椁木棺墓葬，阳岗汉墓墓室内存在厚20厘米的木炭层。这就意味着在今兵沟流域、横城村、临河镇下桥村二道沟、青铜峡镇余桥村、花马池镇张记场村所在低山梁等地，2000年前生长着可供居民采伐的林木。

3.陕西榆林市境战国秦汉墓群的分布

迄20世纪末叶，在今陕西省榆林市境，遗存218处战国秦汉墓群。其中，内含木质棺椁等葬具的墓葬群占据一定的比例。这也是秦汉时期人们视死如生习俗的物化体现。

在今定边县境，分布着25处战国秦汉墓群。除大多数属于竖穴土坑、土洞墓之外，还有一部分砖室墓，成为汉代的典型墓葬。例如：

西陈圈汉墓群，位于安边镇西陈圈村，面积约2万平方米。曾暴露砖室墓多座，出土灰陶罐、灶、釜及五铢钱等。

付圈汉墓群，位于盐场堡乡付圈村，1984年发现。沿长城向县城东北方沙漠地带延伸，分布范围逾10公里。已暴露墓葬多座，皆用青灰色绳纹砖砌筑，由墓道、甬道、墓室组成。墓室有二室、三室和四室之分，墓门多朝向东南。出土陶器有罐、盘、仓、灶等，铜器有弩机、衔、镳、博山炉及汉五铢、汉“大泉五十”钱币等。①

侯场汉墓群，位于砖井镇侯场村，面积约2400平方米。历年暴露有土坑墓、砖室墓，出土泥质灰陶绳纹罐、壶及素面条砖等。

解前梁汉墓群，位于武峁子乡沙渠子村，面积不详，历年发现墓葬数座。1987年暴露砖室墓1座，出土陶仓、铜镜、博山炉、带钩及五铢钱等。

钟坬汉墓群，位于石洞沟乡赵墩村峁梁上，面积约10万平方米，县级文物保护单位。20世纪50年代以来陆续暴露出土坑墓、砖室墓近400座。砖室墓有单室、双室和多室几种，部分墓内绘有壁画。出土陶灶、仓、罐、瓮、壶、博山炉、盘、盆，铜镜、博山炉、带钩、弩机、衔、镳、印章及五铢、“大泉五十”钱币等。还出土有青灰色龟形石砚1件，实为鲜见。

蒙海子汉墓群，位于石洞沟乡蒙海子村，面积约8万平方米。早年兴修水利时暴露土坑墓、砖室墓10余座，出土陶罐、仓及子母砖、楔形砖等。

段家坬汉墓群，位于石洞沟乡晋阳湾村的平缓沙丘地带，面积约3万平方米。近

① 中国考古学会编：《中国考古学年鉴（1985）》，文物出版社，1985年，第233页。

年暴露土坑墓、砖室墓6座，出土铜镜、陶罐及子母砖等。

贾家湾汉墓群，位于胡尖山乡贾家湾村，面积约1万平方米。近年暴露土坑墓和砖室墓数座，汉墓出土陶罐、仓、灶。在此墓地还发现了明墓，出土黑釉、白釉及青花瓷器残片等。①

郝滩汉墓群，位于定边县郝滩镇境，墓室有壁画。

在今靖边县境，分布着37处战国秦汉墓群。其中8处属于汉代的砖室墓群，最值得注意，分别是：

登杆梁墓群，位于海则滩乡黑河塘村，面积约2万平方米，县级文物保护单位。20世纪80年代暴露竖穴土坑墓、土洞墓和砖室墓多座，出土陶罐、盆、壶、仓及五铢钱等。

马湾墓群，位于王渠则乡代黄口则村，面积约1200平方米。20世纪80年代暴露土坑墓、券顶砖室墓数座。砖室墓平面呈长方形，长3.9米，宽2.4米，高2.2米。出土陶罐、瓶、茧形壶、仓、牛、羊及人物俑等。

鸦圪塄墓群，位于乔沟湾乡杨渠村，面积约1万平方米。曾暴露竖穴土坑墓数座，出土陶罐、盆、瓶等。

马圈渠墓群，位于新农村乡马圈渠村，面积约1.4万平方米。20世纪80年代暴露砖室墓多座，出土陶罐、甑、盆、壶及五铢钱等。

寨山墓群，位于新农村乡寨山村，面积约4万平方米。历年暴露土坑墓、砖室墓百余座，出土大量陶器、铜器及钱币等。

王镡墓，位于新农村乡寨山村，1986年8月清理斜坡墓道砖室墓。墓室平面呈长方形，长3.5米，宽2.3米，高1.7米。顶部以柏木板覆盖，其上再铺砖，填土经夯打。出土铜印、铜环、博山炉、五铢钱、角签等。铜印方形，边长1.7厘米，桥形钮，印面阴刻篆文“王镡私印”四字。

卧牛城墓群，位于青阳岔镇卧牛城村，分布在大理河南、北两岸二级台地上，面积约数万平方米。20世纪70—80年代暴露汉代土坑墓、砖室墓数百座。出土陶鼎、罐、壶、灶，铜鼎、盆、钟、勺、连弧镜、带钩、弩机、半两钱和玉器多件。此外，该墓地还发现有西夏墓，出土了西夏褐釉印花瓷扁壶等。

葛塘山墓群，位于席麻湾乡窑坬村旁山丘上，面积约1500平方米。近年暴露土坑墓、砖室墓10余座，出土陶罐、铜簪及五铢钱等。墓砖饰几何纹。②

---

① 国家文物局主编：《中国文物地图集·陕西分册》，西安地图出版社，1998年，第746页。

② 国家文物局主编：《中国文物地图集·陕西分册》，第728—729页。

位于新农村乡寨山村的寨山汉墓群，以及马圈渠村的汉墓群，面积都在1万平方米以上。自20世纪80年代以来，陆续暴露土坑墓、砖室墓百余座，以王镡墓为寨山汉墓群中木质葬具的典型代表，以点带面。在长3.5米、宽2.3米、高1.7米的长方形的斜坡墓道砖室墓顶部，完全用宽厚的柏木板覆盖，再于其上铺砖。此类砖室墓葬大量存在，又多使用优质柏木，必与当地多产柏木有关，也可进而推测其时当地的针叶森林植被生长比较繁茂。位于青阳岔镇卧牛城村的卧牛城汉墓群，分布于大理河河谷的南北两岸二级台地上，汉墓已暴露数百座，其总面积达数万平方米。其地已在白于山区，毫无疑问其为数众多的棺椁、顶棚、头箱、封门木等葬具木材皆来自附近山区的森林。

在今横山区境，存在30处战国秦汉墓群。其中，在该区东部的党岔镇、石湾镇、石窑沟镇境发现的墓群具有指示价值。如：

北庄墓群，位于党岔镇北庄村，其墓葬年代跨越商、周、战国、汉代、西夏等时期，其面积逾万平方米。历年暴露墓葬多座。商周竖穴土坑墓出土双耳灰陶罐等；战国土坑墓出土陶豆、盘口壶等；汉墓多为土坑墓和土洞墓，个别为砖室墓，出土铜钫、壶、盆、博山炉，陶鼎、釜等。西夏墓2座，出土青釉刻花瓷碗、瓷盘等。

三皇庙墓群，位于党岔镇三皇庙村，属汉代墓葬，面积约1200平方米。现存封土2座，均呈圆丘形，底径12米，高约6米。墓地散布大量绳纹陶片及子母砖等。20世纪50年代曾于墓地西侧掘出石门2扇。

石湾墓群，位于石湾镇石湾村，属汉代墓葬，1958年调查发现。其面积约5000平方米，分为两处。一处俗称“女王墓”，位于大理河南岸，封土圆丘形，底径10米，高约4米。1956年曾破坏一部分，发现牲畜骨骼、柏木桩、石板等。另一处历年有墓葬因自然剥蚀出露，1981年出土陶羊、人物跪俑等7件。[①]

高庄则汉墓，位于石窑沟乡高庄则村，1987年因自然塌陷而被发现，为一座竖穴墓道土洞墓，墓室底部铺砖。出土银钗、五铢钱及陶罐、鼎、仓、狗、鸡等30余件。[②]

党岔镇的北庄墓群、三皇庙墓群、高庄则汉墓应皆为砖室墓或砖石混合结构，可能曾存在画像石或壁画。而在石湾镇的石湾墓群发现柏木桩，似说明原墓室有木质葬具。而此区的葬具木材自然源于附近的白于山地之林木。

迄今，在榆阳区境发现23处战国秦汉墓群，其中6处汉墓群具有生态指示价值。

---

① 国家文物局主编：《中国文物地图集·陕西分册》，第714页。
② 国家文物局主编：《中国文物地图集·陕西分册》，第715页。

常乐堡墓群，位于牛家梁镇常乐堡村，面积约6000平方米。屡有砖室墓暴露出地面，地表散布子母砖，以及绳纹陶罐残片。

阳坬墓群，位于上盐湾镇铁炉峁村的缓坡地带，面积约5000平方米。近年发现墓葬4座，一为砖室墓，余皆竖穴土坑墓。出土陶钫、鼎、甑、罐、盆等。

东岔墓群，位于董家湾乡东岔村峁沟河东岸山峁上，面积约5000平方米，历年暴露出砖室墓、土坑墓多座，出土陶罐、盆、灶等。

肖家峁墓群，位于红石桥乡肖家峁村，分两处。一处位于白城河东岸山丘上，面积约3000平方米，曾发现砖室墓5座，出土陶钫、罐等。另一处位于坡地上，面积约2000平方米，地面现存圆丘形封土1座，底径25米，高约6米。

古城界墓群，位于红石桥乡古城界村，面积约20万平方米。分布有圆丘形封土百余座，底径3—6米，残高1—1.5米。已暴露的20余座，皆为砖室墓。出土铜镜，陶罐、盆等。

洪水沟汉墓，位于红石桥乡郑窑则村，20世纪80年代因自然暴露而被文物部门发现。是一座砖室墓，出土铅器、陶器残片等。[①]

这6处汉墓群都存在砖室墓，等级较高，则其木质葬具为所必备。据此推论，2000年前，诸汉墓群所在牛家梁镇、上盐湾镇、董家湾乡、红石桥乡等无定河上游地区天然森林植被的生长不可小觑。

在神木县境，迄今发现17处汉墓群。其中任家伙场墓群位于大保当镇任家伙场村，面积约4万平方米。20世纪80年代中期暴露出土坑墓、砖室墓多座，出土陶罐、仓及铜釜等。[②]1996—1998年、2008年两次对该墓地进行发掘，从中发掘出了16余座汉画像石墓，出土了一大批珍贵的汉画像石资料。

在陕西省最北端的府谷县界，迄今发现6处战国秦汉墓群。陈庄汉墓，位于今黄甫镇陈庄则村，俗称“贤王墓”。贤王系匈奴族首领之称呼。夯筑圆丘形封土，底径8米，高约5米，附近曾发现子母砖和几何纹条砖。前城墓群，在古城镇前城村，时代跨越战国至秦汉，分布于两地，面积约3000平方米。20世纪70—80年代，陆续暴露出土坑墓数座，出土战国陶釜、秦代铜矛、汉代铜盆及陶罐、灶等。[③]

在佳县地界，迄今发现9处战国秦汉墓群。分别是：老榆树墓群，位于上高寨乡老榆树圪塔村，属战国及秦汉墓地，面积约1万平方米。关口墓群，位于坑镇关口村

① 国家文物局主编：《中国文物地图集·陕西分册》，第626页。
② 国家文物局主编：《中国文物地图集·陕西分册》，第641页。
③ 国家文物局主编：《中国文物地图集·陕西分册》，第654—655页。

黄河西岸坡地上，属战国、汉代墓地，面积约1500平方米。郑家沟墓群，位于上高寨乡前郑家沟村，墓葬分别属于秦代和宋代，面积约2000平方米。大西沟墓群，位于神泉乡大西沟村，墓葬分属汉代和宋代，20世纪80年代发现，面积及墓葬形制不详。谭家坪汉墓，位于峪口乡谭家坪村，20世纪80年代发现。上高寨汉墓，位于上高寨乡上高寨村，近年出露多座竖穴墓道土洞墓。佳芦镇战国墓，位于佳芦镇街，20世纪80年代出露土坑墓，出土平首尖足布币4枚。吕家坪战国墓，位于佳芦镇吕家坪村，出露墓葬为竖穴土坑墓，出土铜壶1件。高家塄战国墓，位于大佛寺乡高家塄村，近年有竖穴土坑墓出露，并出土青铜带盖豆等多件。①这些墓群遗址表明，战国秦汉时期今佳县区域森林植被良好。

在米脂县境，迄今发现11处战国秦汉墓群。其中有3处为汉画像石墓群：官庄画像石墓群，位于城郊乡官庄村，面积不详。尚庄画像石墓群，位于十里铺乡尚庄村，面积不详，已发现画像石墓数座。党家沟画像石墓，位于城郊乡党家沟村，发现于1982年，为砖石混合结构型墓葬。②

在子洲县境，迄20世纪末年发现11处战国秦汉墓群，其中有3处为汉代砖室墓与画像石墓。师家园墓群，位于周家崄镇师家园则村，面积不详，20世纪70年代暴露出砖室墓数座，出土龟首铜盉、弩机和彩绘陶仓等。贺家崄墓群，位于周家圪捞乡贺家崄村，面积约3500平方米，曾发现土坑墓和砖室墓数座，出土彩绘陶罐、仓等。后湾画像石墓群，位于淮宁湾乡后淮宁湾村，面积不详。③

在今吴堡县境，发现11处战国秦汉墓群，其中的寇家塬墓群和李家塬画像石墓较为重要。寇家塬墓群位于寇家塬乡寇家塬村，时代为战国至西汉，属于县级文物保护单位，面积不详。1983年暴露出竖穴土坑墓数座，出土陶鼎、茧形壶和铁剑、铜编钟等。此外，发现“甲”字形积炭墓1座，墓道长20米，宽4米，墓室方形，边长8米。有熟土二层台，炭层厚约1米。李家塬画像石墓位于寇家塬乡李家塬村，时代为东汉，20世纪80年代被发现，为砖石混合结构，由墓道、前室、后室、东耳室组成。前室穹窿顶，后室券顶，墓内嵌画像石若干，出土陶罐、灶等。④积炭墓的发现，尤其是炭层厚约1米的程度，表明在今吴堡县山区生长着可供烧制积炭的林木原料，也反映出2000多年前这里的天然森林植被覆盖良好。

---

① 国家文物局主编：《中国文物地图集·陕西分册》，第665—666页。
② 国家文物局主编：《中国文物地图集·陕西分册》，第671—672页。
③ 国家文物局主编：《中国文物地图集·陕西分册》，第703页。
④ 国家文物局主编：《中国文物地图集·陕西分册》，第678页。

在今绥德县境，发现16处战国秦汉墓群，其中画像石墓占一定比重。虽然迄今未发现木质葬具遗存，但根据陕北地区同时代的同类墓葬推测，其存在木质葬具是不可否认的事实。因而，绥德县所在无定河下游流域2000年前有良好的森林植被也是不可否认的。

在清涧县所处无定河下游及其流入黄河口区域，战国秦汉墓群大约有22处。迄今明显可知包含木质葬具的汉墓主要是两处。其一，位于清涧县中部川口河下游西侧老舍窠乡宿里村的宿里墓群，属于战国至秦代的墓地，面积不详。1986年暴露出长方形竖穴土坑墓数座，葬具为一棺或一棺一椁。出土陶豆、鼎、壶、罐及铜釜、印、带钩等数十件。其二，发现于清涧县东北隅的石盘乡黄沙峁村的梁家桥墓群，是一处汉墓群，面积约4000平方米。历年暴露出积炭墓数座，采集有木炭和泥质灰陶素面或弦纹罐、壶等残片。[①]这两处战国秦汉墓葬或棺椁并用，或增加积炭防潮措施，都预示着其所在地区林木资源的丰富。唯有如此，才可为当地的汉代居民制作棺椁、制作积炭提供原材料。

依据前述内蒙古鄂尔多斯市、乌海市东部，宁夏石嘴山市东部、银川市兴庆区东部、吴忠市利通区、青铜峡市东部、同心县北部、盐池县和陕西榆林市12县区的战国秦汉墓群分布地，以及相关木质葬具遗存情况，可推论出战国秦汉时期这一地区天然森林植被的分布状况。

（二）战国秦汉时期森林植被的空间分布

在鄂尔多斯市境，迄今发现战国秦汉墓群达112处。依据汉墓棺椁、头箱木材来源于附近区域，可知今东胜梁及其分支山梁在2000年前覆被着丰茂的森林；高原西部的桌子山区、高原中部的低山梁也被榆柳等树种组成的树林覆盖着；今鄂托克旗、鄂托克前旗境内低丘陵洼地也生长着榆柳及灌木植被。

汉代鄂尔多斯高原的中部与西部大部分区域则被暖温带草原覆盖着。东汉中期中央政府官员虞诩的评论特别能够说明这个事实。《后汉书》载，汉顺帝永建四年（129），“尚书仆射虞诩上疏曰：‘……《禹贡》雍州之域，厥田惟上。且沃野千里，谷稼殷积，又有龟兹盐池以为民利。水草丰美，土宜产牧，牛马衔尾，群羊塞道。北阻山河，乘阨据险。因渠以溉，水舂河漕。用功省少，而军粮饶足。故孝武皇帝及光武筑朔方，开西河，置上郡，皆为此也。……’书奏，帝乃复三郡”[②]。据此可知，东汉中期鄂尔多斯高原的自然条件优越，宜农宜牧，草场优良，游牧经济成就

① 国家文物局主编：《中国文物地图集·陕西分册》，第695页。
② 《后汉书》卷八七《西羌传》，第2893页。

显著；耕地肥沃，农耕经济前景广阔；还有丰富的盐矿资源可资利用。虞诩所评论的区域正是鄂尔多斯高原的中西部地带。这就充分表明东汉时期该地域林草植被覆盖度极高，与此相伴随的是人们开发力度相对低下。

考古资料也提供着可靠的证据。在今杭锦旗锡尼镇东北约8千米的一座孤立山包——乌兰陶勒盖周围的西汉晚期墓葬群，考古人员于1987年9月进行了抢救性发掘。在洞室墓出土了松木制作的木棺，在竖穴木椁墓出土了垒砌组合成木椁的为数众多的粗加工的半圆木材和未加工的圆木，半圆木材板厚约0.12米，圆木立柱直径0.1—0.14米。椁内木棺系柏木制作而成。在墓穴中还出土了用桦树皮制作的器物。该西汉晚期墓群东侧存在一条由东南流向西北的陶勒沟河谷。这些墓葬出土的木材，表明早在2000多年前，今杭锦旗东部陶勒沟流域生长着高大的针阔叶混交林，其树种包括松树、柏树和桦树。因为墓葬所用木材，绝不可能是从遥远的外地运来，而应是就地采伐的。无独有偶，杭锦旗西部的霍洛柴登古城附近汉代匈奴墓葬、东胜区西南境的漫赖村汉墓，出土数量众多的粗大原木制作的棺椁，原木直径往往在0.2—0.3米，甚至达0.4米，原材种类均为松木、柏木。一座墓葬的棺椁制作竟然用了数百棵的原木。它们必定是采伐于聚落附近的树林，而非运自远方。在伊金霍洛旗合同庙乡小速贝汉墓也发现有此类消耗大量木材的木椁墓葬，这说明今伊金霍洛旗北部汉代时也分布着乔木植被。这些汉代墓葬分布在今东胜梁的北坡与南坡，折射出两汉时期东胜梁地带森林植被广泛存在的客观事实。①

而在今库布齐沙漠的西部腹心地带，文物考古工作者发现了西汉时期的数处城镇遗址，例如：摩林河古城址位于伊和乌素镇林场东北2千米的摩林河西侧，现处沙化严重的荒漠地带；提格庙古城址位于赛音乌素苏木西北60千米的库布齐沙漠西部中心地带，城址平面呈正方形，东西长约1500米，南北宽约1400米，在其东北发现汉代墓葬群；敖然敖包古城址也位于赛音乌素苏木西北60千米的库布齐沙漠中心地带；那林霍拉霍汉代聚落遗址位于赛音乌素苏木驻地东北方、库布齐沙漠北部。②据汉代古城址，可推知西汉时期今库布齐沙漠北部天然植被覆盖度良好，无疑是适于人类居住和生产生活的优越之地。魏晋之后，此地才渐渐泛起流沙，形成今“库布齐沙漠”的雏形，再慢慢扩散开来，至6世纪初，被郦道元记录于其地理著作《水经注》中。

东汉末年黄巾起义爆发后，鄂尔多斯高原失去中原王朝的有效管理，成为“羌

① 伊克昭盟文物工作站：《杭锦旗乌兰陶勒盖汉墓发掘报告》，《内蒙古文物考古》1991年第1期。
② 辛易莲、白志荣主编：《杭锦旗文物志》（内部资料），2006年，第47—60页。

胡”诸族群活动的纯粹游牧区域。之后，历三国、西晋、十六国时期，都是此种经济形态。①

三、依据墓葬出土写实题材的图像推断林草分布范围

在鄂尔多斯高原一带，汉代墓葬出土的图像资料包括墓葬内部的画像石、画像砖和壁画等古人绘制的图像作品。其中，部分反映墓主生前生活、生产图景的写实性图像题材，则是研究者探索区域战国秦汉时期动植物地理所需重要证据资料。由于木质葬具易于腐朽消失，所以迄今能够见到者寥寥无几。因此，汉墓群内部的画像石、画像砖和壁画等，尤其是描绘墓主生前生活、生产、狩猎、出行、放牧等折射现实生活的图像，可为研究者提供可资利用的历史图像资料。

（一）砖室汉墓群分布地点、数量与所在县市旗区

经过统计和整理，截至20世纪末年，鄂尔多斯高原内蒙古鄂尔多斯市和乌海市区域发现的汉代墓葬群多达112处。它们分布在鄂尔多斯市8个旗区和乌海市境内。虽然葬式明显不同，但是一般在斜坡土洞墓葬、竖穴土洞墓、砖券墓葬遗存着画像石、画像砖和壁画，其墓葬数量达36处之多。

在东胜区境存在5处汉代砖室墓群，即哈叶陶勒盖汉墓群、五颗圪旦汉墓群、台什圪旦汉墓群、乱圪旦梁汉墓群、布日都梁村汉墓群。

在达拉特旗境发现5处汉代砖室墓群，包括新民堡汉墓群、城圪梁汉墓群、白泥井汉墓群、油坊梁村汉墓群、敖楞陶勒盖村汉墓群。迄今在杭锦旗境尚未发现汉代砖券或砖砌墓室墓群。

在鄂托克旗境发现7处汉代砖室墓群，即查干汉墓群、阿拉玛汉墓群、凤凰山壁画汉墓群、木凯淖尔汉墓群、察汗淖尔汉墓群、赛乌素汉墓群、米兰壕壁画汉墓群。

在鄂托克前旗境存在3处砖室汉墓群，即三段地汉墓群、大池汉墓群、克泊日汉墓群。

在乌审旗境，迄今发现3处砖室或土洞汉墓群，包括敖柏淖尔汉墓群、巴尔松贵村壁画汉墓群、巴音格尔村壁画汉墓群。

在伊金霍洛旗境，发现9处砖室汉墓群。包括乌拉敖包汉墓群、桑盖汉墓群、红庆河汉墓群、白格针汉墓群、再生庙汉墓群、台格庙汉墓群、树壕汉墓群、兰家渠汉墓群、道劳窑子汉墓群等。

---

① 马正林主编：《中国历史地理简论》，第349—352页。

在准格尔旗境，迄今发现3处砖室汉墓群，即榆树圪嘴汉墓群、三包窑汉墓群、林场汉墓群。

在乌海市海勃湾区新地村古城西侧发现的1处新地汉墓群，也属此类情况。

典型的壁画墓主要有下列数处：凤凰山汉壁画墓群，位于鄂托克旗木凯淖尔镇沙井村，旗文物保护单位，面积约5000平方米。1990年、1992年，两次发掘斜坡墓道土洞墓13座。墓葬朝向多在50°左右。其中发掘1座壁画墓，墓顶绘天象图，四壁绘人物、放牧、歌舞、冶炼及亭台楼阁等内容。出土有壶、罐、豆、博山炉等釉陶和灰陶器，以及铜镜、五铢钱、鎏金铺首衔环等文物。①

米兰壕汉壁画墓群，位于鄂托克旗乌兰镇境，面积约2.5万平方米。1999年，抢救性清理6座被盗的墓葬。所见墓葬皆为带斜坡墓道的洞室墓，墓室平面呈长方形平顶。墓葬均被严重盗扰，葬式、随葬品等无法详查。其中，3座墓葬的四壁及墓顶都绘有壁画，内容包括车马出行图、庭院图、宴饮百戏图、射弋图、围猎图、放牧图、牛耕图、锄禾图、神兽图、星云图等。色彩艳丽，保存较好。②

巴音格尔汉壁画墓群，发现于乌审旗嘎鲁图镇巴音格尔村，面积约2万平方米。地表可见到10余座已暴露的墓道。2000年抢救性清理2座被盗掘的墓葬，均为带墓道的洞室墓，直接凿于砂岩中，或单室，或为前后双室。墓室平面呈长方形平顶。墓室四壁及顶部均绘有壁画，内容有车马出行图、宴饮图、舞蹈图、抚琴图、放牧图、亭院图、星云图等。色彩艳丽，保存较好。③

巴尔松贵汉墓群，位于乌审旗嘎鲁图镇北部巴尔松贵敖包西侧。墓葬为砂岩顶面凿斜坡墓道、墓室，内部壁面绘制彩画。壁画包括墓主生前的出行图、农耕图、放牧图、狩猎图等。④

桑盖墓群，位于伊金霍洛旗阿勒腾席热镇桑盖村六社、乌兰木伦河南岸沙梁内。地面暴露砖石壁画墓1座。采集有泥质灰陶小口罐残片。⑤

在宁夏回族自治区境，汉代砖室墓群数量较少。据统计，宁夏黄河以东区域的平罗县境、银川市兴庆区境、灵武市境、吴忠市利通区境、盐池县境、吴忠市红寺堡开发区和同心县罗山之北诸地，迄今发现的汉代墓葬群近20处。至于汉代画像石墓、画

---

① 国家文物局主编：《中国文物地图集·内蒙古自治区分册》，第585页。

② 国家文物局主编：《中国文物地图集·内蒙古自治区分册》，第585页。

③ 国家文物局主编：《中国文物地图集·内蒙古自治区分册》，第582页。

④ 2016年秋天，乌审旗政协文史学者郝继忠同志电话告知。通话期间，他正陪同中央电视台摄影记者在巴尔松贵壁画墓墓室拍摄影像。

⑤ 国家文物局主编：《中国文物地图集·内蒙古自治区分册》，第596页。

像砖墓和壁画墓，迄今尚未发现。

在陕西省榆林市12县区，同样存在汉代砖室墓群。据统计，迄今已发现的汉代墓群数量达到218处；今后仍会陆续有新发现。其中，属于画像砖、画像石和壁画墓者达数十处，包括一些对本专题研究具有重大意义的墓葬。例如：

钟坬墓群，位于定边县石洞沟乡赵墩村附近峁梁地带，县文物保护单位，面积约10万平方米。墓群规模大，既有土坑墓，又有单室、双室及多室等多样化的砖室墓，壁画墓也有发现。

郝滩汉墓群，位于定边县郝滩镇赵圈塘村，墓室或有壁画。

刘家畔东汉画像石墓群，位于神木市高家堡镇刘家畔村，面积不详。早年发现画像石墓数座，一般为砖石混合结构，有前后室。1983年清理了1座，出土减地刻画像石多块，内容有四神、铺首衔环、翼龙、舞乐及卷云蔓草纹图案等。①

柳巷东汉画像石墓，发现于神木市乔岔滩乡柳巷村，1982年进行了清理发掘。为砖石混合结构，由墓道、墓门和前后室组成。前室方形，穹窿顶，边长2.87米，高2.5米；后室长方形，券顶，长3.1米，宽1.9米，高2.2米。画像石嵌于前室，采用减地刻，内容有四神、铺首衔环、瑞兽等。出土石灶1件。②

官庄东汉画像石墓群，发现于米脂县城郊镇官庄村，面积不详。1971年4月由考古人员清理发掘了4座，1985年3月又清理发掘了1座。全部是砖石混合结构，有斜坡墓道、墓门和甬道。墓室形制分为三种：其一，由前室和后室组成，前室穹窿顶，后室券顶；其二，由前室和两个并列后室组成，前后室均为穹窿顶；其三，由前室、左右耳室和长方形后室组成，前室穹窿顶，后室及耳室券顶。画像内容：墓门多刻四神、独角兽和铺首衔环，门楣、框及墓壁多刻有门阙、楼阁、宴饮、狩猎、牛耕、舞乐百戏、车骑出行、伏羲女娲及仙人、羽人图等。共发现画像石73块，技法均采用减地刻。出土陶罐、壶、盆及石灶等。其中一墓前室后壁正中刻有“永初元年九月十六日牛文明千万岁室长利子孙”等文字。1981年又暴露画像石墓1座，所出一块画像石长2.8米，宽1.3米。③

尚庄东汉画像石墓群，在米脂县十里铺乡尚庄村，面积不详。曾发现画像石墓数座。1981年清理发掘了1座，为砖石混合结构，有斜坡墓道、甬道和前后室。出土画像石10余块，画像采用减地刻，内容有铺首衔环、宴饮、出行、狩猎、乐舞、神仙故

① 国家文物局主编：《中国文物地图集·陕西分册》，第641页。
② 国家文物局主编：《中国文物地图集·陕西分册》，第642页。
③ 国家文物局主编：《中国文物地图集·陕西分册》，第671页。

事及农作等。其中一块有“永和四年”纪年文字。①

党家沟东汉画像石墓，在米脂县城郊镇党家沟村。1982年出露被发现，为砖石混合结构。墓室内壁嵌画像石5块，长1.12—1.6米，宽0.36—0.51米。石上减地刻花卉、动物等。②

后湾东汉画像石墓群，位于子洲县淮宁湾镇后淮宁湾村，面积不详。1968年、1975年先后清理画像石墓3座。墓室均为砖石结构，方形，穹窿顶。出土画像石8块，技法为减地阳刻、阴线刻绘或墨线勾勒出人物的颜面、衣纹、车马、佩饰等。墓门横额、左右竖框上刻有四神、羽人及主人生前的生活情景，门扇均为朱雀铺首组合的图案。③

李家塬东汉画像石墓，在吴堡县寇家塬镇李家塬村。20世纪80年代出露被发现，砖石混合结构，由墓道、前室、后室、东耳室组成。前室穹窿顶，后室券顶。墓内嵌画像石若干，出土陶罐、灶等。④

绥德县境东汉画像石墓相对集中，数量达8处之多。

快华岭东汉画像石墓群，在绥德县东部的义合镇思家沟村，面积不详。1956年清理发掘了4座，均为前后室带左右耳室砖石结构。前室穹窿顶，后室、耳室均为券顶。墓内画像石减地刻绘出行、狩猎及神话传说等题材。⑤

砖窑梁东汉画像石墓群，在绥德县义合镇贺家沟村，面积不详。历年陆续出露画像石墓数座，均为砖石混合结构，有前后室。画像采用减地浮雕，内容有四神、铺首衔环、出行、狩猎等。⑥

裴家峁东汉画像石墓群，位于绥德县辛店乡裴家峁村，面积不详。历年陆续有画像石墓被发现。1987年清理发掘了1 座，墓南北向，由墓道、甬道、前后室组成，以石块错缝砌筑，石板铺地。前室穹窿顶，长2.78米，宽3米；后室券顶，长2.7米，宽3米。墓门、框及横额减地浮雕四神、铺首衔环、日轮、月轮、珍禽瑞兽、伏羲女娲等。画像局部用墨线勾绘，其中，日、月轮内分别绘有翔鸟、蟾蜍。出土陶罐、壶、博山炉、人物俑及五铢钱等。⑦

① 国家文物局主编：《中国文物地图集·陕西分册》，第671页。
② 国家文物局主编：《中国文物地图集·陕西分册》，第672页。
③ 国家文物局主编：《中国文物地图集·陕西分册》，第703页。
④ 国家文物局主编：《中国文物地图集·陕西分册》，第678页。
⑤ 国家文物局主编：《中国文物地图集·陕西分册》，第682页。
⑥ 国家文物局主编：《中国文物地图集·陕西分册》，第682页。
⑦ 国家文物局主编：《中国文物地图集·陕西分册》，第682页。

呜咽泉东汉画像石墓群，在绥德县辛店乡呜咽泉村，位于山坡上，面积不详。1986年前陆续发现有画像石墓出露。1988年清理发掘了1座，墓南北向，为石筑前后室结构，以石块衔黄泥错缝平砌，石板铺地，前室穹窿顶，残长3.2米，宽2.75米，高约2.5米；后室券顶，长4.1米，宽1.9米，高2.1米。墓门框、横额及前室南壁嵌画像石，均为减地刻绘，内容有四神、铺首衔环、楼阁、出行、狩猎、西王母、执彗门吏、珍禽瑞兽，以及羽人和舞伎图等。前室南门两竖框外栏阳文刻“帷居上宽和贵齐殷勤同恩爱述神道熹苗裔”“览樊姬观列女崇礼让遵大雅贵□□富支子”隶书36字。①

延家岔东汉画像石墓群，在绥德县辛店乡延家岔村，面积不详。1975年、1977年，先后清理发掘画像石墓2座，形制均为前后室带左右耳室。前室穹窿顶，后室与耳室为券顶。画像石位于墓门及前室四壁，均为减地刻，内容有四神、庭院、宴饮、舞蹈、出行、狩猎、禽兽、神仙故事等。②

黄家塔东汉画像石墓群，位于绥德县张家砭乡张家砭村大理河南岸的台地上，面积约6000平方米。1984年清理发掘画像石墓9座。其中，有使持节护乌桓校尉王威墓、永元十六年（104）王圣序墓、辽东太守王君墓等。均由斜坡墓道和石砌墓室组成，形制有单室、前后室、前后室加单耳室三种。墓室多以大石板封门，石板铺地。画像石均位于墓门和墓室四壁，采用减地刻，再填施朱红、铅白等色彩勾绘。内容主要有四神、铺首衔环、狩猎、出行、宴乐、杂技和传说故事。③

苏家圪凸东汉画像石墓群，在绥德县苏家岩乡苏家圪凸村，面积不详。早年发现画像石墓数座。1982年清理发掘了1座，为砖石混合结构，由墓门、前室、甬道、后室组成。前室方形，穹窿顶，边长2.7米；后室长方形，券顶，宽2.4米，进深3.1米。墓门及甬道嵌画像石11块，石上减地刻神兽、乐舞、狩猎等内容。④

名州镇东汉画像石墓群，位于绥德县名州镇街，面积逾万平方米。20世纪初至80年代，陆续发现了多座画像石墓。墓多为砖石混合结构，一般由墓道、墓门、前室、后室组成，稍大者还附有一至两个耳室。画像石多用于墓门、楣、框，少数嵌于墓壁或墓顶。⑤

王得元墓，位于绥德名州镇，是一座东汉画像石墓，为县文物保护单位。1982年

---

① 国家文物局主编：《中国文物地图集·陕西分册》，第682—683页。
② 国家文物局主编：《中国文物地图集·陕西分册》，第683页。
③ 国家文物局主编：《中国文物地图集·陕西分册》，第683页。
④ 国家文物局主编：《中国文物地图集·陕西分册》，第683页。
⑤ 国家文物局主编：《中国文物地图集·陕西分册》，第683页。

清理发掘，为前后室带左右耳室砖石混合结构。前室方形，穹窿顶；后室与耳室均为券顶。画像为减地刻，细部用朱线、墨线勾绘，内容主要有牛耕、农田作物、四神、仙禽瑞兽和神话传说等。后室门上隶书阳刻“永元十二年四月八日王得元室宅”14字。出土有石灶等。①

神木市大保当东汉画像石墓群，位于神木市大保当镇任家伙场村，1987年文物普查发现，1996—1998年考古工作者对该墓地进行了清理发掘，共发掘墓葬26座，其中画像石墓14座，出土画像石66块。2008年，又在此清理发掘了3座墓葬，其中2座为画像石墓，出土画像石10块。墓葬多系砖石混合结构，有斜坡墓道，或单室，或前后双室，单室和双室墓的前室多为穹窿顶，双室墓的后室多为拱形券顶。画像石多用于墓门之门楣、门柱、门扇等位置。画像内容主要有骑者拉弓射猎、被猎动物四处奔突、贵人车马出行、东王公与西王母、铺首神鸟、日月临空、四神灵兽、舞蹈羽人、嘉禾瑞兽、门吏随从、楼阁人物、乐舞百戏与驯象图等，以及少量历史故事，如穆天子会西王母、荆轲刺秦王、完璧归赵等。技法多采用减地平刻，形象或用颜色涂绘，具有浓郁的地方特色。②

（二）汉代内置画像石、画像砖和壁画的墓葬折射出该地自然风光

迄今可知，较为典型的汉代壁画墓、画像石墓、画像砖墓包括：乌审旗巴尔松贵壁画汉墓群、巴音格尔壁画汉墓群，鄂托克旗凤凰山壁画汉墓群、米兰壕壁画汉墓群，定边县郝滩汉墓群等。在此重点剖析这几座墓葬出土汉代壁画的写实内容。

在今杭锦旗东南部的桃红巴拉汉代匈奴墓葬出土的随葬品——雕刻着鹿、虎等形象的铜质饰牌，显示鹿、虎类动物都是附近森林中栖息的野兽。③20世纪60—70年代，文物考古人员先后在准格尔旗境的战国秦长城之内的瓦尔吐沟、速机沟、玉隆太等地两汉时期墓葬中发现鹿形的铜质饰件。④鹿类野生动物属于生活在森林草原地带的野兽，出土的鹿形铜饰件折映出当地在2000年前存在着森林植被。这就证明，东胜梁地带在2000年前布满森林的天然植被分布状况。

① 国家文物局主编：《中国文物地图集·陕西分册》，第683页。
② 陕西省考古研究所、榆林市文物管理委员会办公室编著：《神木大保当——汉代城址与墓葬考古报告》，科学出版社，2001年；西北大学文博学院等：《陕西神木大保当东汉画像石墓》，《文物》2011年第12期。
③ 田广金：《桃红巴拉的匈奴墓》，《考古学报》1976年第1期；史念海：《两千三百年来鄂尔多斯高原和河套平原农林牧地区的分布及其变迁》，《北京师范大学学报》1980年第6期。
④ 内蒙古文物工作队：《内蒙古出土文物选集》，文物出版社，1963年，图80、图82、图83；盖山林：《内蒙古自治区准格尔旗速机沟出土一批铜器》，《文物》1965年第2期；内蒙古博物馆、内蒙古文物工作队：《内蒙古准格尔旗玉隆太的匈奴墓》，《考古》1977年第2期。

陕西神木大保当东汉墓群，其中有为数不少的画像石墓，有画像石显示：狩猎为时人一项重要的生产生活内容，多位猎人一起对射猎对象进行围猎，他们搭弓射箭，被猎动物惊慌逃命，构成了一幅生动的狩猎图画。在大保当画像石中出现的动物有马、山羊、鹿、狐、熊、兔、大象、青鸟等，其中山羊、鹿、狐、兔等是猎人的主要猎获对象。有这么多动物在此生长栖息，不断地为人类提供可食可用的物品，也反映了这里有动物宜生的环境。

第五节　战国秦汉时期鄂尔多斯高原野生动物的空间分布

从历史动物地理学的角度考察鄂尔多斯高原古代野生动物种群的分布与演变过程，以及先民们猎取野生动物的经济行为对自然环境产生何种负面影响，也是一个重要的专题。在鄂尔多斯高原，古代曾经存在的若干野生动物由于人类活动的增强与扩大，破坏其生存环境，使之无法继续生存下去，遂于某个时段灭绝。其他若干野生动物种群数量则随着时间推移而不断减少。于是，晚近的鄂尔多斯高原地域居民所处自然环境中野生动物数量剧减，微乎其微，不足称道。那么，历史时期鄂尔多斯高原动物地理究竟发生过何种变化呢？在此试做相对系统的论述。

一、透过古代文献探索战国秦汉时期鄂尔多斯高原野生动物的分布

关于遥远的地质时期鄂尔多斯高原野生动物信息，不属本书探讨的范围，在此姑且不论。即便是历史的早期——新石器时代及夏商周时期，由于古代文献缺乏这方面的记载，《山海经》的内容又荒诞不经，无从采信。因此，本节专题探讨的时间，上限为战国时期，下限为民国时期。

公元前4世纪末年至公元前3世纪上半叶，战国时期的赵国、秦国先后拓疆至鄂尔多斯高原及其毗邻区。随着两国军事活动的发生发展，鄂尔多斯高原地域进入文献正式记载之中，使我们得以窥探该地域历史动物地理的若干信息。公元前3世纪初期，林胡、楼烦两个胡族迁入鄂尔多斯高原东半部森林草原地区，从事游牧、狩猎经济。由此可知，在战国时期的鄂尔多斯高原上，大体型野生动物种群数量繁多，分别栖息或游弋在森林、草原地带。考古学研究成果也可提供充足的文物证据。

二、依据墓葬考古出土文物窥探汉代鄂尔多斯高原野生动物的构成

历年以来，在鄂尔多斯高原战国秦汉墓葬出土了数量众多的青铜器物，由于它们大多数仿照野生动物造型，栩栩如生，因此学界赋予其一特色名称——鄂尔多斯式青铜器。鄂尔多斯式青铜器是先秦时期游牧于鄂尔多斯高原地域的族群制造的或实用或装饰之青铜器皿。它们的动物造型无疑是牧人们现实生产生活的缩影与升华，对我们而言，具有一定的科学研究价值，即历史地理学研究的证据作用。它们能够证明，至迟于春秋战国时期，鄂尔多斯高原的游牧族群（包括胡族、戎族部落）所从事狩猎经济活动的猎杀对象有哪些。

鄂尔多斯高原地域秦汉墓葬考古发掘出来的金属动物文物，向我们指示出当时当地栖息、游弋的野生动物种群。这种鄂尔多斯式青铜器的动物造型是非常形象的证据。

（一）秦汉墓葬出土的动物造型青铜器

在内蒙古鄂尔多斯市域，战国秦汉墓葬出土的动物造型青铜器皿数量不少。它们是数千年前高原游牧民族日常生活的物化证据，反映着或游牧或狩猎或采集的生产活动。

迄今在鄂尔多斯市境，发现动物造型的墓葬地点包括下列地方：

阿鲁柴登墓群，在杭锦旗东南部阿门其日格乡阿鲁柴登村，属战国时代墓地，地表暴露竖穴土坑墓2座。征集金器218件，大多以浮雕动物图案为装饰，有冠饰，虎、牛、羊、刺猬、鸟等饰件，方形扣饰，圆泡、圆管状饰，串珠、锁链、项圈、耳坠、火炬形饰针。银器5件，有狼背鹿形图案饰件、虎头形饰件；另有红玛瑙、绿松石串珠等。属匈奴遗存。①

桃红巴拉墓群，在杭锦旗锡尼镇（旧阿门其日格乡）镇政府驻地，属春秋—战国时代墓地。1973年清理6座，长方形竖穴土坑墓，南北向，长1.2—3米，宽0.55—0.9米，深0.5米，东西排成一列。两座墓为仰身直肢单身葬，其余葬式不明。普遍殉葬有牛、马、羊的头骨和蹄骨，有的马嘴中尚有马衔，头两侧散有马面饰。随葬有铜、铁、金、骨、陶、石器等，以铜器为主，分工具、兵器、服饰品、马具等。属匈奴遗存。②

石灰沟匈奴墓，位于伊金霍洛旗布连乡武家塔村、石灰沟沟掌处，属战国时代墓地。1984年征集铜器有嵌铁鎏金龟形饰、卧鹿、长喙鹤头形饰、盘角羊头形饰、车辕饰、车辖，银器有虎咬鹿纹饰牌、双虎咬斗纹饰牌、靴底饰片、刺猬形饰件、羊形扣

① 国家文物局主编：《中国文物地图集·内蒙古自治区分册》，第579页。
② 国家文物局主编：《中国文物地图集·内蒙古自治区分册》，第579页。

饰等。①

速机沟墓群，在准格尔旗纳尔松镇（旧乌日图高勒乡）布尔敦沟村，属战国时代墓地，面积约2000平方米。竖穴土坑墓。1962年征集墓葬出土的青铜器，有鹤、狼、羊头形饰件，鹿、狻猊、马形饰，帽形饰和铃等。属匈奴遗存。②

西沟畔战国墓群，在准格尔旗布尔陶亥苏木西沟畔村山梁南坡。1979年，清理3座。均为长方形竖穴土坑墓，头向朝北。2号墓保存较好，方向25°，无葬具，随葬有马、羊。出土文物以各种动物纹金银器为主，有项圈、腰带饰、耳坠等装饰品；工具类有铜镞、铁剑；车马器具有铜鹿形杆头饰件及银节约等。节约背面刻铭“少府”“寺工”。3号墓以青铜器为主，出土有三角孔首柄饰蛇纹铜刀、短剑、环状带扣、长方管状饰等。出土文物具有北方民族文化特征。③

西沟畔汉代墓群，在准格尔旗布尔陶亥苏木西沟畔村山梁上。1979年、1980年清理9座。全为长方形竖穴土坑墓，头向朝北，有殉牲习俗。第4号墓葬出土遗物丰富，多为装饰品，有镶金蚌饰及金花片组成的头饰、蟠龙螭虎纹玉耳坠，水晶、玛瑙等串珠项饰，包金卧羊带饰及中原风格的石佩饰等。此外，还随葬49件小铜马。在墓地东南发现居住址1处，面积约2500平方米，文化层厚1—2米。地表暴露有灰坑。采集有泥质灰陶罐、甲片及铜刀、扣饰等。④

玉隆太战国墓，在准格尔旗大路镇玉隆太村、沙丘地带。墓葬已遭破坏，残存墓坑。内有人、羊、马碎骨及铁马衔、铺首等。出土遗物以青铜盘羊辕饰、立式马等各种动物形车马饰件为主，以及随身佩戴的带扣、饰牌、银项圈等装饰品，鹤嘴铁斧、铜刀等工具。为典型的北方民族青铜器墓葬。⑤

东山墓群，在灵武市崇兴镇杜木桥村东3千米，属东周时代墓地，面积约1.5万平方米。农耕时经常有墓葬暴露，全为土坑墓。由于人为扰乱，尺寸和形制均不清楚。随葬品大多为青铜器，包括当卢、铜铃、卧鹿、马衔，还有玉器、骨器、石器，以及羊的牙齿和马的肢骨。随葬品具有典型的北方少数民族青铜文化风格。⑥

黄沙窝墓群，在灵武市崇兴镇杜家滩村北2.6千米，属东周时代墓地。墓群周围是高低不平的沙丘，面积约2800平方米，是农民挖土时发现的。墓葬形制为土坑墓。

① 国家文物局主编：《中国文物地图集·内蒙古自治区分册》，第595页。
② 国家文物局主编：《中国文物地图集·内蒙古自治区分册》，第611页。
③ 国家文物局主编：《中国文物地图集·内蒙古自治区分册》，第611页。
④ 国家文物局主编：《中国文物地图集·内蒙古自治区分册》，第611页。
⑤ 国家文物局主编：《中国文物地图集·内蒙古自治区分册》，第612页。
⑥ 国家文物局主编：《中国文物地图集·宁夏回族自治区分册》，第270—271页。

随葬器物以青铜器及陶器为主，青铜器有铜鹿、车马器、铜刀等，陶器以灰陶为主，主要为饰弦纹陶罐，具有典型的北方民族青铜文化特征。①

中沟墓群，位于神木市瑶镇乡中沟村，墓地时代为战国至汉，面积不详。历年发现墓葬，出土陶罐、壶、甑等。又于1982年暴露土坑墓1座，出土铜狗、车軎、梨形銮铃等10余件。铜狗属双范合铸，形态为伫立，昂首前视作吠状，大耳高耸，尾上卷。②

店塔墓群，位于神木市店塔乡店塔村，属西汉时代墓地，面积不详。1978—1986年间，多次暴露土坑墓和洞室墓。出土铜铸彩绘鹅鱼灯、铜钟、印、釜、甑、鋬、扁壶、鼎、卧虎镇、狗、三官五铢，陶罐、壶、耳杯及铁剑、漆器等。其中，鹅鱼灯通高54厘米，长33厘米，宽17厘米，重4.25公斤，灯体施红、白漆彩绘。部分器物属匈奴文化遗存。③

纳林高兔汉墓，位于神木市大保当乡纳林高兔村，1983年发现，墓葬形制由于水蚀而不详。出土有金鹿形怪兽、金虎、银虎、银鹿、铜盘羊扣饰、银环、双羊头银质错金剑柄、铜削、铜刺猬，以及铜、银饰片等，共20余件。属北方草原匈奴文化遗存。④

（二）鄂尔多斯高原战国秦汉墓葬的动物形象所反映森林草原环境

鄂尔多斯式青铜器群体和金银器皿显现出来的动物形象，涉及的野生动物种类繁多。其所在之地，包括杭锦旗东南部、伊金霍洛旗布连乡境、准格尔旗南部犊牛川（亦作“特牛川”）流域及该旗北半部，宁夏灵武市境，陕西神木市北半部区域。上述地区无疑是2000多年前鄂尔多斯高原森林草原植被分布的重要部位之一。具体而言，诸如出土的以鹰形金冠为代表的一批器物，显示出的野生动物造型包括野虎、野狼、野盘角羊、野鹰，牧人们放养的马、羊等形象。⑤鹿形青铜器则反映出至迟在春秋战国时期，鄂尔多斯高原地域的温带森林草原上奔驰着为数众多的食草野生动物——野鹿。⑥野鹿造型包括奔驰状、蹲踞状和伫立状，非常形象逼真。银质饰牌的野生动物造型包括双虎咬斗纹。羊造型青铜器显示着野生羚羊伫立形象。⑦青铜杖首的圆雕动物造型则包括山羊、绵羊、野鹤头部等形象，青铜短剑把柄的动物造型则是

① 国家文物局主编：《中国文物地图集·宁夏回族自治区分册》，第271页。
② 国家文物局主编：《中国文物地图集·陕西分册》，第641页。
③ 国家文物局主编：《中国文物地图集·陕西分册》，第641页。
④ 国家文物局主编：《中国文物地图集·陕西分册》，第642页。
⑤ 鄂尔多斯市文物考古研究院编：《鄂尔多斯文化遗产》，封2：鹰形金冠。
⑥ 鄂尔多斯市文物考古研究院编：《鄂尔多斯文化遗产》，第15页。
⑦ 鄂尔多斯市文物考古研究院编：《鄂尔多斯文化遗产》，第19页。

野豹形象。[①] 青铜器饰牌的家畜造型则包括牧马咬斗透雕形象。[②]透过鄂尔多斯式青铜器群体和金银器皿的动物造型可知，至迟在春秋战国时期，鄂尔多斯高原地域广阔的森林草原生存着众多的野生动物种群，包括虎、马、狼、鹿、羊、豹等野生动物，放牧的驯养牲畜包括马、牛、羊，野生飞禽则包括鹰、鹤、雁等。但是，任何证据都是带有局限性的，并不能证明所有森林草原客观存在。

至秦汉时期，由于农耕经济的适度发展，鄂尔多斯高原地域的天然植被虽然部分被人工植被代替，但生态环境依旧完好，适合野生大体型动物生存与繁衍。汉代文献虽然缺少相关记载，但是考古发掘材料可填补其空白。新中国成立后，在陕西榆林市境和内蒙古鄂尔多斯市境的汉代墓葬先后出土数量众多的汉代图像资料，包括画像石、画像砖和墓室壁画等美术作品。在这些汉代绘画中，有一些属于神话题材内容，在此不论；有一些属于现实题材内容，是墓主在生命存续期间生产、生活的现实图景之曲折反映，对于历史动物地理的复原具有一定的参考价值。

例如陕西定边县郝滩镇赵圈塘村发掘的汉代墓葬出土的彩绘壁画，其中的《狩猎图》就显示出墓主生前在今定边县东部的白于山北麓、八里涧河地带打猎的图景。画面中，骑在马上的猎人于坐骑飞奔过程中对着前方仓皇逃命的奔鹿连续弯弓射箭，而画面上的野鹿已经连中三箭，其颈肩部位各中一箭，背臀部位中一箭，一边拼命奔逃一边还惊恐地回头张望猎人。在逃奔中的野鹿的左前方，两只野兔也在飞奔逃命，因为一只猎鹰正从其上方空中俯冲而下，追逐它们。这图景应正是墓葬主人生前狩猎生活的间接再现。《虎窥盘角羊图》则表现出墓主生前所居的今定边县东部、白于山北麓地带林草茂密，一头隐藏于林莽之中的老虎正在窥视前方草原上啃草的盘角羊群，欲伺机发起攻击，扑噬野羊。盘角羊群也似乎感觉到了威胁，快速奔跑起来。《野狼逐兔图》表现一头野狼低头猫腰拖尾地追猎两只正在奔逃的野兔，眼看着野兔就要被野狼扑住的图景。《野狼追逐野猪图》显示出一头野狼紧紧追逐一只野猪不放的景象。[③]汉墓中的这四幅壁画都反映出汉代墓葬所在地区的自然地理环境，显示出2000多年前的今定边县东部区域林草丰茂、野兽众多的生态环境。画面内展示出的野生动物包括野鹿、野兔、野虎、野羊、野狼、野猪、野雁（或野鹤），以及猎人豢养的猎鹰等等。家畜家禽则包括耕牛、驾马、水鸭等。这些图画正是汉代墓葬墓主生活地区

① 鄂尔多斯市文物考古研究院编：《鄂尔多斯文化遗产》，第64—65页。
② 鄂尔多斯市文物考古研究院编：《鄂尔多斯文化遗产》，第17页。
③ 黄龙程：《定边县郝滩乡赵圈塘［村］汉代彩绘壁画墓初探》，见《定边古遗址》（内部资料），2004年，图版11、图版14、第144—153页。

野生动物生存的真实写照。

无独有偶，在今鄂托克旗、鄂托克前旗境内也发现若干汉代画像墓葬，出土了一些画像资料，具有同样的参考作用。[①]

东汉后期，鄂尔多斯高原发生一连串的战乱，局势动荡。农业经济失去发展的正常社会环境条件，人口流散，土地抛荒。与此同时，也开启了一些北方民族的南迁进程，鲜卑部落分别自漠北、辽水流域迁入鄂尔多斯高原，乌桓、匈奴、羌、氐等也相继迁入鄂尔多斯高原。鄂尔多斯高原的经济面貌也随之发生了巨大变化，即由农牧并存格局转向单一的游牧经济。经过一段时间的经营，草原植被分布范围进一步扩大。这是有利于野生动物种群在高原的数量发展与空间扩展的。于是，进入魏晋十六国时期，鄂尔多斯高原野生动物种群出现了前所未有的发展。

第六节　秦汉时期鄂尔多斯高原野生动植物的经济价值

秦汉时期，渔猎经济在中原地区人们的社会生活中已不占据重要地位；但在鄂尔多斯高原，作为对农业、畜牧经济的一种重要补充，或作为上层统治阶级的一种畋猎游乐活动，射猎行为仍不时出现在相关文献记载或文物图像中。毫无疑问，射猎的对象定然是野生动物而非家畜，这些动物的种类可以提供一定的环境线索。

一、野生动物的存在与射猎活动

《史记》记载匈奴民族的习俗曾说其“儿能骑羊，引弓射鸟鼠；少（稍）长则射狐兔：用为食。士力能弯弓，尽为甲骑。其俗，宽则随畜，因射猎禽兽为生业，急则人习战攻以侵伐，其天性也”[②]。从描述的猎物种类来看，似乎小型动物占较大比例，且鼠、狐、兔皆属荒漠草原环境的常见物种，这也许说明此一时期森林面积比起先秦时期已有所减少，人们不得不将这些小型动物也作为重要的食物补充来源。又，史载冒顿单于为了准备弑父夺位，曾“作为鸣镝（响箭），习勒其（部下）骑射，令曰：‘鸣镝所射而不悉射者，斩之。’行猎鸟兽，有不射鸣镝所射者，辄斩之”，后来终于“从其父单于头曼猎，以鸣镝射头曼，其左右亦皆随鸣镝而射杀单于头曼”，

① 这些墓葬壁画来源于鄂托克旗凤凰山汉墓群，曾在西安曲江艺术博物馆展出。2015年，笔者与几位同事曾赴该馆参观，并拍摄资料照片。在此谨向这批汉代墓葬壁画的收藏和展出单位表示感谢。

② 《史记》卷一一〇《匈奴列传》，第2879页。

因而自立为单于。[①]可见射猎也是匈奴贵族的一项重要军事训练活动，并非仅仅为取得肉食而进行。

自秦汉至明清，地方豪强与权贵之家流行使用壁画装饰墓室，因而这些墓室壁画也就成为反映相应时代社会生活面貌的一种重要史料。鄂尔多斯高原的汉代壁画墓中也有一些图像反映出当时人们从事射猎活动的情况。其中以凤凰山、米兰壕、嘎鲁图等处汉代壁画墓保存较为完整。凤凰山汉墓壁画中，有"两人举弓射向天空中的飞禽；另一人蹲于地下，正在拉弓装箭""一狗在追捕一兔"等图像[②]，生动描绘了当时人们从事射猎活动的场景。米兰壕汉墓壁画中，既有"飞骑围猎图""群山放牧图"，也有"牛耕图""锄禾图"，体现了射猎、畜牧、农耕交织的生产、生活图景。[③]嘎鲁图汉墓壁画中虽无直接描绘射猎的场景，但也绘有"翱翔天空的鹤、雁等"[④]，一方面表明这些大型鸟类可能成为当时人类的猎取对象，另一方面也反映出本区存在适宜这些涉禽和游禽生活的水体环境。

二、野生植物的多种用途

秦汉时期本区野生植物资源与现代相比仍比较丰富，也为当时生活在这一地区的人们提供了可资利用的条件。我们在此按照用途大致可以粗略地分为燃料、建筑材料、工具或武器部件、殡葬用具、生活用品等数种，按照种类分则涵盖了草本、木本，试述如下：

（一）牧草

本区畜牧业发达，牧草资源的丰富是其物质基础，自不待言。前文也已述及。

（二）大量乔木作为建材之用途

高大粗壮的树木首先是良好的建筑材料，但秦汉时期在本区内使用树木作为建材的情况，由于缺乏文献记载以及考古资料的补充，暂无法详述。不过按照常理推断，这种用途所消耗的木材绝不会是小数量。尤其是秦汉王朝在开拓本区时普遍设置的郡县，其郡县治所所在的城池、官署、兵营等设施机构，无疑都需要消耗大量木材来建造；加之为防御北方民族南下侵扰而修筑的长城及其附属设施，如驻军的城堡、观察瞭望以及传递信息的烽火台等，都需要消耗大量的木材，虽然目前实物资料的发

① 《史记》卷一一〇《匈奴列传》，第2888页。
② 王志浩等：《凤凰山墓葬》，见王志浩主编：《鄂尔多斯文物考古文集》第2辑下册，第792—793页。
③ 高毅、王志浩、杨泽蒙编著：《鄂尔多斯史海钩沉》，第176页。
④ 高毅、王志浩、杨泽蒙编著：《鄂尔多斯史海钩沉》，第180页。

现还不足够多，但可能与时代久远木材早已腐朽，以及风蚀严重、腐木残屑随风吹移有一定关系。值得强调的是，秦汉时期的军事工程可能并不仅仅对林木资源起到破坏作用，相反也有因军事需要而造林的情况。史念海先生曾在《历史时期黄河中游的森林》一文中说："论秦汉时的森林不应忘记一提榆谿塞。所谓榆谿塞乃是种植榆树，形同一道边塞。榆谿塞的培植始于战国末年，是循当时长城栽种的。战国末年的秦长城东端始于今内蒙古托克托县黄河右岸的十二连城，西南行，越秃尾河上游，过今榆林、横山诸县北，再缘横山山脉西去。西汉时这条榆谿塞再经培植扩展，散布于准格尔旗及神木、榆林诸县之北。这是当时的长城附近复有一条绿色长城，而其纵横宽广却远超长城之上。近年在内蒙古准格尔旗瓦尔吐沟、速机沟、玉隆太等地墓葬中皆发现鹿形的铜饰件及明器，鹿为林中之物，则其地当有森林，故能反映于器物形态。这些地方都在秦长城之内，则当地的森林就不限于长城之外的榆谿塞。不过还应该指出：这个地区在当时不仅榆树成林，还有不少竹树。"①如果此说无误，则长城一线大规模的人工造林至迟在战国末年就已开始，而这一人工造林工程对鄂尔多斯高原的植被恢复，是会产生一定的积极意义的。今人在区域内大力倡导和实施植树造林，既是科学改造自然环境的一种有效方法，也是对前人有益经验的传承。

（三）大量乔木用于墓葬消费

优质的木材除用于制棺，也常用于构筑椁室。据报道，1986年清理的伊金霍洛旗小速贝汉墓、1987年发掘的杭锦旗乌兰陶勒盖汉墓，都发现有较大的木椁墓葬，"椁室多用未加工的圆木或半剖圆木垒砌而成"，有时墓门挡板也用木材制作。②

（四）制作武器、农具及其他用途之耗材

本区秦汉遗址及墓葬出土有不少武器和农具，虽然都未遗留木柄，但在这些工具被使用之时显然是装有木柄的，只是因木材朽坏，今已不可见。

1.大量草木当被用作燃料

前文已述及，长城烽火台上需要燃材；青铜器制作需要大量的木材作为燃料；秦汉时代铁器已被广泛使用，冶铁也需要大量的木材作为燃料；制陶、烧砖也需要大量的草木燃料。此外，据研究，秦汉时期本区的人口有大幅增加。那么，人们日常生活取暖及饮食亦需要大量草木燃料。在人类尚无法利用煤、石油等化石燃料的古代，草木几乎就是唯一的燃料来源。但具体的消耗量尚无法估算。

---

① 史念海：《历史时期黄河中游的森林》，见史念海：《河山集》二集，第253—255页。

② 伊克昭盟文物工作站：《杭锦旗乌兰陶勒亥汉墓发掘报告》，见王志浩主编：《鄂尔多斯文物考古文集》第2辑下册，第741—755页。按：乌兰陶勒亥即乌兰陶勒盖。

2.竹子当被用于制作生活用品

竹子这一极为特殊的草本植物，也有被大量使用的材料证明。对比现今本区已无野生竹林分布的情况，这表明秦汉时期竹类的分布纬度比今天要高很多。《后汉书》记载，时任并州牧[①]郭伋“始至行部，到西河美稷，有童儿数百，各骑竹马，道次迎拜”[②]，“童儿数百，各骑竹马”，表明附近定有大片竹林，绝不仅仅是偶见一两株而已。

此外，树皮也是古人加以利用的植物资源。乌兰陶勒盖汉墓M4出土的遗物中曾发现用桦树皮制作的器物，虽因残朽而无法辨认其形制[③]，但也从一个侧面反映了当时本区存在森林的事实。

小　结

从文献及考古资料所反映的情况来看，秦汉时期本区生态环境状况似乎可称得上良好，几乎不见关于流沙的记载，甚至连沙生植物及荒漠动物如骆驼都很少见于记载，壁画墓中却常有水禽形象出现。秦汉时人以“新秦中”一词称呼本区，谓其富饶程度可与关中平原相比。取得如此的区域经济成就，岂可等闲视之。即使在新莽、东汉之后农业区内缩，也并非由自然环境变化导致，而主要是由军政形势变化引起的，前已详述。尽管西汉时本区大规模的农业开发可能增大了当时黄河下游河道的泥沙堆积，增加了黄河下游地区水患发生的概率，需要总结经验教训，但在长城沿线有组织的大规模造林活动，也是宝贵的历史经验。以往那种一提到人类活动，就认为是破坏环境的观点，无疑是片面的。

① 按：东汉时西河郡属并州刺史部管辖。

② 《后汉书》卷三一《郭杜孔张廉王苏羊贾陆列传》，第1093页。

③ 伊克昭盟文物工作站：《杭锦旗乌兰陶勒亥汉墓发掘报告》，见王志浩主编：《鄂尔多斯文物考古文集》第2辑下册，第741—755页。

第四章　魏晋北朝时期鄂尔多斯高原自然环境变迁

本章所述时段包括中国历史上的这样几个阶段：三国→西晋→东晋十六国→南北朝；但由于三国中的吴、蜀和南北朝中的南朝均与本区无涉，故标题中没有提及。

本时期中原地区处于长期战乱状态，而北方游牧民族趁机再度兴起。汉族统治的中原王朝疆域大幅内缩，而游牧民族政权的统治范围大幅扩展，农牧交错带也随之大幅南移。如前所述，本区自东汉末年起即已处在羌胡等游牧民族的实际控制下，畜牧经济地位上升并占据主导地位，这种情形一直延续到隋唐王朝再度控制本区为止。在魏晋时期先后涉足本区的有匈奴、敕勒、鲜卑等族，但由于史籍缺载，无法详细区分其活动区域。十六国时期，统治本区的主要是铁弗匈奴建立的赫连夏。赫连夏被北魏攻灭后，本区一直处于北朝的统治下。

三国两晋南北朝持续数百年的乱世，长期以来被归因于农民起义、军阀混战及民族矛盾等社会因素，但晚近一些学者提出也可能与环境变化尤其是气候变化有关。据研究，这一时期中国气候进入一个典型的寒冷期。这个寒冷期从公元2世纪一直持续到公元6世纪，基本与数百年的乱世相始终。有学者认为这很可能并非偶然，而是反映出生态环境变化传递给人类社会系统的巨大压力。竺可桢在1972年发表的《中国近五千年来气候变迁的初步研究》一文中就曾指出魏晋时期气候比现代寒冷①；满志敏在2009年出版的《中国历史时期气候变化研究》一书中也认同竺可桢的结论，并补充了一些相关史料；②葛全胜等则较系统地阐发上述理论，称魏晋南北朝为“徘徊于霜霾下的乱世”，认为“当时北方寒冷气候与草原民族南迁之间有着相当明显的关

① 竺可桢：《中国近五千年来气候变迁的初步研究》，《考古学报》1972年第1期。

② 满志敏：《中国历史时期气候变化研究》，山东教育出版社，2009年，第148页。

联”，主张当时上层社会流行服用“寒食散”的现象亦可用气候寒冷来解释，并认为“冷干气候还可能减缓流域内水土流失程度”，成为本期黄河下游相对安流现象的一重要原因。[①]

本时期由于中原王朝势力长期未能进入鄂尔多斯高原，导致文献缺载情况严重。直接反映本地域动植物情况的文字资料较为贫乏，考古发现也不是很多。其中，位于今内蒙古鄂尔多斯地区与陕西榆林地区交界处的赫连夏故都——统万城遗址近年得到研究者的广泛关注，相关论著较为丰富。因此，本章单列一节，专门讨论赫连夏历史与本区生态环境间的关系。

第一节　魏晋南北朝时期宏观气候概况

在魏晋南北朝时期，我国北部地域的宏观气候条件呈现出寒冷、干燥的特征。在此期间，频发的极端寒冷的气候事件还影响到长江流域，甚至扩散至钱塘江流域及五岭以南地域。同时，也穿插着短暂的气温回升或者湿冷气候现象。作为北部地域的组成单元，鄂尔多斯高原也不例外。

一、历史气候的第二个寒冷期（8 / 10 — 600）

自两汉交替之际起，我国气候进入第二个寒冷时段，大致相当于公元10年至公元600年期间，略当中国古代西汉（前206—24）末期历经东汉（25—220）、魏晋（220—265、265—316、317—420）、北朝（420—580）至隋代（581— 618）前半期。在此期间，我国北部地域处在相对寒冷的气候条件下，持续达600年之久。

东汉时期，国都洛阳城的冬季气候寒冷，因而开春较晚，直到阴历三月份，还有降雪降霜的天气。三国时期，魏文帝曹丕曾于黄初六年（225）冬十月讨伐孙吴，进至广陵（今江苏徐州）举行大规模的军事演习，却因天气严寒，淮河与运河水结冰封冻，舰船无法航行而临时取消军事行动计划。即黄初六年“八月，帝遂以舟师自谯循涡入淮，从陆道幸徐。九月，筑东巡台。冬十月，行幸广陵故城，临江观兵，戎卒十余万，旌旗数百里。是岁大寒，水道冰，舟不得入江，乃引还”[②]是也。淮水、运河结冰反映出北部地域寒冷气候的严重程度，并且呈现向南方扩散之势。

---

① 葛全胜等著：《中国历朝气候变化》，第220—297页。

② 〔晋〕陈寿：《三国志》卷二《魏书·文帝纪第二》，中华书局，1982年，第2版，第84—85页。

十六国时期，相当于东晋咸和八年至咸康二年（333—336）间，今辽宁省南部的辽东湾沿海沼泽地带连续3年冬天全部封冻，冰层深厚，冰面可以通行运送军事辎重的车马。[①]据此推知，那时辽东湾地区的气温较当代低2—4℃。

至北魏时期，据贾思勰《齐民要术》记载，黄河流域中下游地区的杏树开花、枣树萌芽的时间，比现在要迟15—30天。这就表明：北魏时期北部地域冬季寒冷而漫长，植物发芽、开花的时间相应推迟。当时，气候相当寒冷。[②]在《晋书·五行志》《魏书·灵徵志》记载中，不寻常的降霜降雪等突发气候事件频繁出现，反映出该时段包括鄂尔多斯高原在内的北方地区气候相当寒冷。

坐落在南方地域的建业城（建康，今江苏南京）是孙吴、东晋、刘宋、萧齐、萧梁与陈朝的国都，虎踞扬子江南畔。南朝诸政权在建康城覆舟山建有冰房，所需要的冰块当是取诸本地。[③]冰块在当时建康城能够长期保存的事实就表明，魏晋南北朝时期，建康城冬季气温要比今日低约2℃，年均气温比今日低约1℃。显然，在北极气团的强力推动下，北方地域的寒冷气候频频访问长江流域及其以南区域。同时表明，那时，我国北部地域的寒冷程度要远远超过南方地域。鄂尔多斯高原也是在极寒气候的控制下，自然就影响到该地域野生动物种群和天然植被群落的构成。

二、魏晋南北朝时期宏观气候的干湿程度

历史气候学研究表明，历史时期气候的干燥与湿润状况的确发生过变化。魏晋至南北朝时期，北部地域的气候既呈现出较为寒冷的特征，也表现为相对干燥的趋势。因此，属于寒冷干燥的气候类型。但是，也存在着小尺度时段的气温回升和大气湿润度上升的现象。

进入东汉时期，随着北部地域气候趋于寒冷，再加上政治因素的影响，北方地带的社会经济面貌出现较大的变化。主要是由于南匈奴八部归降东汉王朝，以及北匈奴部分游牧人口的降附，被安置在包括鄂尔多斯高原在内的北部边疆地带；加上东汉中期开始的从寒冷的遥远北方（今蒙古高原）南迁的鲜卑族游牧人口的大量涌入。[④]北疆地带的社会经济逐渐形成游牧经济比重高于农业经济的局面。这一方面说明，遥远的今西伯利亚和蒙古高原的气候较前更加寒冷，迫使从事游牧经济的族群向南方较

---

① 〔唐〕房玄龄等：《晋书》卷一〇九《慕容皝载记》，中华书局，1972年，第2816—2817页。
② 马正林主编：《中国历史地理简论》，第6—7页。
③ 〔唐〕李延寿：《南史》卷二《宋本纪中·孝武帝》，中华书局，1975年，第65页。
④ 艾冲：《鄂尔多斯高原东汉时期的民族迁徙与分布》，《西夏研究》2016年第4期。

温暖地区迁徙；北部鲜卑诸部离开大兴安岭北段山区，向西南迁徙游牧，逐渐占据北匈奴西迁后留下的“匈奴故地”（今蒙古国中西部），继而度漠（今中蒙边界附近的戈壁地带）南迁，于东汉中期进入漠南草原游牧。其中，若干鲜卑族部落越过阴山山脉，进入鄂尔多斯高原及其东西侧区域游牧。[①]另一方面，农业人口则由于东汉后期北部边疆政治局势的动荡不安、郡县政府的内迁或撤销和北部地域气候变得寒冷诸因素，逐渐迁出鄂尔多斯高原，人口数量减少，使得农业经济比重下降。延及魏晋时期，鄂尔多斯高原及其北侧阴山山脉、东侧恒山以北、南侧黄土高原、西侧宁夏平原诸区，尽皆演替为纯粹的游牧经济地带——“羌胡之地”。东晋十六国时期亦然。

北魏建立后，在国都平城（今山西大同）周围的京畿区域大力开发农地资源，发展农耕经济，并且农业经济区向西扩展至五原城（今内蒙古包头市九原区麻池古城址）区域，成效显著。但是，由于寒冷干燥的气候条件限制，北魏京畿地区的农业经济只能以耐冷耐干的穄子为主导农作物。因此，呈现出穄田遍野的农业景象。[②] 在薄骨律镇镇将刁雍的主持督导下，今宁夏平原农耕经济迅速发展，一派繁荣景象。[③]而此时的鄂尔多斯高原被北魏皇朝确定为官营畜牧地区，仍然呈现出繁荣的游牧经济面貌。[④]唯有其南部的无定河流域、窟野河流域存在着农耕经济成分，其从业者主要是匈奴族后裔组成的稽胡族人口。[⑤]

六镇动乱发生后，北疆混乱的政局随着人口大量内迁而愈演愈烈。至北齐、北周对峙期间，北疆人口几乎全部南迁，包括牧业人口和农业人口。于是，恒山至夏、灵两州之北农耕经济消失殆尽，牧业经济由于人口南迁也趋于萎缩。稍后，柔然族、突厥族游牧人口前后接踵地迁入漠南草原地带及阴山以南地区。及至隋代开皇中重新控制阴山地带，农耕经济在鄂尔多斯高原及其北侧黄河沿岸平原才重新兴起。

在此约600年的寒冷干燥气候时段，也穿插着小尺度时段的回暖期。

---

① 艾冲：《鄂尔多斯高原东汉时期的民族迁徙与分布》，《西夏研究》2016年第4期；艾冲、孟洋洋：《鲜卑族乞伏部南迁时间与路线考论》，《宁夏社会科学》2018年第3期；林幹：《鲜卑拓跋、秃发、乞伏三部的早期历史及其南迁路线的初步探索》，《北方文物》1989年第3期。

② 〔宋〕司马光编著，〔元〕胡三省音注：《资治通鉴》卷一〇八《晋纪三十》“孝武帝太元二十年七月”条，中华书局，1956年，第3422页。

③ 〔北齐〕魏收：《魏书》卷三八《刁雍传》，中华书局，1974年，第867—869页。

④ 《魏书》卷一一〇《食货志》，第2857页。

⑤ 〔唐〕李吉甫：《元和郡县图志》卷四《关内道四·盐州、绥州、银州》，贺次君点校，中华书局，1983年，第98—99、102—104、104—105页。

表4-1　南北朝前期（北魏）北部地域气候冷暖干湿资料简表

年号纪年	公历纪年	气候征候	类型
太祖天赐三年	406	八月，霖雨，大震，山谷水溢	大水（洪水）
太宗泰常三年	418	八月，河内大水	
世祖延和元年	432	六月甲戌，京师水溢，坏民庐舍数百家	
世宗延昌元年	512	夏，京师及四方大水	
孝昌三年	527	秋，京师大水	
世祖始光二年	425	十月，大雪数尺	大雪（大雨雪）
真君八年	447	五月，北镇寒雪，人畜冻死	
高祖太和四年	480	九月甲子朔，京师大风，雨雪三尺	
世宗正始元年	504	五月壬戌，武川镇大雨雪	
正始四年	507	二月乙卯，司、相二州暴风，大雨雪。九月壬申，大雪	
肃宗正光二年	521	四月，柔玄镇大雪	
世祖太延元年	435	七月庚辰，大霣霜，杀草木	霣霜（陨霜）
高宗和平六年	465	四月乙丑，霣霜	
高祖太和三年	479	七月，雍、朔二州及枹罕、土京、薄骨律、敦煌、仇池镇并大霜，禾豆尽死	
太和七年	483	三月，肆州风霜，杀菽	
世宗景明元年	500	四月丙子，夏州霣霜杀草； 八月乙亥，雍、并、朔、夏、汾五州，司州之正平、平阳频暴风霣霜	
正始元年	504	五月壬戌，武川镇霣霜。六月辛卯，怀朔镇霣霜	
正始二年	505	七月辛巳，豳、岐二州霣霜	
正始四年	507	三月乙丑，豳州频霣霜	
永平元年	508	三月乙酉，岐、豳二州霣霜	
魏太宗永兴三年	411	二月甲午，京师大风； 十一月丙午，又大风	大风
永兴四年	412	正月癸卯，元会而大风晦冥，乃罢	
永兴五年	413	十一月庚寅，京师大风，起自西方	
神瑞元年	414	四月，京师大风	
神瑞二年	415	正月，京师大风	
世祖太延二年	436	四月甲申，京师暴风，宫墙倒（塌），杀数十人	
太延三年	437	十二月，京师大风，扬沙折树	
真君元年	440	二月，京师有黑风竟天，广五丈余	
高宗和平二年	461	三月壬午，京师大风晦暝	
高祖延兴五年	475	五月，京师赤风	
太和二年	478	七月庚申，武川镇大风，吹失六家，羊角而上，不知所在。壬戌，雍州赤风	
太和十二年	488	五月壬寅，京师连日大风，甲辰尤甚，发屋拔树。六月壬申，京师大风	

续表

年号纪年	公历纪年	气候征候	类型
太和十四年	490	七月丁酉朔，京师大风，发屋拔树	
世宗正始元年	504	七月戊辰，东秦州暴风，拔树发屋	
正始二年	505	二月癸卯，有黑风羊角而上，起于柔玄镇，盖地一顷，所过拔树。甲辰，至于营州，东入于海	
正始四年	507	五月甲子，京师大风	
永平元年	508	四月壬申，京师大风拔树	
延昌四年	515	三月癸亥，京师暴风，从西北来，发屋折树	
肃宗正光三年	522	四月癸酉，京师暴风大雨，发屋拔树	
正光四年	523	四月辛巳，京师大风	
孝昌二年	526	五月丙寅，京师暴风，拔树发屋，吹平昌门扉坏，永宁九层撜折	
世祖太延四年	438	正月庚子，雨土如雾于洛阳	雨土（雾霾）
高祖太和十二年	488	十一月丙戌，土雾竟天，六日不开，到甲夜仍复浓密，勃勃如火烟，辛惨人鼻	
世宗景明三年	503	二月己丑，秦州黄雾，雨土覆地。八月己酉，浊气四塞	
景明四年	504	八月辛巳，凉州雨土覆地，亦如雾	
正始二年	505	正月己丑夜，阴雾四塞，初黑后赤	
正始三年	506	正月辛丑，土雾四塞。九月壬申，黑雾四塞	
延昌元年	512	二月甲戌，黄雾蔽塞	
太和元年	477	五月，统万镇地震，有声如雷	地震

资料来源：《魏书》卷一一二《灵徵志》，第2893—2925、2927—2967页。

三、北朝时期的极端气象事件剖析

从表4-1可知，公元5世纪至6世纪20年代，是我国北方冬、春季大气温度很低的时段。气候极端表现主要有两个方面——寒冷、干燥多风。

在此期间，冬天早临，春天来迟，冬季漫长而寒冷，大风雪、霜冻频繁发生。魏世祖始光二年（425），刚入“十月，大雪数尺”，冰雪提前降临。真君八年（447），五月，北镇（今内蒙古阴山南北地区）天降大雪，极度寒冷，人畜冻死。高祖太和四年（480），九月甲子朔，京师平城就迎来大风天气，降雪三尺，风雪交加，气温降至很低。至5世纪初年，北镇地区接连在4月、5月、9月非冬季时段普降大雪。与此同时，每年3—7月的植物生长季节，却频繁出现霜冻，或者“杀草木”，或者“禾豆尽死”“杀菽”，给林草植被带来灾难。

在同时期，冬春两季大风或暴风气象灾害频频发生，造成生态灾难。同时，表明气候干燥程度较高。史书所谓“京师大风，起自西方”“黑风竟天”“大风晦暝”，乃其真实描述。大风肆虐的后果就是“扬沙折树”“发屋折树”“大风拔树”，甚至吹倒京师平城的建筑物，即“京师暴风，宫墙倒（塌），杀数十人”。由于冬春气候干燥，风力强劲，扬沙、扬尘、沙尘暴天气频发，所谓“土雾竟天，六日不开，到甲夜仍复浓密，勃勃如火烟，辛惨人鼻”“黄雾，雨土覆地”“阴雾四塞，初黑后赤”“土雾四塞”“黑雾四塞”“黄雾蔽塞”等等，乃其真实写照。

延至北朝后期（自北魏分裂之年始至隋朝建立止），北方地域气候开始出现微妙的渐变。虽然寒冷型气候仍然持续，但干燥度有所缓解，大气湿度增加。原先的冷干气候逐渐转向冷湿气候。大风、沙尘天气次数减少（见表4-2）。其最明显的表现就是，夏秋季节包括今鄂尔多斯高原在内的北方地域频繁出现连阴雨、洪水、反季节降雪等气象。例如：东魏武定五年（547）秋天，连绵阴雨持续70多天，即“秋，大雨七十余日”。几乎天天下雨。北齐河清三年（564），“六月庚子，大雨，昼夜不息，至甲辰”。天统三年（567），“十月，积阴大雨”。武平五年（574），“七月，霖雨三旬”。武平七年（576），“七月，大霖雨，水涝，人户流亡”。与此同时，北方地区频繁发生洪水灾害，给当地居民带来严重灾难，野生动植物自然也无法避免。此期，除冬季正常降雪之外，反季节降雪现象也频频出现。梁普通二年（521），“三月，大雪，平地三尺”；大同三年（537），“七月，青州雪，害苗稼”。两次降雪范围无疑已达到今长江流域，那么北方地域必定在降雪重心区域。东魏兴和二年（540），“五月，大雪”。武定四年（546），“二月，大雪，人畜冻死，道路相望”。显然，武定四年是最寒冷的年份。来自北极地区的强劲寒潮袭击亚洲北部地区，普降大雪。极寒天气导致人类、家畜被大量冻死，出现“道路相望”的悲惨景象。在极寒气候条件下，野生动物种群必然遭到沉重打击。

北朝后期气候干燥程度减弱，大气湿度有所增加，表现为干旱、大风、沙尘暴气象次数减少、强度减弱。干旱天气只在公元6世纪60年代集中发生过四次，即北齐乾明元年（560）、河清二年（563）、天统二年（566）、天统三年（567），全部发生在春季。其他年份仅偶尔出现。关于大风天气，据记载只有两次。即北齐河清二年（563），“大风，三旬乃止”，即连续吹袭30多天；武平七年（576），“三月，大风起西北，发屋拔树。五日乃止”。至于浮尘天气，仅发生一次，即北周大象二年（580），“正月，天雨黄土，移时乃息”。这就表明，北朝后期北方地域的气候条件明显趋于湿冷型。

表4-2　南北朝后期至隋朝开皇末年气候冷暖干湿资料简表

年号纪年	公历纪年	气候征候	类型
北齐河清二年	563	十二月，兖、赵、魏三州大水	大水（洪水）
天统三年	567	并州汾水溢	
武平六年	575	八月，山东诸州大水	
隋开皇十八年	598	河南八州大水	
仁寿二年	602	河南、河北诸州大水	
大业三年	607	河南大水，漂没三十余郡	
东魏武定五年	547	秋，大雨七十余日	霖雨（连阴雨）
北齐河清三年	564	六月庚子，大雨，昼夜不息，至甲辰。山东大水，人多饿死。是岁，突厥寇并州，阴戎作梗，此其应也	
天统三年	567	十月，积阴大雨	
武平七年	576	七月，大霖雨，水涝，人户流亡	
北周建德三年（北齐武平五年）	574	七月，霖雨三旬	
梁普通二年	521	三月，大雪，平地三尺	大雨雪
大同三年	534	七月，青州雪，害苗稼	
大同十年	544	十二月，大雪，平地三尺	
东魏兴和二年	540	五月，大雪	
武定四年	546	二月，大雪，人畜冻死，道路相望	
北齐河清二年	563	二月，大雪连雨，南北千余里，平地数尺，繁霜昼下。是时突厥木杆可汗与周师入并州，杀掠吏人，不可胜纪	
天统二年	566	十一月，大雪	
天统三年	567	正月，又大雪，平地二尺	
武平三年	572	正月，又大雪	
东魏天平四年	537	并、肆、汾、建、晋、绛、秦、陕等诸州大旱，人多流散	干旱
武定二年	544	冬春，旱	
北齐天保九年	558	夏，大旱。先是大发卒筑长城四百余里，劳役之应也	
乾明元年	560	春，旱	
河清二年	563	四月，并、晋已西五州旱。是岁，发卒筑轵关。突厥二十万众毁长城，寇恒州	
天统二年	566	春，旱	
隋开皇四年已后	584	京师频旱	
大业四年	608	燕、代缘边诸郡旱。时发卒百余万筑长城，帝亲巡塞表，百姓失业，道殣相望	
大业八年	612	天下旱，百姓流亡	
大业十三年	617	天下大旱。时郡县乡邑，悉遣筑城，发男女，无少长，皆就役	
北齐天保八年	557	三月，大热，人或暍（中暑）死	常燠
东魏武定四年	546	二月，大寒。人畜冻死者，相望于道	大寒
北齐河清元年	562	岁大寒	

续表

年号纪年	公历纪年	气候征候	类型
梁天监三年	504	三月，陨霜杀草	
天监六年	507	三月，陨霜杀草	
大同三年	537	六月，朐山陨霜	
陈太建十年	578	八月，陨霜，杀稻菽	
北齐河清二年	563	大风，三旬乃止	大风
武平七年	576	三月，大风起西北，发屋拔树。五日乃止	
隋开皇二十年	600	十一月，京都大风，发屋拔树，秦、陇压死者千余人。地大震，鼓皆应	
仁寿二年	602	西河有胡人，乘骡在道，忽为回风所飘，并一车上千余尺，乃坠，皆碎焉	
梁大同元年	535	天雨土	雨土（雾霾）
大同二年	536	天雨灰，其色黄	
北周大象二年	580	正月，天雨黄土，移时乃息	
隋开皇二年	582	京师雨土	
东魏武定二年	544	十一月，西河地陷而且燃	地震
北齐河清二年	563	并州地震	
北周建德二年	573	凉州地频震。城郭多坏，地裂出泉	
隋开皇十四年	594	五月，京师地震	
仁寿二年	602	四月，岐、雍地震	

资料来源：《隋书》卷二二《五行志》，第622—643、645—670页。

第二节　赫连夏的兴亡及其生态环境背景

透过对十六国晚期赫连夏国兴亡过程等重大事件的论述，探索在这一时期特定气候条件下鄂尔多斯高原以天然植被和野生动物为主要表现的自然环境面貌。由于人口密度、经济方式等方面的原因，鄂尔多斯高原野生动植物种群构成与分布范围呈现出不同于其前阶段的独特景象。

一、赫连夏简况[①]

赫连夏是十六国时期属于南匈奴一支的铁弗匈奴所建立的政权，创建者为赫连勃勃。其国号原称“大夏”，因与历史上其他以“夏”自称的朝代或政权易相混淆，本书一般称之为“赫连夏”。

① 本小节内容主要参考及引用吴洪琳的《大夏国史》（陕西师范大学博士学位论文，2005年）的相关内容，但有所删改。

铁弗匈奴的“铁弗”二字，按照《魏书》的记载，是“胡父鲜卑母”之意，也就是匈奴与鲜卑混血的后代。赫连夏王室的远祖为西汉时期的匈奴首领冒顿单于，因与汉室联姻之故，匈奴贵族后代多“冒姓刘氏”[①]；近祖“铁弗刘虎，南单于之苗裔，左贤王去卑之孙，北部帅刘猛之从子”[②]。因此，在十六国乱世之初，赫连勃勃的曾祖父刘虎就曾被同为匈奴政权的前赵“以宗室封楼烦公，拜安北将军、监鲜卑诸军事、丁零中郎将，雄据肆卢川”[③]，势力逐渐发展强大。此一时期，铁弗匈奴与邻近的鲜卑拓跋部并未因血缘关系而亲近，反而相互攻战不断，中间只偶有休战和亲联姻之举。吴洪琳分析这种现象时说“拓跋代自建国之日起就把铁弗匈奴部刘卫辰作为一个进攻的目标和潜在对手，这不仅仅是因为他们是紧邻，更主要的是他们之间存在着权力之争。北方少数民族自两汉内迁之后，经过多年的争战，在代北地区形成势力比较强大的两个部落集团，一为以铁弗匈奴为主的部落集团，一为以拓跋鲜卑为主的部落集团，这两大集团间为了争夺更多的生存空间，必定要发生战争”。总体而言，拓跋部实力雄厚，在与铁弗匈奴的对抗中始终占上风；不过直至北魏立国之前，“双方力量都不足以消灭对方”。

至赫连勃勃之父刘卫辰时期，铁弗匈奴首鼠于前秦与拓跋代两大势力之间，常借前秦支持以对抗拓跋鲜卑，但对前秦亦时服时叛。前秦皇帝苻坚为了笼络刘卫辰，曾将苻姓宗室之女嫁给刘卫辰，并与之联合攻灭拓跋代。据《晋书》记载，夏昌武元年（418），赫连勃勃曾追尊其“母苻氏曰桓文皇后”[④]，苻氏应为苻坚一族，是为其下嫁于刘卫辰者，也即是说赫连勃勃母为氐族，因此赫连氏又带有氐族之血统。

淝水之战后，一度强大的前秦政权迅速瓦解，中国北方复又陷入各方势力的新一轮混战。复兴的拓跋鲜卑建立北魏王朝，大败铁弗匈奴并占领朔方地区，但并未来得及对本区实施有效而稳固的控制。约在后秦弘始四年（402）后，后秦主姚兴以刘卫辰之子勃勃为持节、安北将军、五原公，并配给他三交（今陕西榆林市横山区西）五部鲜卑及杂虏二万余落，使其镇守朔方对抗北魏。这样，铁弗匈奴依靠后秦的支持再次复兴。

义熙三年（407）六月，刘勃勃“僭称天王、大单于，赦其境内，建元曰龙升，

① 《晋书》卷一〇一《刘元海载记》，第2645页。

② 《魏书》卷九五《铁弗刘虎传》，第2054页。

③ 《晋书》卷一三〇《赫连勃勃载记》，第3201页。此处“肆卢川”应为水名，但所指不确。吴洪琳认为肆卢川在今山西忻州北，但据《资治通鉴》卷八七《晋纪九》“怀帝永嘉四年”条载“刘虎收余众，西渡河，居朔方肆卢川，汉主聪以虎宗室，封楼烦公”，可明确此水在朔方。因此笔者认为此水很可能就位于今鄂尔多斯境内或附近，而非山西境内。

④ 《晋书》卷一三〇《赫连勃勃载记》，第3213页。

署置百官”，公开自立，并仿照中原王朝的建制设立百官。因其“自以匈奴夏后氏之苗裔也，国称大夏”。[①]建立夏国前后，刘勃勃的军事才能得到充分发挥，他充分发扬所部骑兵机动作战的威力，所战多捷，夏国势力范围迅速扩张。随着势力的巩固，建都被提上夏国的议事日程。夏龙升七年（413）三月，勃勃改元凤翔，以亲信叱干阿利为将作大匠，征发岭北夷、夏十万人筑都城于朔方水北、黑水之南。自谓“方统一天下，君临万邦，可以‘统万’为名”。史载叱干阿利性巧而残忍，在筑统万城时采取“蒸土筑城”的方式，并用锥刺城墙，如果“锥入一寸，即杀作者而并筑之”。因筑城时建造标准极高，统万城城墙极为坚固，历经1600年沧桑变迁，遗址至今尚存。同年，刘勃勃“下书”称“朕之皇祖，自北迁幽朔，姓改姒氏，音殊中国，故从母氏为刘。子而从母之姓，非礼也。古人氏族无常，或以因生为氏，或以王父之名。朕将以义易之。帝王者，系天为子，是为徽赫实与天连，今改姓曰赫连氏”。[②]因此史家记述其人其事时一般只称赫连勃勃而不称刘勃勃。

终赫连勃勃之世，凭借其杰出的军事才能，赫连夏在对外战争中胜多败少，即使同时应付东晋、北魏、南凉、后秦等多个对手，也尚能支撑，但也埋下了树敌甚众、多线作战的隐患。又因其一味迷信武力征服，所至之处专以抢掠为事，导致其立国的经济基础较为薄弱，在与宿敌北魏的持久对抗中渐落下风。赫连勃勃死后，不出数年，其国都统万城即被北魏攻破。赫连氏残余势力向西逃至平凉，最终被吐谷浑所灭。

二、统万城考古发现揭示的生态环境信息

北魏攻破夏都统万城后，在此设统万镇。太和十一年（487）又改为夏州，之后基本一直沿用此名。五代及北宋时期夏州一带又成为党项羌平夏部的聚居区。平夏部（后来建立西夏政权）经常与北宋发生冲突，至淳化五年（994），宋太宗以夏州“深在沙漠”，下诏毁废夏州，迁其民于绥（今陕西绥德）、银（故城在今陕西榆林市横山区）二州，传统观点认为该城址在此时被废弃。[③]但晚近一些新的研究成果认为，统万城（即夏州城）就是元代文献记载的陕西行省察罕脑儿城，人类对其城址的使用可能一直持续到元末明初。明清以来，才彻底荒废。[④]无论如何，至迟到明

① 《晋书》卷一三〇《赫连勃勃载记》，第3202页。

② 《晋书》卷一三〇《赫连勃勃载记》，第3206页。

③ 戴应新：《大夏统万城址考古记》，见侯甬坚、李令福编：《走向世界的沙漠古都——统万城》（《中国历史地理论丛》专辑），2003年，第78—88页。

④ 丁超：《元代陕西行省察罕脑儿史地考索》，见侯甬坚等编：《统万城建城一千六百年国际学术研讨会论文集》，陕西师范大学出版总社，2015年，第433—478页。

代嘉靖年间，时人已不知故统万城的确切方位。至清代道光年间，时任榆林府怀远县（1914年改名为横山县，即今榆林市横山区）知县何丙勋出明长城一线寻找夏州故城，认为“县城正西九十里”“旧日相传之白土城”，即今靖边县白城子古城（此地原属横山县境，后经行政区划调整又划归靖边县），就是夏州城故址；何之友人杨江后又撰文论述夏州故城即为赫连夏故都统万城。[①] 此后学界虽有不同声音，但主流看法始终沿袭何、杨之说。笔者亦赞同白城子古城即为统万城遗址的观点。自1956年以来，陆续有多批文物考古工作者与历史学者前往统万城遗址考察，并有大量论著讨论统万城建城时期的生态环境。本小节即以此为叙述基础，并对十六国至北朝时期鄂尔多斯高原的生态环境状况做一管窥。[②]试述如下：

（一）学界关于统万城初建时周边环境及毛乌素沙漠形成年代问题的讨论

今日的白城子古城也即统万城遗址周边基本上被沙漠或严重沙化退化的草场包围，由卫星地图俯视遗址区域，放眼之处一片茫茫黄色。除在其南侧红柳河谷（无定河上游）两侧可见到一些树木外，植被状况并不好，也无大型野生动物生存栖息。前述宋太宗下诏废毁该城时曾说“夏州深在沙漠”，今日看来依然如此。但统万城初建之时，似乎又是另一番景象。史载赫连勃勃决定建都此地时曾说：“美哉斯阜，临广泽而带清流，吾行地多矣，自马岭以北，大河以南，未有若斯之壮丽矣！”如果该城当时就已“深在沙漠”，赫连勃勃自然不会做出“未有若斯之壮丽矣！”的评价。赫连夏秘书监胡义周所作《统万城铭》中也有“石郭天池，周绵千里”“华林灵沼，崇台秘室；通房连阁，驰道苑园”的描述，尽管这些景物未必均在今遗址之内，但至少不会距遗址太远。古今环境差异非常明显。

许多研究论著都注意并指出过这种差异。1956年9月，陕西省文物管理委员会、博物馆组织的陕北文物调查征集组在对统万城遗址进行初步调查时，就曾描述此城“内外城都是用略带灰青色的白土所筑成，板筑清晰可数，很坚实”，显然注意到这与周围环境的背景色差异较大；询问当地群众，得到的说法是“这里在早年是白泥滩，城墙即为就地取土所筑成”。[③]1964年8月，北京大学侯仁之先生带领毛乌素沙漠

---

① 侯甬坚：《道光年间夏州城故址（统万城）的调查事由》，见侯甬坚、李令福编：《走向世界的沙漠古都——统万城》（《中国历史地理论丛》专辑），第47—56页。

② 鄂尔多斯高原与今鄂尔多斯市的行政区划并不完全重合，还包括乌海市海勃湾区，陕西省神木、榆林、横山、靖边、定边五市、县（市、区）的北部风沙区，宁夏回族自治区的盐池、灵武二县的部分地域和原陶乐县全境。因此统万城遗址虽已划归靖边县管辖，但在自然地理区划上仍与鄂尔多斯关系更为密切。

③ 陕北文物调查征集组：《统万城遗址调查》，《文物参考资料》1957年第10期。

历史地理考察队来到本地区开展工作，对统万故城进行了实地调查，随后撰文指出该遗址具有的重要研究价值。侯仁之先生写道："统万故城的发现，为毛乌素沙漠中历史地理的考察，提供了可贵的线索。尽管到目前为止，还没有进行过任何考古发掘工作，但是只就遗址的确定这一点来说，就已提出了这样一些无可回避的问题：统万城初建的时候，这一带的自然环境究竟是什么样子？如果也像现在一样到处都是滚滚流沙，赫连勃勃为什么要把他的都城建造在这样一个地方？反之，如果建城之初，这里并不是沙漠，那么它又是在什么时候才开始变成沙漠的？这些流沙又是从哪里来的？这些问题的提出，应该说都是非常自然的，但是在过去却被忽略了"①。陕西师范大学史念海先生于1980年发表的《两千三百年来鄂尔多斯高原和河套平原农林牧地区的分布及其变迁》一文中更断言："十六国时期赫连勃勃在今靖边县北始建其都城统万城时，当地还是青山绿水。正是这样的青山绿水才引起赫连勃勃留连，而把都城修建在这个地方。近年来考古工作者在统万城遗址白城子发现窖穴，其中尚有许多旧藏材木未曾腐朽，当是赫连勃勃初建统万城时的遗物"②。陕西省文物管理委员会发表于1981年的《统万城城址勘测记》一文中也判断"当一千五百多年前赫连勃勃营建该城时，这一带是一派水碧山青的宜人风光"③。显然，上述观点认为统万城建城之时周边的生态环境状况是相当好的，只是在后来的历史时期才恶化而沦为沙漠。

探讨统万城初建时期的生态环境，就不能不讨论毛乌素沙漠形成和扩张的历史。前引侯仁之先生《从红柳河上的古城废墟看毛乌素沙漠的变迁》一文中还曾谈到："如果现在没有这样一座巍巍古城（引者按：指统万城）屹立在茫茫沙海之中，也就很难设想：眼前这一片渺无涯际的流沙，竟是最近一千年来的产物"；"在统万城初建之时，附近一带非但没有流沙的踪影，而且还是一片水草丰美、景物宜人的好地方"。④史念海先生也有过如下表述："现在的白城子周围尽是沙地，登上残城，极目远望，但见漠漠黄沙，竟难指其尽头处。当然这里的沙漠乃是远在赫连勃勃之后开始形成的。赫连氏的夏国后为北魏所灭。北魏灭夏时的用兵路线乃是由内蒙古托克托县附近渡过黄河。由托克托附近渡河处直趋统万城，当经今乌审旗。如果说当时已有了毛乌素沙漠，北魏的行军一定是经过沙漠的。可是并无经过沙漠的记载，可知当时这里确是没有沙漠的"，并说"鄂尔多斯高原在两千三百年前尚未明显见到沙漠。就

① 侯仁之：《从红柳河上的古城废墟看毛乌素沙漠的变迁》，《文物》1973年第1期。
② 史念海：《两千三百年来鄂尔多斯高原和河套平原农林牧地区的分布及其变迁》，《北京师范大学学报》1980年第6期。
③ 陕西省文管会：《统万城城址勘测记》，《考古》1981年第3期。
④ 侯仁之：《从红柳河上的古城废墟看毛乌素沙漠的变迁》，《文物》1973年第1期。

是有沙漠，危害性也不是很大的”。[①]这也就是说，今天的毛乌素沙漠在十六国时期及其之前，即使不是踪影全无，其大部分区域也应尚未沙化而有着较好的植被。

但又有学者陆续提出相反意见，认为在赫连夏时期初建统万城时的生态环境并没有那么好。复旦大学赵永复教授提出：“《水经注》说黑水东南历‘沙陵’注奢延水，和目前的地理环境是吻合的，所以《水经注》记载的‘沙陵’、‘赤沙阜’和‘沙溪’集中在夏州一带，决不是偶然的现象，诸次水和黑水流经的‘沙陵’以及奢延水的发源地‘赤沙阜’，很可能就是沙丘，而‘沙溪’更是流沙存在的证据”，并质疑“赫连勃勃说契吴山‘临广泽而带清流’，这究竟是草原的自然环境，还是沙漠地区的地理现象？沙漠之中，沙丘阻隔，湖盆草滩等低洼之处，积水成泽，所以沙漠中往往多湖泊、沼泽。沙漠地区的河流，不少也很澄清”，“因此，‘广泽’和‘清流’不一定就是优美的草原，而也有可能是沙漠地区的现象”。[②]北京大学王北辰教授也认为，《水经注》中关于奢延“水西出奢延县西南赤沙阜”的记载，说明“奢延水（今红柳河）发源自一片沙丘地带”，并判断“北魏时期的夏州城旧称统万城的西南方、北方、西北方都有沙丘带”。“北魏高官宇文泰曾把灵（州、今灵武境）夏（州、即夏州）之间的地带称为‘沙塞’，沙既被称为‘塞’足证其不是零星、小片沙丘，而是连绵于灵、夏两州之间、可恃为防塞的沙丘带。宇文泰指称‘沙塞’之时，上距统万城建都不过百年，一条‘沙塞’岂是百年之内能形成的？可以推测，早在统万城建都之时，灵、夏之间就已出现沙丘了”。[③]

此后，围绕统万城建城之时的环境以及毛乌素沙地变迁历史的学术讨论持续了很长一段时期，由于各家对于历史文献及考古资料的解读千差万别，至今没有十分确凿且公认一致的结论。[④]限于篇幅，在此无法一一列举。

回顾与总结前人的相关研究，并结合亲身到该遗址实地考察所得体会，我们认为无论毛乌素沙漠的形成时间究竟在什么时期，也无论统万城建城之时周边有无沙漠，但有一点事实是不容忽略的，即当时该城既然作为一国都城，并在很长时间内持续作

① 史念海：《两千三百年来鄂尔多斯高原和河套平原农林牧地区的分布及其变迁》，《北京师范大学学报》1980年第6期。

② 赵永复：《历史上毛乌素沙地的变迁问题》，见中国地理学会历史地理专业委员会《历史地理》编辑委员会编：《历史地理》（创刊号），上海人民出版社，1981年，第34—47页。

③ 王北辰：《毛乌素沙地南沿的历史演化》，《中国沙漠》1983年第4期。

④ 邓辉：《统万城与毛乌素沙地历史时期环境变迁研究评述》，见侯甬坚、李令福编：《走向世界的沙漠古都——统万城》（《中国历史地理论丛》专辑），第106—112页；侯甬坚：《统万城研究论著索引》，见侯甬坚、李令福编：《走向世界的沙漠古都——统万城》（《中国历史地理论丛》专辑），第113—116页。

为地区政治军事重镇，自然条件肯定要比现今好许多。只要近年来到过统万城遗址的人，都很清楚地知道，现在遗址周边的环境条件甚至连作为一个县城都显得困难。以今日之科技条件，在该地建立一个博物馆供参观、研究所用则可维持；若要建设一座有相当规模的城镇，恐怕用来克服干旱、风沙等障碍的成本会非常高。笔者相信，统万城初建之时其周边的生态环境面貌绝不可能与今日一样。

（二）统万城及其周边相关遗址出土的动植物遗存概述

统万城遗址及其周边出土过一些动植物遗存，这些遗存无疑是我们了解其生态环境历史面貌的重要实物证据。现按照发现时间简述如下：

1975—1977年陕西省文物管理委员会的戴应新等人三次到统万城遗址进行考察和试掘，在其邻近西南角楼的一个马面内部发现了所谓“崇台密室”的建筑遗址，其内“支柱、楼板与粮草霉腐叠压在一起，共出百余车之多。专家鉴定分别是松、柏、侧柏、杉和柠条、沙大王、沙蒿、沙柳等；高粱米霉烂成锯木屑样，另外还有许多圆卵石”。[①]此外，在清理西城宫殿基址时曾发现“台基下垫铺一层木炭屑和草木灰”。[②]1994年7月初—8月中旬发掘的乌审旗翁滚梁墓地，发掘时其年代初步定为北魏时期，后经内蒙古博物馆张景明先生重新研究，定为大夏（赫连夏）时期。因其位置与时代都与统万城接近，特在此提及。该墓葬出土有牛羊骨，疑为牲殉遗存。[③]

2012年春，笔者等赴统万城遗址实地考察，在一处考古发掘现场旁的废弃物堆中捡拾到一些动物骨骼，因其在考古发掘探方的附近较为集中地出现，应不是近现代遗弃物，很可能与发掘出土的其他物品年代接近，即应为十六国至北朝时期遗物，只不过并未受到考古部门重视而遭丢弃。后经西北大学地质学系第四纪环境与古人类研究室李永项高级工程师鉴定，得知其中包含骆驼、牛、马、羊、猪、狗、水獭和野兔等动物的骨骼。格外值得注意的是猪与水獭这两种动物。一般而言，家猪往往是农业经济的附属产物，而游牧民族很少会饲养它，这一点不同于牛羊。这或许表明统万城附近当时有一定数量的农业人口存在。而水獭为食肉目半水栖动物，广泛分布于我国各省区。据高耀庭等记述：“主要生活于河流和湖泊一带，尤其喜欢生活在两岸林木繁茂的溪河地带。大面积的沼泽地、低洼水地以及池塘，养鱼较多的山区也常有水獭活动”，“它们喜欢在水清和水中杂物较少的地段活动，水清便于发现和追捕鱼群，

---

① 陕西省文管会：《统万城城址勘测记》，《考古》1981年第3期。

② 陕西省考古研究院等：《统万城遗址近几年考古工作收获》，见侯甬坚等编：《统万城建城一千六百年国际学术研讨会论文集》，第594—601页。

③ 内蒙古自治区博物馆、鄂尔多斯博物馆：《乌审旗翁滚梁北朝墓葬发掘简报》，见王志浩主编：《鄂尔多斯文物考古文集》第2辑下册，第814—819页。

若水中杂物多或植物丛生，鱼群藏入其中便难于捕捉”，除鱼类之外，水獭亦捕食“蟹、青蛙、水禽以至各种小型哺乳动物（如鼠类），水中的甲壳类也兼食之”。[①]我国古籍中也很早就有关于水獭的记述，据夏纬英先生《夏小正经文校释》，《夏小正》所载“獭祭鱼”一文描述的水獭行为很符合现今动物学家对于水獭行为的描述：“獭，即水獭，是在水中捕鱼为食的兽类。正月‘鱼陟负冰’，獭得鱼多，陈于水滨，如人祭祀献牲之状，故谓之‘獭祭鱼’”[②]；前述高耀庭等研究亦指出，水獭“咬住小鱼则在水中吃食，获大鱼往往拖上岸才慢慢的吃。几头水獭围捕到大鱼，有的用牙咬，有的用前足拖，抬鱼上岸，再共同吃食。据有关资料报道，一些水獭遇到鱼群，捕杀大量鱼后才开始进食；对成群水禽的捕杀也往往是如此”，“冬天，水獭能潜入冰洞下水捕鱼”，[③]古籍记载竟与之惊人一致。笔者几次赴统万城遗址考察时，均在红柳河谷仔细观察，虽可见到人工养鱼的场所，但未见明显的野生鱼类活动，亦未听说过当地有水獭生存。水獭的存在说明，统万城初建之时其周围不但确有相当规模的水体，而且这些水体中的生态系统本身是完善的，所以才能生长繁衍供水獭种群猎食的大量鱼类，这种景象与今日不同。

（三）其他考古证据所透露的环境信息

除动植物遗存外，其他考古发现也能反映一些环境信息，试述如下：

统万城（白城子）遗址主要筑城材料的化学本质及其物质来源问题。在遗址周围一片茫茫黄沙的环境中，为什么独有这座城址是白色的？相信许多亲身去过统万城遗址的人脑海中都存有这样的疑问。《晋书》记载统万城修筑的情况说是“蒸土筑城”[④]，但“蒸土筑城”四字究竟作何解却一直众说纷纭。笔者以为所谓“蒸土”绝不是一些通俗读物中传说的所谓将黏土混合米浆蒸熟后用以筑城，因为在当时的经济条件下，统治者绝不会愿意接受这样高昂的物力成本浪费，此种说法定是后人望文生义、以讹传讹所致。戴应新先生指出：“经化验鉴定，城土的主要成分是石英、粘土和碳酸钙。石英即沙粒，碳酸钙是石灰（氧化钙）吸收二氧化碳而来，质极坚硬。沙、粘土、石灰加水混合便成三合土，是优良建筑材料，现代工程仍广泛使用”，“建造三合土的偌大城池，必须烧制大量石灰，‘蒸土筑城’就是指此而言，或是生石灰加水使用，在其变成熟石灰（氢氧化钙）的过程中，释出大量热气，蒸雾冲腾，

① 高耀庭等编著：《中国动物志・兽纲・第八卷・食肉目》，科学出版社，1987年，第231—233页。

② 夏纬英：《夏小正经文校释》，农业出版社，1981年，第11—12页。

③ 高耀庭等编著：《中国动物志・兽纲・第八卷・食肉目》，第233页。

④ 《晋书》卷一三〇《赫连勃勃载记》，第3205页。

史家不谙生产，遂讹为‘蒸土筑城’了”。[①]这种解释是比较符合当今科学认识的。但“钻探证明，城址与建筑物废墟之下，均为原生细沙”，则筑城黏土从何而来仍值得关注。据何彤慧等“实地调查发现统万城西乌审旗沙格利尔镇至八一牧场的现代风成沙层下，的确有深厚的灰白色湖相地层，农牧民家现今使用的牛棚羊圈往往都是当地人所称的‘白泥墙’，即用湖泥夯筑”。“2007年春在该地湖相地层最上部采得螺壳，测年显示为AD1700±40年，说明东汉末至魏晋时期该地还为浅湖相环境”。[②]这样看来，前述当地群众所言“这里在早年是白泥滩，城墙即为就地取土所筑成”的说法并非无据。

另据何彤慧等研究，“统万城西城中的古井15米以下为砖井架，说明当时该地地下水埋深至少为15米。正是因为地下水埋藏较深，已达到耐盐固沙的灌木白刺的临界水深，故此该地段沙丘可能已活化”[③]。这提示我们，很可能在统万城建城前后，该地水环境处于一个正在逐渐变干但未完全恶化的阶段。

（四）三点基本认识

首先，统万城建城之时其周边的生态环境状况要好于今日，这是可以肯定的。

其次，魏晋十六国北朝时期，统万城周边可能有一定规模的树林分布，但应无广大茂密的原始森林。

第三，基本上可以看出该遗址附近的环境逐渐呈现干旱化、荒漠化的趋势。这种趋势应该与人类活动关系密切，而不完全是气候波动主导的。

三、影响赫连夏兴亡的几点环境因素

对于赫连夏的忽兴忽亡，前人已从政治、经济、军事等角度进行过较为充分的探讨。笔者在此探讨几点生态环境方面的因素：

其一，鄂尔多斯高原及其周边地区地形利于匈奴骑兵发挥其机动的优势，这是赫连夏能够在本区迅速兴起的一个重要条件。自东汉之后至隋代，重骑兵兴起，而轻骑兵无法在正面作战中对抗重骑兵。根据史书所述赫连勃勃的游击战略，赫连夏的骑兵主要应为轻骑兵，在草原地带比较容易发挥优势。

其二，本区环境适合发展畜牧尤其是养马业，也为铁弗匈奴扩张之时发展骑兵

---

① 陕西省文管会：《统万城城址勘测记》，《考古》1981年第3期。

② 何彤慧、王乃昂、黄银洲：《将今论古——统万城及其周边历史环境信息的生态学解读》，见侯甬坚等编：《统万城建城一千六百年国际学术研讨会论文集》，第33—46页。

③ 何彤慧、王乃昂、黄银洲：《将今论古——统万城及其周边历史环境信息的生态学解读》，见侯甬坚等编：《统万城建城一千六百年国际学术研讨会论文集》，第42页。

提供了很好的物质基础。史载，公元427年北魏攻克统万城时，仅在该城一地就缴获“马三十余万匹”，这个数字是相当惊人的。

其三，如前所述，由于此一时期气候总体较为干冷，导致本区适宜农耕的区域减少。尽管牧业发达，但经济结构单一，对长久立国而言是极为不利的，这可能是赫连夏在与北魏的综合国力长期比拼时落于下风的一个重要原因。史载魏太武帝灭夏后，见到统万城“台榭壮大”，乃曰：“蕞尔国而用民如此，欲不亡得乎！”[①]此时北魏尚未统一北方，而视赫连夏为蕞尔小国，可能不单单指疆域大小而言，赫连夏在经济总量上绝非北魏的对手。

第三节　魏晋北朝时期鄂尔多斯高原野生植被及动物的空间分布

至魏晋北朝时期，鄂尔多斯高原地域林草植被在东汉时期基础上继续保持丰茂状态；同期，野生动物种群数量继续增长，遍布高原各地。正是由于存在林草丰茂、水源充足的优越生态环境，鄂尔多斯高原成为北魏时期官营畜牧业的重要基地，也成为北魏皇帝狩猎的主要围场。反言之，北魏将官营畜牧机构和皇家狩猎围场选择安置在“河西”地域（今鄂尔多斯高原），恰好证实那是水草丰茂、野兽众多的森林草原地区。

一、透过文献记载还原北魏“河西”地域的植物种群分布

十六国后期，赫连夏在今陕西靖边县北缘——鄂尔多斯高原南部无定河北岸建造起一座宏大的都城——统万城。筑城消耗的大量木材也是采伐于本区域的森林。20世纪70年代，文物工作者曾在统万城遗址发现筑城木材的堆积地，包括树干粗可合抱的松、柏、杉等树木。[②]这些树种应是产自本地。上述历史文献和考古文物间接记录的由榆、柳、竹、松、柏、杉等乔木植物构成的植被，必然延续很长时段。

及至公元5世纪，北魏王朝兼并赫连夏政权后控制着鄂尔多斯高原及其毗邻区域。北魏定都于平城，其西侧是滚滚不息的黄河山陕峡谷河段，黄河西侧就是鄂尔多斯高原地域。北魏统治阶级站在国都平城的方位，命名鄂尔多斯高原为“河西”。北魏统治集团注意到“河西”地域“水草善”，即草原茂盛、水源丰沛，遂将“河西”地域列为国家官营畜牧业基地。即《魏书·食货志》所载：“世祖之平统万，定秦

① 《资治通鉴》卷一二〇《宋纪二》“文帝元嘉四年六月”条，第3795页。

② 史念海：《两千三百年来鄂尔多斯高原和河套平原农林牧地区的分布及其变迁》，《北京师范大学学报》1980年第6期。

陇，以河西水草善，乃以为牧地。畜产滋息，马至二百余万匹，橐驼将半之，牛羊则无数。高祖即位之后，复以河阳为牧场，恒置戎马十万匹，以拟京师军警之备。每岁自河西徙牧于并州，以渐南转，欲其习水土而无死伤也。而河西之牧弥滋矣。”①所谓“河西”，即今鄂尔多斯高原。这就表明在北魏统治集团的眼中，鄂尔多斯高原的生态环境是非常适宜于畜牧业经济活动的地域。显然，历史记载直接地映射出“河西”森林、草原之广阔丰美。

“河西”地域的天然植被实际情况的确如此。北朝时期，“河西”地域东南部分布着茂密的乔木及灌木植被。据郦道元《水经注》载：“河水又南，诸次之水入焉。水出上郡诸次山，……其水东经榆林塞，世人谓之榆林山，即《汉书》所谓榆溪旧塞者也。自溪西去，悉榆柳之薮矣，缘历沙陵，届龟兹县西北，故谓广长榆也。……其水东入长城，小榆林水合焉，历涧西北，穷谷其源也。”② 诸次水，即今陕西神木市境的秃尾河。汉代龟兹故城位于今内蒙古乌审旗敖柏淖尔古城遗址（一说在今陕西榆林市榆阳区古城滩）。按郦道元生活于北魏皇兴四年至孝昌三年（470—527），《水经注》的成书时间应在6世纪初期的近30年间，即501—527年间。据此可知，公元6世纪初期，自诸次水（今秃尾河）中上游经“榆林山”“诸次山”往西抵达“龟兹县西北”（今乌审旗北境），包括今陕西神木市西北部，内蒙古伊金霍洛旗南部、乌审旗北部和鄂托克旗东北隅在内的区域，乃是“悉榆柳之薮矣”的“广长榆”森林地带，即生长着由榆树、柳树等优势树种组成的森林植被。

二、透过北魏皇室狩猎的重要围场还原“河西”动物种群

至北朝时期，鄂尔多斯高原的广阔草原上野生动物种群已经十分丰富多样。这就为北魏皇室狩猎活动提供了不可多得的围猎场所。北魏统治集团命名鄂尔多斯高原一带为“河西”。就是因为“河西”地域“水草善”，即草原植被生长茂盛、河湖水源丰沛，遂将“河西”地域列为国家官营畜牧业基地。

鉴于鄂尔多斯高原地域自然条件良好、水草丰茂，北魏几代皇帝都将“河西”地域用作巡幸、狩猎的重要围场。③ 这又说明什么问题呢？这就充分说明“河西”地域的森林、草原长势良好、范围广阔，能够满足大体型野生动物栖息、生长与繁衍的客

① 《魏书》卷一一〇《食货志》，第2857页。

② 《水经注》卷三《河水・圁水、诸次之水》，第52页。

③ 《魏书》卷三《太宗纪》，第49—68页；卷四《世祖纪》，第69—110页；卷五《高宗纪》，第111—123页；卷六《显祖纪》，第125—133页；卷七《高祖纪》，第135—159页。

观需要。魏太宗明元皇帝拓跋嗣、世祖太武皇帝拓跋焘、高宗文成皇帝拓跋濬、显祖献文皇帝拓跋弘、高祖孝文皇帝拓跋宏前后五任皇帝，几乎每年多次赴“河西”地域布围，春蒐秋狝，并将捕猎的野兽赏赐给随从官员或京城官员。（见表4-3）

表4-3　北魏皇帝狩猎于鄂尔多斯高原及其毗邻区简表

帝号	年号纪年	公历纪年	内容	场所	备注
太宗明元皇帝拓跋嗣	永兴五年	413	六月，西幸五原，校猎于骨罗山，获兽十万	五原 骨罗山	
			（秋七月）丙戌，……遂南次定襄大落城，东逾十岭山，田于善无川		
	泰常二年	417	（五月）乙未，……车驾西巡，至于云中，遂济河，田于大漠	大漠	八月，刘裕灭后秦姚泓
	泰常四年	419	正月壬辰朔，车驾临河，大蒐于犊渚。癸卯，车驾还宫	黄河 犊渚	
			冬十有二月癸亥，西巡，至云中，逾白道，北猎野马于辱孤山。至于黄河，从君子津西渡，大狩于薛林山。五年春正月丙戌朔，自薛林（山）东还，至于屋窦城，飨劳将士，大酺二日，班禽兽以赐之。己亥，车驾还宫	白道北的辱孤山，河西薛林山；云中，即今和林格尔土城子	泰常五年，东晋亡，刘宋建立；西凉李歆被北凉沮渠蒙逊所灭
	泰常六年	421	秋七月，西巡，猎于柞山，亲射虎，获之，遂至于河。八月庚子，大狝于犊渚。九月庚戌，车驾还宫	柞山；黄河 犊渚	北凉沮渠蒙逊灭李恂，西凉亡
			十有二月丙申，西巡狩，至于云中	云中	
	泰常七年	422	春正月甲辰朔，自云中西行，幸屋窦城，赐从者大酺三日、蕃渠帅缯帛各有差。二月丙戌，车驾还宫	屋窦城	
世祖太武皇帝拓跋焘	始光三年	426	六月，幸云中旧宫，谒陵庙；西至五原，田于阴山；东至和兜山	五原、阴山、和兜山	
	始光四年	427	春正月，……己亥，行幸幽州。赫连昌遣其弟平原公定率众二万向长安。帝闻之，乃遣（人）就阴山伐木，大造攻具	阴山	六月破赫连昌，陷统万城
	神䴥二年	429	夏四月，……庚寅，车驾北伐……冬十月，振旅凯旋于京师，告于宗庙。列置新民于漠南，东至濡源，西暨五原、阴山，竟三千里		
			十有一月，西巡狩，田于河西，至祚（柞）山而还。三年春正月庚子，车驾还宫	祚（柞）山	
	神䴥四年	431	秋七月己酉，行幸河西，起承华宫。冬十月戊寅，……行幸漠南。十一月丙辰，北部敕勒莫弗库若于，率其部数万骑，驱鹿数百万，诣行在所，帝因而大狩以赐从者，勒石漠南，以记功德。……十二月丁丑，车驾还宫	河西 漠南	六月，赫连定被慕容璝生擒

续表

帝号	年号纪年	公历纪年	内容	场所	备注
世祖太武皇帝拓跋焘	延和三年	434	三月甲寅，行幸河西。……（闰月）己卯，车驾还宫； （夏四月）丁未，行幸河西。……六月甲辰，车驾还宫； （秋七月）壬午，行幸美稷，遂至隰城。命诸军讨山胡白龙于西河（郡）； 十有一月，车驾还宫。十有二月甲辰，行幸云中	河西	闰（三月）甲戌，秦王赫连昌叛走。丙子，河西候将格杀之
	太延元年	435	（二月）丁未，车驾还宫； （夏五月）甲戌，行幸云中。……秋七月，田于稒阳。……八月丙戌，遂幸河西。粟特国遣使朝献。九月甲戌，车驾还宫	云中 稒阳 河西	
	太延二年	436	（五月）丁卯，行幸河西； 八月丁亥，……帝校猎于河西。冬十有一月己酉，行幸稒阳，驱野马于云中，置野马苑。闰（十一）月壬子，车驾还宫	河西 稒阳	五月，北燕亡，冯文通奔高丽
	太延三年	437	八月甲辰，行幸河西。九月甲申，车驾还宫	河西	
	太延四年	438	（夏五月）丙申，行幸五原。秋七月壬午，车驾北伐	五原	
	太延五年	439	六月甲辰，车驾西讨沮渠牧犍。七月己巳，车驾至上郡属国城，大飨群臣，讲武马射	上郡属国城——龟兹故城	北凉国亡
	太平真君元年	440	秋七月，行幸阴山		
	太平真君二年	441	秋八月辛亥，……行幸河西； 十有二月甲戌，车驾还宫		
	太平真君四年	443	（夏四月）己亥，行幸阴山； 秋九月辛丑，行幸漠南。甲辰，……以轻骑袭蠕蠕，分军为四道； 冬十一月，……甲子，车驾至于朔方； 十二月辛卯，车驾至自北伐		三月壬戌，乌洛侯国遣使朝贡
	太平真君五年	444	五月丁酉，行幸阴山之北； （秋）八月乙丑，田于河西。……九月，帝自河西至马邑，观于崞川。己亥，车驾还宫。丁未，行幸漠南。……（十二月）丙戌，车驾还宫	河西	
	太平真君十年	449	正月戊辰朔，帝在漠南，大飨百僚，班赐有差； 三月，遂蒐于河西。庚寅，车驾还宫		

续表

帝号	年号纪年	公历纪年	内容	场所	备注
高宗文成皇帝拓跋濬	兴安二年	453	秋七月辛亥，行幸阴山。……己巳，车驾还宫		
	兴光元年	454	夏六月丙寅，行幸阴山；（八月）乙亥，车驾还宫		
	太安元年	455	秋七月丙辰，行幸河西。八月丁亥，车驾还宫		
	太安二年	456	秋八月甲申，畋于河西；冬十月甲申，车驾还宫		
	太安三年	457	秋八月，畋于阴山之北。己亥，还宫		
	太安四年	458	秋七月庚午，行幸河西。九月乙巳，还宫		
	太安五年	459	六月戊申，行幸阴山。秋八月，遂幸云中。壬戌，还宫		
	和平元年	460	（秋七月）壬午，行幸河西；（九月）庚午，舆驾还宫		
	和平二年	461	（三月）是月，发并、肆（诸）州五千人，治河西猎道		
	和平三年	462	夏六月庚申，行幸阴山；秋七月壬寅，幸河西；十有一月壬寅，舆驾还宫		
	和平四年	463	夏四月癸亥，上幸西苑，亲射虎三头。（五月）壬寅，行幸阴山；八月丙寅，遂畋于河西。诏曰：“朕顺时畋猎，而从官杀获过度，既殚禽兽，乖不合围之义。其敕从官及典围将校，自今以后，不听滥杀。其田获皮肉，别自颁赉。”九月辛巳，车驾还宫		
	和平五年	464	六月丁亥，行幸阴山。（秋七月）壬寅，行幸河西。九月辛丑，车驾还宫		
显祖献文皇帝拓跋弘	皇兴四年	470	十有二月甲辰，幸鹿野苑、石窟寺		“鹿野苑”即野鹿苑
	皇兴五年	471	六月丁未，行幸河西。秋七月丙寅，遂至阴山。八月丁亥，车驾还宫		承明元年（476）崩于永安宫
高祖孝文皇帝拓跋宏	延兴二年	472	（闰五月）戊午，行幸阴山；九月辛巳，车驾还宫		
	延兴三年	473	（秋七月）乙亥，行幸阴山；（八月）庚申，帝从太上皇幸河西；九月辛巳，车驾并还宫		

资料来源：《魏书》卷三《太宗纪》，第49—68页；卷四《世祖纪》，第69—110页；卷五《高宗纪》，第111—123页；卷六《显祖纪》，第125—133页；卷七《高祖纪》，第135—159页。

魏明元皇帝拓跋嗣在位期间，狩猎场所包括五原城（今内蒙古包头市九原区麻池古城遗址）附近的“骨罗山”、云中城（今内蒙古托克托县古城村古城遗址）附近的黄河“犊渚”和“柞山”、“河西”地域的“薛林山”等地。例如在永兴五年（413），“六月，西幸五原，校猎于骨罗山，获兽十万”。[①]五原城坐落在黄河北侧、大青山与乌拉山南侧的平原上，“骨罗山”应在大青山区。北魏皇帝此次率领大队人马来到“骨罗山”布置围场，猎获野兽达十万余头。可见狩猎规模之庞大，狩猎对象之众多。同时也就表明五原城周边地区和大青山、乌拉山林草植被的良好，否则，就难于供养如此众多的大体型野生动物。那么，“获兽十万”包括哪些野生动物呢？同样据《魏书》所载，应包括野马、野鹿等动物。

再例如泰常二年（417），“（五月）乙未，……车驾西巡，至于云中，遂济河，田于大漠”[②]。魏帝此次渡过黄河进入“河西”地域狩猎，毫无疑义。但是，其“田于大漠”的区域令人怀疑，当有舛误。当时的“河西”地域并无“大漠”，唯有高原西北部初期“移沙七所”，在今杭锦旗北部区域，距离北魏时期“云中”尚远。所谓“河西”地域的“大漠”或者是记录舛误，或者是指鄂尔多斯高原西北部的“移沙七所”。

再比如泰常四年（419），“正月壬辰朔，车驾临河，大蒐于犊渚。癸卯，车驾还宫”[③]。春天打猎被古人称作“蒐”，即春猎为蒐。此年正月春蒐的区域是处于黄河洪流包围中的河心洲——“犊渚”。

魏世祖太武皇帝拓跋焘统治期间，行幸“河西”地域狩猎达二十次之多，行幸五原、稒阳和云中阴山狩猎约十五次，行幸其他地方诸如漠南、阴山之北等地狩猎约六次。由此可知，“河西”地域是魏太武帝最重要最喜欢行幸的狩猎之地。神䴥二年（429），“十有一月，西巡狩，田于河西，至祚（柞）山而还。三年春正月庚子，车驾还宫”[④]。魏世祖这次西巡狩猎，也是渡过黄河，进入河西祚（柞）山展开田猎活动后而返回平城。此次河西狩猎时间长达约3个月，持续时间相当长。只是文中的“祚山”不可解，当是“柞山”之笔误，因两字形体极为相似，被史官写错。若此推测不误，则作为狩猎场所的“柞山”，应是山林主要树种以柞树为标志，因此被世人称作“柞山”。其位置当在今准格尔旗与达拉特旗南部山区。太延元年（435），

---

① 《魏书》卷三《太宗纪》，第53页。
② 《魏书》卷三《太宗纪》，第57页。
③ 《魏书》卷三《太宗纪》，第59页。
④ 《魏书》卷四上《世祖纪上》，第75页。

“（夏五月）甲戌，行幸云中。秋七月，田于稒阳。……八月丙戌，遂幸河西。粟特国遣使朝献。九月甲戌，车驾还宫”①。此年，魏世祖先后狩猎于云中、稒阳、河西等地，历时达四五个月，最后从河西返回京城。第二年（太延二年，436），魏世祖再度来到“河西”地域，即“（五月）丁卯，行幸河西。八月丁亥，……帝校猎于河西。冬十有一月己酉，行幸稒阳，驱野马于云中，置野马苑。闰（十一）月壬子，车驾还宫”。其西行路线恰与前一年相反，自云中君子津渡河进入河西，设围大猎；至十一月，北渡黄河至“稒阳”（今内蒙古包头市东河区古城湾村古城遗址），布设一个庞大的狩猎包围圈，将“稒阳”一带栖息的野马驱赶至东方的云中（今内蒙古和林格尔县北部土城子古城遗址）地区，建设起一个皇家御用的“野马苑”。这实在是一次空前的围捕大体型野生动物的范例。太平真君十年（449），魏世祖最后一次赴“河西”地域进行春季狩猎，即“三月，遂蒐于河西。庚寅，车驾还宫”②。

魏世祖狩猎于云中地区的实例包括在其继位的第三年——始光三年（426），“六月，幸云中旧宫，谒陵庙；西至五原，田于阴山，东至和兜山”③。此年，他狩猎于鄂尔多斯高原北侧毗邻区——五原城北面的阴山（今大青山与乌拉山）。

魏世祖在漠南地域围猎的典型事件发生在神䴥四年（431）。是年“冬十月戊寅，……行幸漠南。十一月丙辰，北部敕勒莫弗库若于，率其部数万骑，驱鹿数百万，诣行在所，帝因而大狩以赐从者，勒石漠南，以记功德。……十二月丁丑，车驾还宫”④。调动敕勒族数万骑士围逐数百万头野鹿至拓跋焘行帐附近，供其任意猎杀。这是多么壮观的围猎场景啊！拓跋焘为此特别在漠南刻石留念，以记其功德。

魏高宗文成皇帝拓跋濬在位期间，赴“河西”地域狩猎约八次，赴阴山及其附近区域狩猎约七次，幸西苑狩猎一次。毫无疑问，“河西”地域仍然是北魏皇室狩猎最重要的场所。魏高宗在“河西”围场最重要的建设活动是兴建“猎道”，即狩猎期间通行的道路，以便于狩猎活动的顺利进行。据《魏书》载，和平二年（461）三月，“是月，发并、肆（诸）州五千人，治河西猎道”。可见，魏高宗文成皇帝征调并州（治晋阳，今山西太原西南）、肆州（故治在今山西原平）诸州民夫“五千人”，开凿“河西”围场的“猎道”，而且应该是建设竣工的交通道路工程。此举反映出北魏皇室对河西围场的高度重视，同时折射出“河西”地域林草植被的良好状况。因为

① 《魏书》卷四上《世祖纪上》，第85页。
② 《魏书》卷四下《世祖纪下》，第103页。
③ 《魏书》卷四上《世祖纪上》，第71页。
④ 《魏书》卷四上《世祖纪上》，第79页。

难以计数的野生动物能够生存于其间，足以表明其地森林、草原植被被覆度之高，生长态势之优越。和平四年（463），魏高宗进行了一次历时近半年的外出狩猎活动，涉及西苑、阴山、河西诸猎场。“夏四月癸亥，上幸西苑，亲射虎三头。（五月）壬寅，行幸阴山。八月丙寅，遂畋于河西。诏曰：‘朕顺时畋猎，而从官杀获过度，既殚禽兽，乖不合围之义。其敕从官及典围将校，自今以后，不听滥杀。其畋获皮肉，别自颁赉。’九月辛巳，车驾还宫。”[①]这位皇帝为自己的狩猎行为戴上合理的“顺时畋猎”的“帽子”，回过头来批评一些随从官员“杀获过度”，并做出明确规定，“自今以后，不听滥杀”。从魏高宗皇帝的口中得知，魏朝在“河西”地域置有专责建立狩猎围场的常设机构和官员，即“典围将校”。

至魏显祖献文皇帝拓跋弘、高祖孝文皇帝拓跋宏统治时期，赴“河西”地域狩猎次数大为减少。两位皇帝在位期间各行幸河西一次。皇兴五年（471），献文帝拓跋弘于“六月丁未，行幸河西。秋七月丙寅，遂至阴山。八月丁亥，车驾还宫”[②]。延兴三年（473），孝文帝拓跋宏曾陪同已为太上皇的拓跋弘行幸“河西”地域，即于“（秋七月）乙亥，行幸阴山。八月庚申，帝从太上皇幸河西。九月辛巳，车驾并还宫”[③]。之所以赴“河西”狩猎次数减少，主要原因是魏高宗拓跋濬之后的魏朝诸帝在“河东”地域就近建设了新的专用狩猎场所。虽然如此，“河西”地域仍然是林草丰茂之区，直至北魏后期，依旧是朝廷依赖的官营畜牧经济基地。

由皇家猎场的存在及“获兽十万”“班禽兽以赐之”“驱鹿数百万”“行幸稒阳，驱野马于云中，置野马苑”等记录推知，北魏时期鄂尔多斯高原及其毗邻区域的森林草原中栖息着数量众多的野兽，既有大体型动物（野马、野鹿、野羊和野猪等），也有小体型动物，以及无数的飞禽。

与此同时，鄂尔多斯高原西半部地方呈现一种稀树草原的自然环境。即在略呈波状起伏的平缓原地上，广泛地覆盖着适宜畜食的草类植被，而在水源较为丰裕的河沟、湖泊、草滩生长着柳、杨、榆等树木。高原西部区域遂成为诸多民族牧民从事游牧经济与狩猎经济的理想场所。鲜卑、乌桓、匈奴、羌、氐、休屠胡、屠各胡与稽胡等族牧民在高原中部、西部、西南部、东南部放牧马、牛、羊等各种畜群。得天独厚的优良草原牧场，使其畜牧经济欣欣向荣。而各种畜牧产品又成为部族政权战争中相互抢掠的主要财富。

① 《魏书》卷五《高宗纪》，第121页。
② 《魏书》卷六《显祖纪》，第131页。
③ 《魏书》卷七《高祖纪》，第139页。

西魏、北周时期，今鄂尔多斯高原西半部的温带草原同样是大体型野生动物生存与繁衍的优良的生态环境。优良的林草环境滋养着为数众多的野生动物种群，成为时人经常围猎野兽的场所。据《周书》记载，北周武帝宇文邕天和五年（570），十一岁的贵族少年宇文贵跟随其父宇文宪在盐州地区围猎，他一人猎获野马、野鹿共计15头。即“天和四年，始十岁……年十一，从宪猎于盐州，一围之中，手射野马及鹿十有五头”[①]。一个未及十二岁的鲜卑族少年，在大型集体围猎活动中竟然一次性地猎取15头大体型野生动物，尚未统计参与围猎的众多成年人的猎获物数量。这就表明公元6世纪后期盐州（故治在今陕西定边县沙场村古城遗址）地区自然生态环境非常优越，适宜诸如野马、野鹿、野麝、野羊和野猪等大体型野生动物栖息繁衍。据此可知，公元6世纪后期的盐州地区草原植被生长茂盛，野生动物为数众多，尤其是大型野兽游弋在这一带的广阔草原上。在那时盐州地区众多的野生动物中，既有野马、野牛、野鹿、野羊和野猪等自然环境中的野生动物，也存在野兔、野雕、野鹘、青虫等其他动物。而史书所载盐州区域相当于今陕西定边、靖边西部，宁夏盐池，内蒙古鄂托克前旗南部和乌审旗西部诸地，属于鄂尔多斯高原中南部。与之毗邻的北方草原——今鄂托克前旗北部、鄂托克旗和乌审旗大部等地，也必然如此。这显然成为北魏时期鄂尔多斯高原生态环境优越的有力证据。

三、北魏时期鄂尔多斯高原西北部的初期“库布齐沙漠”

至北魏时期，鄂尔多斯高原西北部（今杭锦旗北部）已然出现“流沙七所”，即初期“库布齐沙漠”区域，草原植被已经悄然发生演变。由于初期“库布齐沙漠”的出现，原先的暖温带草原植被逐渐被后期的沙生植被取代，而且不断地扩大其分布范围。至北魏后期，初期“库布齐沙漠”已引起时人的关注，见于《魏书》等史籍的数次记载。[②]

随着初期“库布齐沙漠”的空间扩展，沙生植被代替温带草原植被的演变悄然地发生、发展，改变着鄂尔多斯高原的生态环境。依据《水经注》的记载，这片古代沙漠位于今杭锦旗北境近黄河一带，即初期“库布齐沙漠”。郦道元在《水经注·河水三》中写道：“余按，南河、北河及安阳县以南，悉沙阜耳，无佗异山。故《广志》

① 〔唐〕令孤德棻等：《周书》卷一二《宇文贵列传》，中华书局，1971年，第196页。
② 《魏书》卷三八《刁雍传》，第865—870页；《周书》卷一《文帝纪》，第4页。

曰：‘朔方郡北移沙七所，而无山以拟之。’是《音义》之僻也。”[①]

《水经注》成书于何年呢？郦道元生于北魏皇兴四年（470），被害于孝昌三年（527）。其著作《水经注》成书时间自然在卒年之前，相当于魏宣武帝景明元年至魏孝明帝孝昌三年（500—527）。[②]换言之，《水经注》记录的流动沙丘——“移沙七所”，就是公元6世纪初期的“库布齐沙漠”之初期状况及位置。郦道元所谓“南河”即指今黄河河道的大体位置（实际在今河道之南），安阳县城故址在今内蒙古乌拉特前旗乌拉山南侧。这就表明：“悉沙阜耳，无佗异山”“朔方郡北移沙七所，而无山以拟之”的流沙地貌景观，分布在“南河”（略当今黄河）之南。这一带正是今杭锦旗北部的库布齐沙漠之腹心区域。王北辰先生在其论著中曰：“依注可知，当时南河以南全有沙丘，此系郦道元所亲见，唯不知其范围”[③]。

北魏末年，初期“库布齐沙漠”仍被时人提及，称作“沙塞”。《周书·文帝纪》载：北魏孝武帝永熙二年（533），宇文泰与贺拔岳讨论关西地域灵州、夏州形势时曾说：“今若引军近陇，……西辑氐羌，北抚沙塞，还军长安，匡复魏室，此桓文之举也。”[④]值得注意的是，此时贺拔岳驻在平凉，节制灵、夏、泾、秦等关西诸州。此处所谓“沙塞”系指灵、夏两州北缘的流沙地带——今杭锦旗北部的初期“库布齐沙漠”。因其沙丘呈东西方向绵延一线，壅塞地表，称为屏护灵、夏两州之“沙塞”，恰如其分。但是，有的学者认为“他称灵夏一带为‘沙塞’，足证当时（事在533年）灵、夏之间积沙相连，可以为边塞。本图在明长城外、夏州南沿上画出迤逦的流沙若干片，示意而已”[⑤]。这种看法显然值得斟酌。若“沙塞”位处灵、夏之间，或夏州南沿，岂不将灵、夏二州置诸“沙塞”之外？这显然与当时政治形势是相悖的。

而在今库布齐沙漠的西部腹心地带，文物考古工作者发现了西汉时期的数处城镇遗址，例如：摩林河古城址位于伊和乌素镇林场东北2千米的摩林河西侧，现处沙化严重的荒漠地带；提格庙古城址位于赛音乌素苏木西北60千米的库布齐沙漠西部中心地带，城址平面呈正方形，东西长约1500米，南北宽约1400米，在其东北发现汉代墓

① 〔北魏〕郦道元注，〔民国〕杨守敬、熊会贞疏：《水经注疏》卷三《河水三》，江苏古籍出版社，1989年，第218页。
② 靳生禾：《中国历史地理文献概论》，山西人民出版社，1987年，第113页。
③ 《王北辰西北历史地理论文集》编辑组编：《王北辰西北历史地理论文集》，学苑出版社，2000年，第44页。
④ 《周书》卷一《文帝纪》，第4页。
⑤ 《王北辰西北历史地理论文集》编辑组编：《王北辰西北历史地理论文集》，第43页。

葬群；敖然敖包古城址也位于赛音乌素苏木西北60千米的库布齐沙漠中心地带；那林霍拉霍汉代聚落遗址位于赛音乌素苏木驻地东北方、库布齐沙漠北部。[①]据汉代古城址，可推知西汉时期今库布齐沙漠北部无疑是适于人类居住和生产生活的良好地方。魏晋之后，此地才渐渐泛起流沙，形成今库布齐沙漠的雏形，遂慢慢扩散开来。至6世纪初，被郦道元记录于其地理著作《水经注》之中。

第四节　魏晋北朝时期鄂尔多斯高原自然环境面貌推测

曾有学者将魏晋南北朝时期本区生态环境面貌描述得非常之好。例如，前述侯仁之、史念海二位先生都曾主张在隋唐之前本区曾是一个青山绿水、环境宜人的所在。史念海先生并具体论述"鄂尔多斯高原的森林由赵武灵王时以迄于清代前期都相当茂盛繁多，林区分布于高原的北部、东部和南部。其西部和西南部未见文献记载，目前尚无考古发掘，只能暂时阙疑"；而在其所绘《秦汉魏晋北朝时代黄河中游森林分布图》上却将今库布齐沙漠、毛乌素沙地的中心部分均绘成森林分布区。但其后多有学者质疑即使在唐以前，本区的环境是否能好到这种程度。例如，侯甬坚教授等总结北魏时期本区的环境面貌说"库布齐沙漠沙深，面积广大，毛乌素沙地已有风成沙丘，植被稀少，干燥气候条件下多个季节仍有雨雪冷湿天气，高原上呈现出沙草并存的荒漠、荒漠草原景观，农民在套上黄河支流及湖泊发育地段务农，牧民和载畜量则由北向南增多，以东南缘边最集中。基于沙漠/黄土边界条件形成的农牧交错带上，人类活动的主要特色是牧业生产，农业经营则处于次要地位"[②]。两种观点之间的差异相当明显。

由于资料的匮乏以及研究手段的限制，至今尚无法精确复原魏晋北朝时期本区的环境面貌。但学界围绕此问题反复讨论所产生的一系列研究成果，无疑有益于深化对于鄂尔多斯环境变迁史的认识。[③]笔者认为，固然应当承认魏晋十六国北朝时期本区生态环境较今日为好，但也不宜过度拔高。魏晋时期本区的生态环境相较于秦汉时期，其退化现象是较为明显的。单以墓葬的特点为例，就很容易得出这样的结论。如上一章所述，秦汉时期本区的贵族墓葬多以整根粗大的圆木构筑椁室，这反映了当时

① 辛易莲、白志荣主编：《杭锦旗文物志》（内部资料），第47—60页。
② 侯甬坚、周杰、王燕新：《北魏（AD386—534）鄂尔多斯高原的自然—人文景观》，《中国沙漠》2001年第2期。
③ 邓辉：《统万城与毛乌素沙地历史时期环境变迁研究评述》，见侯甬坚、李令福编：《走向世界的沙漠古都——统万城》（《中国历史地理论丛》专辑），第106—112页。

有充足的林木资源供人采伐使用；但在与统万城建城年代相近的墓葬中，则不见有这种大型的木构椁室，转而流行一种“仿木纹”的墓室，即使用其他建筑材料仿制圆木形状，并在其外表绘制木纹来建筑墓室的拱顶、立柱等部分。[①]笔者以为这或许是因为此时森林资源已不敷所用，而贵族阶层又不愿轻易放弃以往奢靡葬俗之陋规，故在无大木可采的情况下，就采取了一种权变的方式，即利用仿真艺术造型的仿木纹来构建反映其身份等级的木构椁室，以满足其死后仍可享受富贵生活的心愿。

小　结

东汉至北朝末期的600年间，我国北部地域处在相对寒冷的气候条件下，也表现为相对干燥的趋势。因此，属于寒冷干燥的气候类型。气候极端表现主要有两个方面——极寒、干燥多风。鄂尔多斯高原也是在冷干气候的控制下，自然就影响到该地域野生动物种群和天然植被群落的构成，即存在着适于寒冷气候的野生动植物群体。

通过剖析北魏政府将官营畜牧机构和皇家狩猎围场选择在“河西”地域的史实，以及《水经注》的相关记载，证实那时期的“河西”是水草丰茂、野兽众多的森林草原地区。鄂尔多斯高原及其毗邻区域的森林草原中栖息着数量众多的野兽，既有大体型动物（野马、野鹿、野羊和野猪等），也有小体型动物，以及无数的飞禽。

与此同时，鄂尔多斯高原西北部形成一片沙漠化土地——“流沙七所”，即初期“库布齐沙漠”。随着初期“库布齐沙漠”的空间扩展，沙生植被取替温带草原植被的演变悄然地发生、发展，改变着鄂尔多斯高原的生态环境。

当然，由于资料所限，现阶段学界仅对统万城及其周边的自然环境变化研究较为深入，而对本时期鄂尔多斯高原整体环境面貌仍有待深入的研究。笔者等在此只能给出一个粗略的结论，即魏晋南北朝时期本区的生态环境较秦汉时期略有退化，但仍优于唐宋及其后时期。

① 参见邢福来：《关于统万城周边墓葬的几个问题》，见侯甬坚等编：《统万城建城一千六百年国际学术研讨会论文集》，第619—625页。

第五章　隋唐时期鄂尔多斯高原自然环境变迁

隋唐时期是我国古代历史上继秦汉之后又一个“大一统”的时代，也是为历代史家所称道的“盛世”。虽然隋代短祚，但开皇之治持续了20多年，即使从隋炀帝即位的第一年算起，隋末乱世的时间也没有开皇之治时间长，强隋仍无负“盛世”之名。唐代更是中国人至今为止引以为傲的朝代，唐人、唐装享誉全球，学者也不吝赞美之词。唐代国祚绵长，达290年，尽管安史之乱后趋向衰弱，但仅计算高祖、太宗、高宗、玄宗四帝在位时间，其强盛时期已达百年之久；如果加上武则天统治时期（包括中宗、睿宗在位时期）、宪宗“元和中兴”以及有“小贞观”之称的宣宗“大中之治”，唐之强盛亦超过一半的时间。

隋唐的历史与秦汉的历史有着太多的相似，时常成为历史循环论者津津乐道的话题。相似之一，秦汉、隋唐皆以关中地区为大本营，也因此重视对鄂尔多斯高原的经营，视其为京师的北方藩屏；相似之二，秦、隋皆因对外黩武与对内暴政二世而亡，代之而起的汉、唐则改弦更张，反其道而行之，终于创造辉煌的盛世；相似之三，秦汉、隋唐皆在北方草原地带遇到游牧民族的强大挑战，而后通过大规模的骑兵反击最终击败对手，因这种相似性，唐人诗歌中常以“单于”一词来代指突厥可汗；相似之四，汉朝（东汉）最终亡于宦官专权、农民起义与军阀割据的三重打击，而唐朝灭亡的直接原因亦无外乎此三者。新莽代汉与武周代唐尽管时间节奏不同，但也算是某种程度的相似。

笔者固然不是历史循环论的主张者，但是面对上述史实，也不禁要发问：这种惊人的相似，究竟仅仅是一种巧合，还是由于背后某些深层次的因素导致的？近年来关于古代生态环境变迁方面的一些研究成果似乎能够提供某种线索。如第三章所述，研究者普遍认为秦汉时期的气候总体而言较为温暖湿润，这有利于农业经济的发展繁荣，从而为秦汉王朝的强盛提供了有利的环境条件。无独有偶，主张隋唐时期属于我国历史上另一个明显暖期的观点也非常盛行。[①]多数研究者认为隋初至中唐较为温暖，这也恰好对应唐前期的盛世；而唐代后期气候有所转冷，这可能与唐朝的衰亡有某种联系。[②]不过，对于唐代气候究竟是偏冷还是偏暖的问题学界仍有争议，尚未达成共识。[③]

在本章中，笔者将以鄂尔多斯高原在隋唐时期的环境状况为主要观察点，密切关注可能的气候因素，但叙述的内容并不仅限于气候。

第一节　隋唐时期宏观气候波动概况

历史气候学研究表明，隋唐时期（581—907），我国北部地域的宏观气候呈现出温暖湿润特征。[④]属于历史气候演变的第三个温暖期，同时，气候也显示为较为湿润的态势。在此大范围气候环境中，属于北部地域组成部分的鄂尔多斯高原气候状态与大的气候环境保持一致。

一、历史气候的第三个温暖期（600—1000）

第三个温暖时段，大致相当于公元600—1000年期间，略当于中国古代史隋代（581—618）后期至北宋（960—1127）初期，我国北部地域存在一次回归温暖湿润的气候环境。

据史书记载，至公元7世纪中叶的唐贞观二十三年（649）、永徽二年（651）、总章二年（669）、仪凤二年（677），唐都长安城地区接连数年冬季不下雪、不结冰，呈现暖冬天气。[⑤]这就表明冬季的基础气温较高。此外，在长安城内生长着梅树、柑树和橘树。著名的曲江池风景区栽植的梅树花期大放异彩。皇宫园内栽植的柑、橘树也结出柑、橘果实。例如：唐玄宗天宝十年（751），皇宫旁边数棵柑树生

---

① 竺可桢：《中国近五千年来气候变迁的初步研究》，《考古学报》1972年第1期。

② 葛全胜等著：《中国历朝气候变化》，第298—379页。

③ 满志敏：《中国历史时期气候变化研究》，第164—186页。

④ 竺可桢：《中国近五千年来气候变迁的初步研究》，《考古学报》1972年第1期。

⑤ 〔宋〕欧阳修、宋祁：《新唐书》卷三《高宗纪》，中华书局，1975年，第52、54、68、73页。

长出150颗成熟的柑果，其果味之鲜美可与江南、剑南地域地方官员所进贡者相侔。[①]唐武宗会昌年间（841—846），皇宫旁橘树结了许多橘子。武宗皇帝高兴之极，将树上的橘子赏赐给大臣们品尝，每人三个。可见橘果数量还不少。[②]我们知道，秦岭、淮河是现当代大气温度0℃等温线所在地带，其南方属于亚热带气候，其北方属于暖温带气候。柑橘主要是亚热带气候条件下生长的果树，只在秦岭、淮河以南分布。它们能在唐代长安城及其郊区正常生长、开花、结果，完成一个生长周期，这就显示出唐代长安城及其周边地区的气候属于温暖湿润类型。与今天当地气候相比，气温更高一些。正因为如此，才使柑、橘、梅诸果树、景观树能正常生存。

唐代，关中平原还是一个竹林遍布的区域。尤其是周至县境内野生竹林茂盛。朝廷特意在那里设置“司竹监”，专门管理竹林养护、采伐、竹器制作诸务。[③]这也是唐代关中地域气候温暖的物候证据之一。

在第三个温暖期期间，野生大象群体分布范围收缩至长江流域及其以南。据文献所载，当时的江南道、岭南道、剑南道有大象群游弋。具体言之，相当于今浙江省衢县、广东省和云南省等地处南亚热带、热带的区域生存着大象群体。[④]

二、隋唐时期气候的干湿变化

历史气候学研究表明，历史时期气候的干燥与湿润状况的确发生过变化。同时，温暖与湿润、寒冷与干燥之间也存在一定的关联。

隋唐时期的宏观气候在维持数百年的温暖状态的同时，气候的湿润程度也较高。例如前述唐代生长在长安城内的梅树、柑树和橘树，即表明关中平原的气候条件适合这些亚热带湿热气候的植物存活，甚至栽植于皇宫园内的柑、橘树能够结出柑橘等水果。当然，也存在着大气温度无明显变化，而气候趋于干燥的实例。

在这种气候环境中，野生动物种群、天然植被群落的繁衍就显得丰富、茂盛。属于北部地域的鄂尔多斯高原当然也是如此。

---

① 段成式撰，许逸民校笺：《酉阳杂俎校笺》卷一八《广动植三》，中华书局，2016年，第1287页。

② 马正林主编：《中国历史地理简论》，第4页。

③ 〔宋〕乐史：《太平寰宇记》卷三〇《凤翔府·司竹监》，中华书局，2007年，第648页；《新唐书》卷四八《百官三》，第1261页。

④ 竺可桢：《中国五千年来气候变迁的初步研究》，《考古学报》1972年第1期。

第二节　隋唐王朝经营鄂尔多斯高原的生态环境背景

东汉末年羌、胡等少数民族纷纷入据鄂尔多斯高原后，历经魏晋十六国及北朝400余年的乱世，本区的胡、汉各族人民长期交错相处、充分交流，渐渐融合为一个新的群体。至隋初，西晋末年开始十分活跃的匈奴、氐、羌、乌桓、鲜卑、高车、柔然等族或融入汉族，或迁徙远走，不见于史书记载。但从公元6世纪开始，新兴的突厥族开始活跃在北方草原地带，并成为后来隋唐王朝的劲敌，鄂尔多斯高原开始成为防御突厥的前沿阵地。

一、隋代北疆地带政治局势

突厥本是臣服于柔然的一个小部落，以狼为图腾，以锻冶为业，原居金山（今阿尔泰山）一带，后趁柔然衰弱之际攻灭柔然并取而代之。突厥从北朝时期就不时入寇，但与中原王朝战和不定，并经常通过扶持傀儡政权以干涉中原王朝内部事务。《北史》记载其控制地区“东自辽海以西，至西海，万里；南自沙漠以北，至北海，五六千里；皆属焉”①，势力非常强大。北周、北齐互相攻伐之时，因突厥日益强大，都不愿得罪之而另树强敌，所以争相与之联姻，厚赂以固盟好，因此突厥气焰十分嚣张。②史载突厥他钵可汗曾放言：“但使我在南两个儿孝顺，何忧无（财）物邪？”③所谓“两个儿”，即指北周与北齐的皇帝。隋朝初建之时，突厥依然强盛，且因沙钵略可汗之妻北周千金公主的缘故较为敌视隋朝，屡屡前来犯边。④隋朝不得不修筑长城加以抵御，其中开皇年间所筑长城中经过鄂尔多斯高原南部的一部分为明长城所继承并利用，至今尚有地面遗迹可见。⑤

① 〔唐〕李延寿：《北史》卷九九《突厥传》，中华书局，1974年，第3287页。

② 《隋书·突厥传》记录了隋文帝杨坚开皇三年为讨突厥所下诏书，其中说“周、齐抗衡，分割诸夏，突厥之虏，俱通二国。周人东虑，恐齐好之深，齐氏西虑，惧周交之厚。谓虏意轻重，国逐安危，非徒并有大敌之忧，思减一边之防”。杨坚本为北周贵戚，掌权中枢非一朝一夕，其所述符合北朝末年情势。

③ 《北史》卷九九《突厥传》，第3290页。

④ 据《资治通鉴》卷一七五《陈纪九》记载，隋开皇元年，“隋主既立，待突厥礼薄，突厥大怨。千金公主伤其宗祀覆灭，日夜言于沙钵略，请为周室复仇。沙钵略谓其臣曰：‘我，周之亲也。今隋公自立而不能制，复何面目见可贺敦乎！’乃与故齐营州刺史高宝宁合兵为寇。隋主患之，敕缘边修保障，峻长城，命上柱国武威阴寿镇幽州，京兆尹虞庆则镇并州，屯兵数万以备之”。千金公主，北周宗室赵王宇文招之女，北周末年和亲嫁与沙钵略可汗。

⑤ 艾冲：《中国古长城新探》，西安地图出版社，2006年，第80—88页。

隋朝面对突厥的挑战并非总是被动应付，有时也主动出击并取得一定战果。开皇元年（581）突厥入寇后不久，隋将长孙晟上书献离间之计，认为可以利用沙钵略可汗与突厥内部其他有实力的部落首领之间的矛盾，加以分化瓦解，以达到孤立沙钵略的目的。[①]隋文帝采纳了其建议，一定程度上促成了另一突厥首领达头可汗与沙钵略可汗的公开对抗。因达头在西，沙钵略在东，突厥正式分裂为西突厥和东突厥两部分，并互相攻伐。开皇三年（583），东突厥遭遇严重旱灾和疫病，并再次犯塞，隋军发起了大规模反击。突厥实力本已削弱，复又轻敌，被隋军大败。沙钵略内外交困，不得已内附隋朝，于开皇五年（585）南迁至紫河镇（今内蒙古托克托县北）建牙。此后大约30年时间内，隋与突厥没有大的冲突，基本保持和平的态势。不过隋朝并未完全对突厥放心，也没有忽视边防的建设，于大业三年（607）复又增修长城。[②]至大业十一年（615），隋黄门侍郎裴矩“以突厥始毕可汗部众渐盛，献策分其势”，又师汉武帝时的故技，诈为互市设伏于马邑城下，诱杀突厥大臣史蜀胡悉，并欺骗突厥始毕可汗说“史蜀胡悉叛可汗来降，我已相为斩之”。始毕识破其阴谋，两方重启战端。但是，隋朝此后陷入农民起义与政治内斗的双重打击，并迅速覆亡，双方并未爆发新的大战。

二、唐代北疆地带政局梗概

隋末天下大乱，本区主要为梁师都的军阀割据政权及突厥势力所控制。史载：隋义宁元年（617）“朔方鹰扬郎将梁师都杀郡丞唐世宗，据郡，自称大丞相，北连突厥”，“梁师都略定雕阴、弘化、延安等郡，遂即皇帝位，国号梁，改元永隆。始毕

---

① 《资治通鉴》卷一七五《陈纪九》记载此事较为详细：“及突厥入寇，晟上书曰：‘今诸夏虽安，戎虏尚梗，兴师致讨，未是其时，弃于度外，又相侵扰，故宜密运筹策，有以攘之。玷厥之于摄图，兵强而位下，外名相属，内隙已彰；鼓动其情，必将自战。又，处罗侯者，摄图之弟，奸多势弱，曲取众心，国人爱之，因为摄图所忌，其心殊不自安，迹示弥缝，实怀疑惧。又，阿波首鼠，介在其间，颇畏摄图，受其牵率，唯强是与，未有定心。今宜远交而近攻，离强而合弱。通使玷厥，说合阿波，则摄图回兵，自防右地。又引处罗，遣连奚、霫，则摄图分众，还备左方。首尾猜嫌，腹心离阻，十数年后，乘衅讨之，必可一举而空其国矣。’帝省表，大悦，因召与语。晟复口陈形势，手画山川，写其虚实，皆如指掌，帝深嗟异，皆纳用之。遣太仆元晖出伊吾道，诣达头，赐以狼头纛。达头使来，引居沙钵略使上”。《全隋文》卷二六收录了长孙晟的这篇奏议，但文字略有出入。

② 《资治通鉴》卷一八〇《隋纪四》“炀帝大业三年”条下载，隋炀帝杨广“诏发丁男百余万筑长城，西拒榆林，东至紫河。尚书左仆射苏威谏，上不听，筑之二旬而毕”。

遗以狼头纛，号为大度毗伽可汗。师都乃引突厥居河南之地，攻破盐川郡”①。此后10余年间梁师都频繁勾结突厥入寇，与唐军多次交战。唐太宗贞观二年（628），唐军大举讨伐梁师都，并纵离间之计，师都弟梁洛仁杀师都降唐，唐复以其地为夏州。

至贞观四年（630），唐朝又大举发兵进攻东突厥，“斥地自阴山北至大漠”②，颉利可汗被俘。此后50年时间，东突厥一直作为唐朝属国存在，本区全入唐境。武后执政时期，突厥再度反叛，并一度复国，但本区大部分时间还是牢牢控制在唐军手中。

安史之乱爆发后，唐朝的边防军内调平叛，边疆州县多失陷于吐蕃。但朔方节度使驻地的灵武镇仍作为唐肃宗平息安史之乱的大本营，不但没有失陷，反而成为唐朝平定叛乱的总后方。唐后期，党项平夏部在本区逐渐兴起。虽然该部大体上对唐“忠顺”而少有大规模叛乱，但其势力逐渐坐大，入宋后，进而称雄一方，并建立割据政权——西夏。

隋、唐控制本区时皆沿袭中原王朝传统做法，设立郡县进行统治，并大兴屯田。隋朝在本区置有雕阴、朔方、盐川、灵武、榆林、五原、定襄等7个郡；唐朝在此设立绥、银、夏、灵、盐、丰、胜、宥等8个州。唐朝实施的军政措施相较隋朝更为灵活有效，主要区别有两点：其一，隋朝为防御突厥曾在本区大修长城，而唐代只于武德年间在本区短暂地修筑过规模较小的“长堑”，未曾大兴土木；其二，唐朝在本区除正式的州县之外还设置一些羁縻州来管理突厥等内附的少数民族。这反映出唐朝统治者所奉行的军政策略较为符合实际形势。史载：“（贞观二年）突厥寇边。朝臣或请修古长城，发民乘堡障，上（唐太宗）曰：‘突厥灾异相仍，颉利不惧而修德，暴虐滋甚，骨肉相攻，亡在朝夕。朕方为公扫清沙漠，安用劳民远修障塞乎！’”③《新唐书·地理志》载：“唐兴，初未暇于四夷，自太宗平突厥，西北诸蕃及蛮夷稍稍内属，即其部落列置州县。其大者为都督府，以其首领为都督、刺史，皆得世袭。虽贡赋版籍，多不上户部，然声教所暨，皆边州都督、都护所领，著于令式。”④唐朝奉行主动出击的军事战略思想，而一旦突厥等游牧民族归附之后，又能不迷信于武

① 《资治通鉴》卷一八三《隋纪七》“恭帝义宁元年三月”条，第5724页。根据谭其骧主编《中国历史地图集》第5册，隋朔方郡治在岩绿县，即故赫连夏都城统万城；雕阴郡治在上县（今陕西绥德）；弘化郡治在合水县（今甘肃庆阳）；延安郡治在肤施县（今陕西延安）；盐川郡治在五原县（今陕西定边）。

② 《资治通鉴》卷一九三《唐纪九》“太宗贞观四年二月”条，第6073页。

③ 《资治通鉴》卷一九三《唐纪九》“太宗贞观二年九月”条，第6057页。

④ 《新唐书》卷四三《地理志》，第1119页。

力镇压，而是采取较为务实的态度安抚之，有利于边疆形势的稳定。

一般认为，隋及唐前期我国西北边疆的农牧分界线又向北有了大幅的推进。具体到本区而言，虽然不能说已经成为纯粹的农业区，但农业人口无疑是大量存在的。除本区汉族人民从事耕种之外，国家有计划的屯田行动，以及部分内附游牧民族经济形态向农业的转型，都是本区农业的重要组成部分。至唐中叶后，本区生态环境渐趋恶化，土地退化、沙化渐趋严重，农业难以为继。本区农业的进退基本与唐国力盛衰相始终。关于隋唐时期本区的屯田情况，王天顺先生考证甚详，并认为滥垦是造成唐中叶后本区生态环境恶化的重要原因。[①]也有学者指出，唐前期温暖湿润的气候给农业的发展尤其是西北地区屯田的发展提供了非常有利的条件，而开元末、天宝中气候的转冷、转干可能是西北边疆屯田难以为继及生态退化的原因。[②]

第三节　隋唐时期鄂尔多斯高原环境事件举要

由于资料及研究手段的匮乏，今天的研究者已难以还原隋唐时期本区生态环境演变的完整、连续的过程。不过隋唐时期的文献史料还是较为丰富的，记载的环境事件颇多。从文献中提取相关记录，虽然仍不能连成“纪录片”，但制作一个大概的环境事件“幻灯片”尚属可行。本节将列举文献所载隋唐时期发生在本区的重要环境事件，并尝试用现代科学的语言解释其中晦涩难懂者。

一、自然灾异事件[③]

《旧唐书·五行志》记载贞观“二十年（646）九月十五日，灵州地震，有声如雷”。《新唐书·五行志》记载相同。

《旧唐书·五行志》记载“元和七年（812）正月，振武界黄河溢，毁东受降城”。“振武”指振武军节度使司，于唐肃宗乾元元年（758）从朔方节度析置，治所在单于府城（即振武军城，今内蒙古和林格尔县北土城子古城），其辖境约相当于今陕西秃尾河以北，内蒙古鄂尔多斯市东北部、乌兰察布市西南部和呼和浩特市、包

---

① 王天顺：《河套史》，第471—487页。

② 葛全胜等著：《中国历朝气候变化》，第369—379页。

③ 笔者注：古书记载中有很多明显带有迷信色彩的文字，如人、牛等“雌化雄”“死而复生”之类，现代自然科学无法解释，本书暂且不录。

头市等地方。[①]

《旧唐书·五行志》记载“大中三年（849）十月，京师地震，振武、天德、灵武、盐、夏等州皆震，坏军镇庐舍”。此条记载所涉及地名均与本区有关。“振武”前文已论及，不再赘述。“天德”指天德军都防御使司， 于唐德宗贞元十二年（796）从灵武节度析置，治所大部分时间在天德军城（今内蒙古乌拉特前旗北乌梁素海东南岸），其辖境包括今内蒙古河套西部及其以北一带。[②]“灵武”指灵武节度使，治所位于灵州城（今宁夏吴忠市境内）。[③]“盐”即盐州，也即隋之盐川郡；“夏”即夏州。《新唐书·五行志》记载大体相同。

《旧唐书·五行志》载：开元“二十五年……明年，榆林关有蚜蚄食苗，群雀来食，数日而尽”。引文所谓“榆林关”即今鄂尔多斯市准格尔旗城坡村古城。

《旧唐书·五行志》记载：“调露元年（679），突厥温傅等未叛时，有鸣鵽（音 duò）群飞入塞，相继蔽野，边人相惊曰：‘突厥雀南飞，突厥犯塞之兆也。’至二年正月，还复北飞，至灵夏已北，悉坠地而死，视之，皆无头。”此处所述乃是调露元年冬十月单于大都护府所属阿史德温傅、奉职等二部反，立阿史那泥熟匐为可汗的事件。笔者认为，鸟雀的大规模迁徙可能确有其事，但古人因信奉“天人感应”学说而将自然现象与叛乱随意附会，以至于“视之，皆无头”云云，则不可尽信。

《新唐书·五行志》“蝗”条下记载：“武德六年（623），夏州蝗。”笔者认为，能够发生蝗灾的地方，不是农田，也是草场，肯定不是沙漠。

《新唐书·五行志》“霜”条下记载：“永徽二年（651），绥、延等州霜杀稼。”绥州位于今陕西绥德一带，延州位于今陕西延安一带。因为霜冻冻死了庄稼而被记入正史，说明唐高宗永徽年间这一带的种植业应该具有一定规模，而绝不是仅有零星分布。

《新唐书·五行志》“毛虫之孽”条下记载：“永淳（唐高宗李治年号，公元682—683年）中，岚、胜州兔害稼，千万为群，食苗尽，兔亦不复见。”对此条记载，王天顺先生的解读是：“这一带兔多成灾，食尽田禾野草，最后兔子全部饿死。这正是地区生态失衡才会出现的‘怪异’现象”。姑且从之。

① 胡毅：《论唐代后期的振武、天德两方镇》，见陕西师范大学环发中心编：《鄂尔多斯高原及其邻区历史地理研究》，三秦出版社，2008年，第152—160页。

② 胡毅：《论唐代后期的振武、天德两方镇》，见陕西师范大学环发中心编：《鄂尔多斯高原及其邻区历史地理研究》，第152—160页。

③ 魏昀：《论唐后期灵、夏二方镇的建制沿革与管理职能》，见陕西师范大学环发中心编：《鄂尔多斯高原及其邻区历史地理研究》，第144—151页。

《新唐书·五行志》“稼穑不成”条下记载：“垂拱三年（687），天下饥。”天下皆有饥荒，自然包括本区。

《新唐书·五行志》“常风”条下记载：长庆二年（822）“十月，夏州大风，飞沙为堆，高及城堞”。近人研究统万城一带环境变迁的论著中常见引用此条材料。

《新唐书·五行志》“常阴”条下载：“咸通十四年（873）七月，灵州阴晦。”结合上下文理解，所谓“隐晦”并非一两日阴天，而可能是连续一月的阴天。

二、人为破坏环境事件

《新唐书·吐蕃传》载，大历“十三年（778），虏大酋马重英以四万骑寇灵州，塞汉、御史、尚书三渠以扰屯田，为朔方留后常谦光所逐，重英残盐、庆而去”。吐蕃人试图通过破坏屯田水利系统，以威胁唐朝边郡的粮食安全。

《旧唐书·吐蕃传》载，永泰“八年（773）秋，吐蕃六万骑寇灵武，蹂践我禾稼而去”[①]。

《旧唐书·吐蕃传》载，贞元二年（786）“十一月，吐蕃陷盐州。初，贼之来也，刺史杜彦光使以牛酒犒之。吐蕃谓曰：‘我欲州城居之，听尔率其人而去。’彦光乃悉众奔鄜州。十二月，陷夏州，刺史拓拔乾晖率众而去，复据其城。又寇银州，素无城壁，人皆奔散”。至贞元三年（787）“六月，盐、夏二州吐蕃焚城门及庐舍，毁城壁而归”。

《新唐书·吐蕃传》载，贞元八年（792）吐蕃“寇灵州，陷水口，塞营田渠”。与大历十三年进犯灵州的做法如出一辙。

第四节　隋唐时期边塞诗所见鄂尔多斯高原环境一斑

在唐代诗人群体中，部分诗人善于撰写纪实性的吟咏边塞环境的诗作。通过对此类描写唐代“河曲”地域地物的诗赋的判读，大体可窥见那一时期区域生态环境演变的进程。在此仅对较为典型的且与“河曲”地域关联的部分诗作予以转引与剖析。

一、有关“河曲”地域的隋诗

隋祚短暂，且隋诗远不如唐诗闻名，故多未见今人相关论著中引征。但笔者爬梳

① 张籍《陇头行》一诗说凉州失陷时吐蕃军有“驱我边人胡中去，散放牛羊食禾黍”之破坏行为，大抵与此类似。

后发现隋诗中还是有数篇与本区环境相关的诗文，选录如下：

饮马长城窟行示从征群臣

杨广

肃肃秋风起，悠悠行万里。万里何所行，横漠筑长城。
岂台小子智，先圣之所营。树兹万世策，安此亿兆生。
讵敢惮焦思，高枕于上京。北河秉武节，千里卷戎旌。
山川互出没，原野穷超忽。摐金止行阵，鸣鼓兴士卒。
千乘万骑动，饮马长城窟。秋昏塞外云，雾暗关山月。
缘严驿马上，乘空烽火发。借问长城候，单于入朝谒。
浊气静天山，晨光照高阙。释兵仍振旅，要荒事方举。
饮至告言旋，功归清庙前。①

本诗作者隋炀帝杨广（569—618），在历史上可谓赫赫有名（尽管不是什么好名声），关于他的争议也很多。但其失败主要不是因为个人才智不足，相反其人可称多才多艺，这一点史书记载颇多。②《隋书·经籍志》著录《炀帝集》五十五卷，可见其人著述不少，但流传至今者寥寥。本诗中有两处环境描写与地名值得注意：第二句“万里何所行，横漠筑长城”，明载隋朝长城横越了沙漠地带，这也就是说本区及其毗邻区的沙漠并非全都是隋唐之后形成的，至少在隋时已有分布。“北河”当指黄河“几”字弯中今内蒙古磴口县以下的河段。

出塞二首

杨素

其一

漠南胡未空，汉将复临戎。飞狐出塞北，碣石指辽东。
冠军临瀚海，长平翼大风。云横虎落阵，气抱龙城虹。
横行万里外，胡运百年穷。兵寝星芒落，战解月轮空。
严鐎息夜斗，骍角罢鸣弓。北风嘶朔马，胡霜切塞鸿。
休明大道暨，幽荒日用同。方就长安邸，来谒建章宫。

---

① 逯钦立辑校：《先秦汉魏晋南北朝诗·隋诗》卷三，中华书局，1983年，第2661页。

② 《隋书·炀帝纪》记载：“炀皇帝，讳广，一名英，小字阿摐（chuāng），高祖第二子也。母曰文献独孤皇后。上美姿仪，少敏慧，高祖及后于诸子中特所钟爱。在周，以高祖勋，封雁门郡公。”《资治通鉴》卷一七九《隋纪三》也说杨广在文帝朝为晋王时“美姿仪，性敏慧，沉深严重；好学，善属文；敬接朝士，礼极卑屈；由是声名籍甚，冠于诸王”。其德尚属可疑，其才绝非碌碌者。

其二

汉虏未和亲，忧国不忧身。握手河梁上，穷涯北海滨。
据鞍独怀古，慷慨感良臣。历览多旧迹，风日惨愁人。
荒塞空千里，孤城绝四邻。树寒偏易古，草衰恒不春。
交河明月夜，阴山苦雾辰。雁飞南入汉，水流西咽秦。
风霜久行役，河朔备艰辛。薄暮边声起，空飞胡骑尘。①

本诗作者杨素（544—606）为隋代名将，一生平北齐、灭南陈、讨杨谅，战功彪炳。曾于开皇十九年（599）二月、开皇二十年（600）四月、仁寿元年（601）十一月三次与突厥作战，因此本诗很可能是根据亲身经历所作，并非出于空想，可信度较高。值得注意的地名有“漠南”、“塞北”、“河梁”②、“阴山”、“河朔”等，均与本区相关。环境描写中“荒塞空千里，孤城绝四邻。树寒偏易古，草衰恒不春”两句值得注意，所述景象较为荒凉。从其出征季节来看，一为早春，一为初夏，一为隆冬，并非全在冬季，可证隋代本区环境已不如秦汉之时。

渡北河诗

薛道衡

连旌映溆浦，叠鼓拂沙洲。桃花长新浪，竹箭下奔流。
塞云临远舰，胡风入阵楼。剑拔蛟将出，骖惊鼋欲浮。
雁书终立效，燕相果封侯。勿恨关河远，且宽边地愁。③

本诗作者薛道衡（540—609），隋代著名文学家。《先秦汉魏晋南北朝诗》录其诗二十余首，《全上古三代秦汉三国六朝文》录存其文八篇。事迹见《隋书》《北史》本传。据说薛道衡不光文笔出彩，也懂军事战略。隋文帝平陈之役前夕，曾与高颎分析陈隋双方力量对比，断言“席卷之势，事在不疑”，高颎叹服说：“得君言成败之理，令人豁然。”④本诗题中“北河”一词当指河套北边之黄河，前已述及。近来一些说法认为是渭河上游源头附近，实属讹传。“桃花长新浪，竹箭下奔流。塞云临远舰，胡风入阵楼”两句值得注意。“桃花”“竹箭”可以有两种理解，一说为写

① 逯钦立辑校：《先秦汉魏晋南北朝诗·隋诗》卷四，第2675—2676页。
② 按：漠南、塞北、阴山、河朔等地名不需赘述，唯“河梁”一词不常见。此处“梁”字当作“桥梁”解，“河”应指黄河，“河梁”就是黄河上的桥梁。参见王子今：《秦直道九原“度河”方式探讨》，见陕西师范大学西北历史环境与经济社会发展研究院编：《史念海先生百年诞辰纪念学术论文集》，陕西师范大学出版总社，2012年，第480—490页。
③ 逯钦立辑校：《先秦汉魏晋南北朝诗·隋诗》卷四，第2684页。
④ 《资治通鉴》卷一七六《陈纪十》“长城公祯明二年十一月”条，第5499页。

实，一说“桃花”指桃花汛，“竹箭”指水流去势之迅疾，为比喻；下一句“塞云临远舰”之语，也说明当时塞北这段黄河水量很大，是可以通航的。

二、唐代关于“夏州”的诗文

送李侍御过夏州

姚合

酬恩不顾名，走马觉身轻。迢递河边路，苍茫塞上城。

沙寒无宿雁，虏近少闲兵。饮罢挥鞭去，旁人意气生。[①]

本诗作者姚合（约779—855），唐代著名诗人。陕州（今河南三门峡市陕州区）人，祖籍吴兴（今浙江湖州）。元和十一年（816）进士，授武功主簿。历任监察御史，金、杭二州刺史，刑部郎中，给事中等职，终秘书少监，世称“姚武功”。其诗以幽折清峭见长，善于摹写自然景物，其诗作称“武功体”。“沙寒无宿雁”一句描写了唐后期夏州一带荒凉的沙漠景观。

夏州道中

许棠

茫茫沙漠广，渐远赫连城。堡迥烽相见，河移浪旋生。

无蝉嘶折柳，有寇似防兵。不耐饥寒迫，终谁至此行。[②]

本诗作者许棠，生卒年不详，唐懿宗咸通十二年（871）进士及第，曾为江宁丞。后辞官，穷困潦倒以终，为“咸通十哲”之一。其人诗名不著，但这首《夏州道中》却流传甚广，因为它非常直接而明确地记述了当时夏州附近已经成为茫茫沙漠的事实，被众多研究统万城及鄂尔多斯高原环境变迁的学者所引用。

夏州崔常侍自少常亚列出领麾幢十韵

杜牧

帝命诗书将，登坛礼乐卿。三边要高枕，万里得长城。

对客犹褒博，填门已旆旌。腰间五绶贵，天下一家荣。

野水差新燕，芳郊哢夏莺。别风嘶玉勒，残日望金茎。

榆塞孤烟媚，银川绿草明。戈矛虓虎士，弓箭落雕兵。

魏绛言堪采，陈汤事偶成。若须垂竹帛，静胜是功名。[③]

---

① 〔清〕彭定求等：《全唐诗》卷四九六，中华书局，1979年，第5615—5616页。

② 《全唐诗》卷六〇三，第6969页。

③ 《全唐诗》卷五二一，第5955页。

本诗作者杜牧（803—约852），字牧之，号樊川居士，京兆万年（今陕西西安）人，为宪宗朝名相杜佑之孙，出身显赫。其本人也是唐代杰出的诗人、散文家。唐文宗大和二年（828）中进士，授弘文馆校书郎。后赴江西观察使幕，转淮南节度使幕，历任国史馆修撰，司勋员外郎，吏部员外郎，池州、睦州刺史等职。晚年居长安南樊川别墅，故后世称“杜樊川”，著有《樊川文集》。杜牧的诗歌以七言绝句著称，内容以咏史抒怀为主，其诗英发俊爽，多切经世之物，在晚唐成就颇高。杜牧人称“小杜”，以别于杜甫；与李商隐并称“小李杜”。本诗中值得注意的是，“榆塞孤烟媚，银川绿草明”一句。“榆塞”应指榆溪塞，前已述及。“银川”一词今人多以为是指今宁夏银川，其实不是，因唐时今银川属于怀远县地，并无“银川”之名，此处“银川”应指唐时的“银州银川郡”。《旧唐书·地理志》载：“隋雕阴郡之儒林县。贞观二年，平梁师都置银州，隋旧名。天宝元年，改为银川郡。乾元元年，复为银州。”唐的银州故址在今榆林市横山区党岔镇辖区内。由诗句中看来，当时银州附近的草场植被状况应该还不错。

登夏州城观送行人赋得六州胡儿歌

李益

六州胡儿六蕃语，十岁骑羊逐沙鼠。沙头牧马孤雁飞，汉军游骑貂锦衣。
云中征戍三千里，今日征行何岁归。无定河边数株柳，共送行人一杯酒。
胡儿起作和蕃歌，齐唱呜呜尽垂手。心知旧国西州远，西向胡天望乡久。
回头忽作异方声，一声回尽征人首。蕃音虏曲一难分，似说边情向塞云。
故国关山无限路，风沙满眼堪断魂。不见天边青作冢，古来愁杀汉昭君。①

本诗作者李益（约750—约830），字君虞，祖籍凉州姑臧（今甘肃武威市凉州区），后迁河南郑州。大历四年（769）进士，初任郑县尉，久不得升迁，建中四年（783）登书判拔萃科。因仕途失意，后弃官在燕赵一带漫游。李益擅长绝句，尤其是七言绝句，其边塞诗数量相当多，下文还要引用数首。本诗中“六州胡儿六蕃语”一句形象地记录了唐时六胡州一带的“方言岛”这一人文地理现象，虽在汉人看来同是“胡儿”，但彼此语言却不尽相同，有些类似今天南方一些地区的“十里不同音”，这是历史上移民运动的结果。“十岁骑羊逐沙鼠”一句则使人不能不联想到《史记·匈奴列传》中关于匈奴“儿能骑羊，引弓射鸟鼠；少（稍）长则射狐兔：用为食”的记载。如果诗人此处不是刻意用《史记》的典故而是写实，那么我们可以合

① 《全唐诗》卷二八二，第3211页。

理推断“胡儿”“逐沙鼠”的目的应该不单纯是好玩，而也可能有补充肉食的经济意义在内。由此看来，对此一时期六胡州一带的牧业发展情况及人民生计不应做过高估计。“沙头牧马孤雁飞”“风沙满眼堪断魂”两句也印证了唐时这一带沙漠化已比较严重。“无定河边数株柳”一句说明沿河地带有树木生长，但也并不很多。

旅次夏州

马戴

嘶马发相续，行次夏王台。锁郡云阴暮，鸣笳烧色来。

霜繁边上宿，鬓改碛中回。怅望胡沙晓，惊蓬朔吹催。①

本诗作者马戴（799—869），字虞臣，早年曾隐居于华山，结茅屋于玉女峰下。唐武宗会昌四年（844）进士及第，唐宣宗大中元年（847）为太原幕府掌书记，以直言获罪，贬为龙阳（今湖南汉寿）尉，后得赦还京。唐懿宗咸通七年（866）擢为国子太常博士。本诗题为《旅次夏州》，所述为在夏州地区的经历当无疑问。其中，“夏王台”一词的“夏王”应指夏州城（即统万故城）的创建者赫连勃勃。那么“夏王台”很可能是指迄今尚存于统万城遗址中的所谓“永安台”。“霜繁边上宿，鬓改碛中回。怅望胡沙晓，惊蓬朔吹催”，诗文屡提“碛”“沙”，表明当时夏州附近的沙漠化已很明显。

送客往夏州

杨凝

怜君此去过居延，古塞黄云共渺然。沙阔独行寻马迹，路迷遥指戍楼烟。

夜投孤店愁吹笛，朝望行尘避控弦。闻有故交今从骑，何须著论更言钱。②

本诗作者杨凝，字懋功，虢州弘农（今河南灵宝）人，生年不详，约卒于唐德宗贞元十八年（802）。少孤，受母训，长善文辞，与兄凭、弟凌皆有名。大历中，兄弟三人踵擢进士第，时号“三杨”。凝由协律郎三迁侍御史，历任司封员外郎、亳州判官、兵部郎中等职。“沙阔独行寻马迹，路迷遥指戍楼烟”一句所述是典型的沙漠景观：因为一片茫茫荒沙之中无法找到参照物，极易迷路，不得不跟随马的蹄印，好在看到了“戍楼”（边防驻军的瞭望塔）上冒出的烟，才找回方向。此情此景如无亲历是极难想见的。

① 《全唐诗》卷五五五，第6435页。
② 《全唐诗》卷二九〇，第3300—3301页。

夏州胡常侍

罗隐

百尺高台勃勃州，大刀长戟汉诸侯。征鸿过尽边云阔，战马闲来塞草秋。

国计已推肝胆许，家财不为子孙谋。仍闻陇蜀由多事，深喜将军未白头。①

本诗作者罗隐（833—909），字昭谏，杭州新城（今浙江杭州）人。大中十三年（859）年底至京师，应进士试，历七年不第。咸通八年（867）乃自编其文为《谗书》，益为统治阶级所憎恶，所以时人罗衮赠诗说："谗书虽盛一名休"。后来又断断续续考了几年，总共考了十多次，自称"十二三年就试期"，最终还是铩羽而归，史称"十上不第"。黄巢起义后，避乱隐居九华山，唐僖宗光启三年（887）归乡依吴越王钱镠，历任钱塘令、司勋郎中、给事中等职。后梁开平三年（909）去世，享年七十七岁。罗隐另有诗题为《登夏州城楼》，由此可见诗人应是亲身到过夏州的，但从其履历来看，未能确知他究竟是于何时因何事去的夏州。本诗第一句"百尺高台勃勃州"，虽不知其说的是今统万城遗址的西南角楼还是永安台，但可见唐末五代时期该城尚保存较好，另外也说明今天遗址可见的一些高大楼台建筑自唐代以来就存在，并非宋代修复的晚期建筑。

三、有关"河曲"地域的其他唐诗

古塞下曲

李颀

行人朝走马，直指蓟城傍。蓟城通漠北，万里别吾乡。

海上千烽火，沙中百战场。军书发上郡，春色度河阳。

袅袅汉宫柳，青青胡地桑。琵琶出塞曲，横笛断君肠。②

本诗作者李颀（约690—约751），字、号均不详，河南颍阳（今河南登封）人。唐玄宗开元二十三年（735）进士，曾任新乡县尉，后辞官归隐于颍阳之东川别业。李颀擅长七言歌行，诗以边塞题材为主，风格豪放，慷慨悲凉，与王维、高适、王昌龄等人皆有唱和。其名句有"行人刁斗风沙暗，公主琵琶幽怨多"。本诗"军书发上郡，春色度河阳"一句，今人多有误解，以为"河阳"是唐之河阳，位于今河南孟州市一带。实际上这句诗中的地名乃是用典，因唐时"上郡"一词已成为历史地名，指的就是今陕北及鄂尔多斯等边疆地区，可见诗中所述"河阳"也应在这一带，而不是

① 《全唐诗》卷六五八，第7559页。

② 《全唐诗》卷一三二，第1338页。

深在内地的孟州市河阳。笔者以为此处“河阳”应训诂为“黄河以北”，因西汉五原郡黄河南岸有“河阴”之地，那么其对岸称“河阳”亦无不可，上半句既用“上郡”典，那么也唯有这样才能说得通。从“袅袅汉宫柳，青青胡地桑”一句来看，似乎盛唐之时本区尚有桑树生长。

城盐州

白居易

城盐州，城盐州，城在五原原上头。蕃东节度钵阐布，忽见新城当要路。
金鸟飞传赞普闻，建牙传箭集群臣。君臣赪面有忧色，皆言勿谓唐无人。
自筑盐州十余载，左衽毡裘不犯塞。昼牧牛羊夜捉生，长去新城百里外。
诸边急警劳戍人，唯此一道无烟尘。灵夏潜安谁复辨，秦原暗通何处见。
鄜州驿路好马来，长安药肆黄蓍贱。城盐州，盐州未城天子忧。
德宗按图自定计，非关将略与庙谋。吾闻高宗中宗世，北虏猖狂最难制。
韩公创筑受降城，三城鼎峙屯汉兵。东西亘绝数千里，耳冷不闻胡马声。
如今边将非无策，心笑韩公筑城壁。相看养寇为身谋，各握强兵固恩泽。
愿分今日边将恩，褒赠韩公封子孙。谁能将此盐州曲，翻作歌词闻至尊。[①]

本诗作者白居易（772—846），字乐天，号香山居士，又号醉吟先生，祖籍山西太原，生于河南新郑，官至翰林学士、左赞善大夫。白居易与元稹共同倡导新乐府运动，世称“元白”；又与刘禹锡并称“刘白”；更与李白、杜甫合称唐代三大诗人。其作品具有强烈的现实关怀，主张“文章合为时而著，歌诗合为事而作”。白居易的诗歌题材广泛，形式多样，语言平易通俗。有《白氏长庆集》传世，代表诗作有《长恨歌》《卖炭翁》《琵琶行》等。唐代盐州隋时称盐川郡，位于今陕西定边及宁夏盐池一带，当时是唐与吐蕃争夺的前线。唐德宗时，由于吐蕃多次入侵，唐王朝重新认识到盐州的重要性。贞元九年（793）德宗下诏，调集将兵三万五千人同赴盐州筑城。仅仅用了二旬时间和六千人工，盐州城就完全筑成，朝野上下一片盛赞，本诗说的就是这件事。其中“长安药肆黄蓍贱”一句表明唐时本区就盛产黄芪这种草药。黄芪这种植物，性喜凉爽，耐寒耐旱，怕热怕涝，适宜在土层深厚、富含腐殖质、透水力强的沙壤土种植，强盐碱地不宜种植，可以部分地反映当时盐州一带的土质。

---

① 《全唐诗》卷四二六，第4695—4696页。

五原书事

许棠

西出黄云外，东怀白浪遥。星河愁立夜，雷电独行朝。

碛迥人防寇，天空雁避雕。如何非战卒，弓剑不离腰。[①]

本诗作者前已介绍，不再赘述，下同。“碛迥人防寇”一句说明了沙漠的广阔。

塞下二首

许棠

其一

胡虏偏狂悍，边兵不敢闲。防秋朝伏弩，纵火夜搜山。

雁逆风鼙振，沙飞猎骑还。安西虽有路，难更出阳关。

其二

征役已不定，又缘无定河。塞深烽砦密，山乱犬羊多。

汉卒闻笳泣，胡儿击剑歌。番情终未测，今昔谩言和。[②]

本诗最值得注意的是“纵火夜搜山”一句，如实反映了人类战争行为对自然环境的破坏。既然需要“纵火”来“搜山”，山上原有植被必定遭殃。[③]虽然诗中没有给出具体位置，但从“又缘无定河”一句看，当在本区范围内。

从军有苦乐行

李益

劳者且莫歌，我欲送君觞。从军有苦乐，此曲乐未央。

仆居在陇上，陇水断人肠。东过秦宫路，宫路入咸阳。

时逢汉帝出，谏猎至长杨。讵驰游侠窟，非结少年场。

一旦承嘉惠，轻身重恩光。秉笔参帷帟，从军至朔方。

边地多阴风，草木自凄凉。断绝海云去，出没胡沙长。

参差引雁翼，隐辚腾军装。剑文夜如水，马汗冻成霜。

侠气五都少，矜功六郡良。山河起目前，睚眦死路傍。

北逐驱獯虏，西临复旧疆。昔还赋余资，今出乃赢粮。

一矢弢夏服，我弓不再张。寄语丈夫雄，苦乐身自当。[④]

① 《全唐诗》卷六〇三，第6966页。

② 《全唐诗》卷六〇三，第6967页。

③ 类似描写还有马戴《塞下曲二首》“烧山搜猛兽，伏道击回兵”一句。所谓“猛兽”应不是真的猛兽，而是比喻敌人。

④ 《全唐诗》卷二八二，第3202页。

本诗“边地多阴风，草木自凄凉。断绝海云去，出没胡沙长”生动描写了塞外荒凉的沙漠景观。

塞下曲

李益

其一

蕃州部落能结束，朝暮驰猎黄河曲。

燕歌未断塞鸿飞，牧马群嘶边草绿。

其二

秦筑长城城已摧，汉武北上单于台。

古来征战虏不尽，今日还复天兵来。

其三

黄河东流流九折，沙场埋恨何时绝。

蔡琰没去造胡笳，苏武归来持汉节。

其四

为报如今都护雄，匈奴且莫下云中。

请书塞北阴山石，愿比燕然车骑功。①

本诗“蕃州部落能结束，朝暮驰猎黄河曲”一句，首先应注意古今汉语词义的差别：“部落”指的不是少数民族的部落，而是指唐的边防部队；“结束”也不是现代汉语中的“终结”之意，而是指戎装打扮。“蕃州”“黄河曲”应指“河曲”六胡州一带。“燕歌未断塞鸿飞，牧马群嘶边草绿”一句则说明了牧马所需草场的存在。由“秦筑长城城已摧”一句可知秦长城在唐代即已残破，保存情况不佳。

夜上受降城闻笛

李益

回乐烽前沙似雪，受降城下月如霜。

不知何处吹芦管，一夜征人尽望乡。②

本诗“回乐烽”一词，也有人写作“回乐峰”，不对。回乐烽应是当时某个烽燧的名称，而不是山峰的名称，由李益所作下一首《暮过回乐烽》诗题可证。“回乐烽前沙似雪”说明了沙漠已经逼近的情形。“不知何处吹芦管”说明回乐烽附近有芦苇生长。

① 《全唐诗》卷二八三，第3224—3225页。

② 《全唐诗》卷二八三，第3229页。

暮过回乐烽

李益

烽火高飞百尺台，黄昏遥自碛西来。

昔时征战回应乐，今日从军乐未回。[1]

本诗“烽火高飞百尺台”一句明确了“回乐烽”是一个人工筑成的“百尺台”，而不是天然形成的山峰。“黄昏遥自碛西来”，说明沙漠位于回乐烽西面。

盐州过胡儿饮马泉（一题作《过五原胡儿饮马泉》）

李益

绿杨著水草如烟，旧是胡儿饮马泉。

几处吹笳明月夜，何人倚剑白云天。

从来冻合关山路，今日分流汉使前。

莫遣行人照容鬓，恐惊憔悴入新年。[2]

因本诗又题为《过五原胡儿饮马泉》，故有人以为唐时的盐州范围可到达今内蒙古五原一带，大谬。唐的五原在今陕西定边县、宁夏盐池县一带，唐的盐州也在此处，二者实为一地，而与今五原无涉。“绿杨著水草如烟”一句所描写的植被情况相当好，应是由于所谓“胡儿饮马泉”泉水滋养的缘故，但未知此泉究竟在什么位置。如果在今内蒙古五原一带寻找此泉或其遗迹，可谓刻舟求剑、缘木求鱼了。

《登长城》（一题作《塞下曲》）

李益

汉家今上郡，秦塞古长城。

有日云长惨，无风沙自惊。

当今圣天子，不战四夷平。[3]

这里要探讨的是“无风沙自惊”在现实中究竟有无可能，是纯粹出于诗人想象，还是一种自然现象。笔者以为此句描写的可能是沙漠中的“干热对流”，也即“沙旋风”（sand whirl）现象。据吴和庚编著之《普通气象学》一书描述，“干热对流常见于岩石及沙漠区域，尤以草木不生之沙岗及小丘为最”；由“干热对流”产生的“沙旋风”现象可在“晴朗轻风之日”出现。[4]这种情况下，远处的观察者不能察觉有

---

① 《全唐诗》卷二八三，第3226页。
② 《全唐诗》卷二八三，第3219页。
③ 《全唐诗》卷二八二，第3203页。
④ 吴和庚编著：《普通气象学》，商务印书馆，1952年，第326—327页。

风，就会不解何以“无风沙自惊”。由此看来，在唐时秦长城故址一线的沙漠化就已很严重了。

从军夜次六胡北饮马磨剑石为祝殇辞

李益

我行空碛，见沙之磷磷，与草之幂幂，半没胡儿磨剑石。
当时洗剑血成川，至今草与沙皆赤。
我因扣石问以言，水流呜咽幽草根，君宁独不怪阴燐?
吹火荧荧又为碧，有鸟自称蜀帝魂。
南人伐竹湘山下，交根接叶满泪痕。
请君先问湘江水，然我此恨乃可论。
秦亡汉绝三十国，关山战死知何极。
风飘雨洒水自流，此中有冤消不得。
为之弹剑作哀吟，风沙四起云沉沉。
满营战马嘶欲尽，毕昴不见胡天阴。
东征曾吊长平苦，往往晴明独风雨。
年移代去感精魂，空山月暗闻鼙鼓。
秦坑赵卒四十万，未若格斗伤戎虏。
圣君破胡为六州，六州又尽为胡丘。
韩公三城断胡路，汉甲百万屯边秋。
乃分司空授朔土，拥以玉节临诸侯，汉为一雪万世仇。
我今抽刀勒剑石，告尔万世为唐休。
又闻招魂有美酒，为我浇酒祝东流。
殇为魂兮，可以归还故乡些；
沙场地无人兮，尔独不可以久留。①

本诗需注意“当时洗剑血成川，至今草与沙皆赤”一句。从环境史视角来看，首先可以肯定“草与沙皆赤”的红色绝对不是“洗剑血”染成的颜色，因为只有刚流出的鲜血才会是红色，而凝固后的血液呈黑色而非红色。诗句所述沙为赤色，有可能是第三系红层或中生代红色砂岩露出地表后风化形成的产物，也可能与作诗时的光线条件有关。草为何也为赤色而不是绿色，虽尚不能确解，但推测可能与季节及植物种类

① 《全唐诗》卷二八二，第3211页。

有关。艾冲教授亦认为“在实地考察中所见库布齐沙漠的沙粒物质呈现为红黄色，与文中‘至今草与沙皆赤’之语恰相符合。诗人所谓‘沙赤’乃纪实之作。而高原南部毛乌素沙漠则呈现淡黄色，与之区别显明”[①]。总体而言，诗文描述的是一派荒漠草原的景观。

送客归振武

李益

骏马事轻车，军行万里沙。胡山通嗢落，汉节绕浑邪。

桂满天西月，芦吹塞北笳。别离俱报主，路极不为赊。[②]

此时，诗人李益身在灵武（今宁夏吴忠），为朔方节度使幕僚，送行的客人要回归振武军，诗云“军行万里沙”一句，是说从灵武到振武要经过一片范围很广的沙漠地带。

出塞即事二首

顾非熊

其一

塞山行尽到乌延，万顷沙堆见极边。河上月沉鸿雁起，碛中风度犬羊膻。

席箕草断城池外，护柳花开帐幕前。此处游人堪下泪，更闻终日望狼烟。

其二

贺兰山便是戎疆，此去萧关路几荒。无限城池非汉界，几多人物在胡乡。

诸侯持节望吾土，男子生身负我唐。回望风光成异域，谁能献计复河湟。[③]

本诗作者顾非熊，生卒年均不详，约唐文宗开成初年前后出生。本诗中“乌延”一词指的是乌延城，又名乌水城、乌城，唐穆宗长庆四年（824）节度使李祐筑五城以护塞，此为其一。[④]故址一般认为在今陕西省靖边县镇靖古城。“万顷沙堆”之语说明在唐时乌延城一带沙漠化已很明显。

陇西行四首

陈陶

其一

汉主东封报太平，无人金阙议边兵。

---

① 艾冲：《公元7—9世纪库布齐沙漠分布范围探考》，见杜文玉主编：《唐史论丛》第11辑，三秦出版社，2009年，第251—260页。

② 《全唐诗》卷二八三，第3230页。

③ 《全唐诗》卷五〇九，第5790页。

④ 《新唐书》卷三七《地理志一》，第973页。

纵饶夺得林胡塞，碛地桑麻种不生。

其二

誓扫匈奴不顾身，五千貂锦丧胡尘。

可怜无定河边骨，犹是春闺梦里人。

其三

陇戍三看塞草青，楼烦新替护羌兵。

同来死者伤离别，一夜孤魂哭旧营。

其四

黠虏生擒未有涯，黑山营阵识龙蛇。

自从贵主和亲后，一半胡风似汉家。[①]

本诗作者陈陶，字嵩伯，自号三教布衣，鄱阳剑浦人。其生卒年及生平均不详，约唐武宗会昌初前后出生。早年游学长安，善天文历象，尤工诗。举进士不第，遂恣游名山。唐宣宗大中时，隐居洪州西山（在今江西南昌市新建区西），后不知所终。有诗十卷，已散佚，后人辑有《陈嵩伯诗集》一卷。本诗“可怜无定河边骨，犹是春闺梦里人”是广为传颂的名句，由“无定河”的地名来看，虽然题为《陇西行》，其描写的范围当不限于陇西。值得注意的还有“纵饶夺得林胡塞，碛地桑麻种不生”一句，可能体现了唐人对所谓“胡”地环境面貌的一般印象。

以上列举了数十首涉及本区生态环境面貌的隋唐诗文。单从诗文中很难看出整体的气候变化特点，例如唐代后期是否比唐代前期为冷，就无法分辨。但诗中关于沙漠、植被、水体、农牧业情况等的描写还是很有价值的。尤其值得重视的是，唐代的“夏州诗”很多，其中关于夏州城（统万城）周边环境及建筑情况的描写大都为诗人亲历所见，具有较高的史料价值。

第五节　隋唐时期鄂尔多斯高原野生动物的种类与分布

隋唐时期鄂尔多斯高原野生动物群体的种类与地理分布状况，虽然难以完全查明其真相，但还是有线索可循，帮助今天的人们窥探那个时期鄂尔多斯高原地域的动物地理原貌。我们可从下面几个方面进行探索，即《新唐书·地理志》关于“土贡”的内容、北朝晚期鄂尔多斯高原狩猎活动之早期证据、北宋初年旅行者对高原野生动物

① 《全唐诗》卷七四六，第8492页。

的观察等三个方面证据。

一、从《新唐书·地理志》所载地方政府土贡内容剖析

在《新唐书·地理志》中，记载着各州向唐朝中央政府缴纳土贡的种类，尤其是“河曲”地域诸州的土贡内容，间接地保存着部分“河曲”地域野生动物资源的信息。其中，既有畜牧业手工产品，也有狩猎经济加工产品，以及开发当地矿产资源的手工业产品。[①]本节就以此为切入点进行探讨。

《隋书》及两《唐书》皆有《地理志》，但《隋书》及《旧唐书》之《地理志》只记载政区建制沿革，直接反映生态环境情况的文字几无。好在《新唐书·地理志》中除政区沿革外还记载了该地的土贡种类，这些土贡多属动植物产品，而且应该具有一定的生产规模，这为我们了解当时本区的动植物物产以及生态环境情况提供了不少有用的线索。试述如下：

“灵州灵武郡”条下关于土贡的记载颇为丰富，有“红蓝，甘草，花苁蓉，代赭，白胶，青虫，雕，鹘，白羽，麝，野马、鹿革，野猪黄，吉莫靴，鞹，毡，库利，赤柽，马策，印盐，黄牛臆”这21种。“红蓝”应指红蓝地花，也称灯盏花，学名“短葶飞蓬”，是一味治小儿病常用的中药，主要生长在草地及林缘地带。“甘草”是一味常见的补益中药，多生长在干旱、半干旱的荒漠草原、沙漠边缘和黄土丘陵地带，根和根状茎供药用。“花苁蓉”学名列当（*Orobanche coerulescens Steph*），别名草苁蓉、独根草等，是一味补肾、强筋的中药。它是一种比较特殊的寄生植物，也就是说并非依靠自身光合作用而是需要寄生在其他植物（通常是蒿）身上。“代赭”，即代赭石，中药名，为氧化类刚玉族矿物赤铁矿矿石。“白胶”即鹿角胶，亦为中药，说明了唐代灵州一带有鹿生存。“青虫”并非指菜粉蝶之幼虫菜青虫，而是指绿芫菁[②]，也称青娘子，也是一味中药，有利尿、祛瘀、解毒之功效；最近有研究发现其有效化学成分斑蝥素有一定抗癌功效；其成虫植食，而幼虫肉食，常寄生于蜂巢或者捕食蝗虫卵。“雕”是隼形目雕亚科鸟类的统称，未知此处所记具体是何种类。“鹘”也应是一种猛禽，可能是指隼，今有人释为斑鸠，肯定不对，因古人

---

① 《新唐书》卷三七《地理志一》，第972—977页。

② 张维慎认为此处“青虫”当作“青蛇”解，亦可备一说。参见张维慎：《〈新唐书〉“青他鹿角”新解——兼谈“青虫”之名实》，《中国历史地理论丛》2016年第3辑。

概念中的“鹘”是可以捕猎的[①]。成群猛禽的存在说明唐时灵州一带有足够的野生动物供其猎食。“白羽”应该就是字面意思，笔者以为尤指鸟的大型尾羽，在古代常被用来制作箭矢和羽扇。“麝”字尚不确是指整只动物还是仅指麝香，但无论如何，“麝”的存在反映了在唐代灵州附近是有森林存在的，因麝这种动物喜居山林。“野马”可能指普氏野马，为适应荒漠草原环境的动物，今日在本区久已绝迹[②]，由此条记载来看唐时尚有，只是笔者尚未解皇家要这种贡品何用。“鹿革”即鹿皮，既产鹿皮，肯定产鹿，与前述“白胶”之物可相印证。“野猪黄”为野猪体内的胆结石，古代常用作金疮药，而野猪的适应性强，荒漠、草原、森林皆有分布，没有特别的环境指示意义。“吉莫靴”指的是“吉莫皮”所制成的靴子，史念海先生认为可能是野马的皮革[③]，王虎、杨艳庆认为应该是鹿皮[④]。“鞹”指去毛加工后的皮革。“毡”指没有经过纺捻和编织加工的毛毯。“库利”是何物笔者暂不能解。“赤柽”是柽柳科（Tamaricaceae）柽柳属（*Tamarix*）植物，为落叶小乔木或灌木，有耐干旱、耐盐碱、耐风、耐瘠的特性。“马策”为驭马的一种工具，即所谓“鞭策”的“策”，有铜制与竹制两种质地；能作为大宗“土贡”者，应为竹制，说明唐时灵州附近有竹林分布。“印盐”即结晶成方形的盐，笔者猜测因其形状方如印信故名。“黄牛臆”，笔者以为指黄牛的排骨，因古文中“臆”字指“胸骨”，但不是现代解剖学意义上的胸骨，应当是指整个胸部包括肋骨在内；唐时本区应无野牛生存，这些黄牛应是人类饲养的。

“盐州五原郡”条下记载“土贡：盐山、木瓜、{牜+兑}牛”。“盐山”不知何意，笔者以为是大量堆积如山的盐，毕竟此地名为盐州且以产盐著名。“木瓜”指的是蔷薇科植物木瓜［*Chaenomeles sinensis*（Thouin）Koehne］，也就是《诗经·卫风》中所咏之木瓜，而不是今天常见的水果番木瓜（原产美洲，明代以后才传入我国）；该植物在土层深厚、疏松肥沃、排水良好的沙质土壤中生长较好，低洼积水处不宜种植，

① 据传为苏轼所作的《艾子杂说》中记载了这样一个故事：“赵以马服君之威名，擢其子括为将，以拒秦，而适当武安君白起，一战军破，掠赵括，坑其众四十万，邯郸几败。艾子闻之曰：‘昔人将猎而不识鹘，买一凫而去。原上兔起，掷之使击。凫不能飞，投于地，再掷，又投于地，至三四，凫忽蹒跚而人语曰：‘我鸭也，杀而食之，乃其分，奈何加我以掷之苦乎？’其人曰：‘我谓尔为鹘，可以猎兔耳，乃鸭耶？’凫举掌而示，笑以言曰：‘看我这脚手，可以搦得他兔否？’’”其事虽假，但说明在古人观念中“鹘”确为一种猛禽。

② 文焕然遗稿，文榕生整理：《历史时期中国野马、野驴的分布变迁》，见文焕然等著，文榕生选编整理：《中国历史时期植物与动物变迁研究》，重庆出版社，2006年，第234—247页。

③ 史念海：《黄土高原历史地理研究》，黄河水利出版社，2001年，第721页。

④ 王虎、杨艳庆：《外来词“吉莫靴”小考》，《浙江树人大学学报（人文社会科学版）》2012年第3期。

其性喜温暖，或可作为唐代气候温暖的一个佐证。

“夏州朔方郡”条下记载“土贡：毡、角弓、酥、拒霜荠”。“毡”前已述及，无须重复。“角弓”是指以兽角为装饰的硬弓，应该以牛角为多。“酥”指的是牛羊乳制成的酪类食品。这两种土贡从另一侧面反映了唐时夏州一带畜牧业发达。“拒霜荠”是何物笔者暂不能解。

“绥州上郡”条下记载“土贡：胡女布、蜡烛”。“胡女布”顾名思义是胡女所织的布，既有此土贡，一方面说明当时绥州一带胡人汉化并学会织布的情况，另一方面织布需要棉或麻作为原料，说明当时绥州一带有这类作物种植；但笔者尚不能确知所谓胡女布究竟是棉布还是麻布。“蜡烛”在古代主要由动物油脂或蜂蜡、白蜡制成，而不是今日主要由石油工业的产物石蜡制成。如是白蜡，则也可证明森林的存在，因白蜡虫的主要寄主植物是木樨科（Oleaceae）的20余种植物，如女贞、白蜡树等。

“银州银川郡”①条下记载“土贡：女稽布”。“女稽布”一词笔者暂不能确解。

“宥州宁朔郡”条下记载“土贡：毡”。

“麟州新秦郡”条下记载“土贡：青他、鹿角”。“青他”一词，张维慎释为“青蛇”。“鹿角”即为字面含义，无须多解。

“胜州榆林郡”条下记载“土贡：胡布、青他、鹿角、芍药、徐长卿”。“胡布”疑即为前述“胡女布”。“青他”“鹿角”与上条同。“芍药”古今同名，是一种长日照植物，耐旱。“徐长卿”一词在此处并非人名，而是萝藦科（Asclepiadaceae）马利筋亚科（Subfam. Asclepiadoideae Airy Shaw）鹅绒藤属（*Cynanchum* Linn.）的一种植物，学名 *Cynanchum paniculatum*（Bunge）Kitagawa，也是一种中药，耐热耐寒能力强，在腐殖质土或肥沃深厚、排水良好的沙质土壤中生长较好。

特此转引《新唐书·地理志》所载“河曲”地域诸州土贡物品种类如下（见表5-1）。

表5-1　唐代“河曲”地域诸州土贡物品种类简表

州名	土贡物品种类
夏州	毡、角弓、酥、拒霜荠
银州	女稽布
绥州	胡女布、蜡烛

① 此地非今之宁夏银川，前已详述。

续表

州名	土贡物品种类
宥州	毡
盐州	盐山、木瓜、㹀牛
灵州	红蓝、甘草、花苁蓉、代赭、白胶、青虫、雕、鹘、白羽、麝、野马、鹿革、野猪黄、吉莫靴、鞹、毡、库利、赤柽、马策、印盐、黄牛臆
丰州	白麦、印盐、野马胯革、驼毛褐、毡
胜州	胡（女）布、青他、鹿角、芍药、徐长卿
麟州	青他、鹿角
安北府	野马胯革、犛牛尾
单于府	胡女布、野马胯革

资料来源：《新唐书》卷三七《地理志一》，第972—977页。

所谓土贡，是指全国各地州级行政单位向唐廷交纳的本地知名的特别物产，即今人所称之“土特产”。从上表可见，“河曲”诸州上交的土贡物品绝大部分属于手工业产品，而且分别属于畜牧业手工加工产品、农耕业手工加工产品和地矿业手工加工产品，以及特殊的狩猎经济产品。据此，我们可以部分地推断出唐代“河曲”地域究竟存在哪些门类的手工业，即畜牧产品类手工业、农耕产品类手工业、采矿产品类手工业，以及狩猎产品类手工业。其中，畜牧产品类手工业加工品、狩猎产品类手工业加工品是判断“河曲”地域野生动物种群、放牧畜群数量的基本依据。

（一）唐代“河曲”狩猎产品类手工业折射出野生动物的主要种群与分布

狩猎产品类手工业加工品，主要分布在灵州、丰州、麟州、安北府四府州境内。其土贡物品包括野马胯革、鹿革、野猪黄、鹿角、麝香，虽然我们将之归于畜牧手工业产品，但这些产品的原材料应来自狩猎经济活动。换言之，主要通过猎杀野马、野鹿、麝和野猪等自然环境中的野生动物而获得马革、鹿革、野猪黄、鹿角、麝香等手工业加工原材料。各州的土贡物品乃各州的土特产，换言之，唯有该州域才产出那种特产品。这就折射出在唐代“河曲”地域的灵州、丰州、麟州、安北府四府州的广阔荒原上一如既往地生活着野马、野鹿、野猪、野麝等大中体型野生动物种群。

还有诸如青他、青虫、雕、鹘、白羽等土贡物品，也需要通过捕猎活动获取，也属于狩猎类手工制品或者活禽。其中，“青他”经过学者考证，实乃1000多年前栖息在河套地区的蛇类。[1]“青虫”，实乃河套地区一种虫类。“雕、鹘”乃两种凶猛的

① 张维慎：《〈新唐书〉“青他鹿角”新解——兼谈“青虫”之名实》，《中国历史地理论丛》2016年第3辑。

野生飞鸟。“白羽”乃某一种飞鸟的白色羽毛。

据此，可以部分地复原出千余年前“河曲”地域的野生动物种类。已知野生动物种群包括野马、野鹿、野猪、野麝、野羊、青他（蛇）、青虫、雕、鹘等。既有栖息于森林草原环境的野生兽、虫类，也有翱翔于蓝天的鸟类。这就为我们提供了1000年前河套地区野生动物种群的重要信息。隋唐时期的“河曲”地域，自然地理环境相当优越，适宜多种大体型野生动物生存，以及众多鸟类生存。

唯有如此，才能为相关的野生动物皮、角、毛、肉的手工加工业提供可靠的原材料，并且由于其特殊的性能、用途和数量，才能引起官方的重视，被列为区域土贡。鄂尔多斯高原是河套地区最大的地理单元，无疑也是河套地区各种土贡物产的主要产出地。

然而令人遗憾的是，这些1000多年前的为数众多的大中体型野生动物在现代鄂尔多斯高原业已绝迹，青他（蛇）、青虫、雕、鹘等微小体型野生动物种群也多不复存在。尚存的较大型野生动物，诸如野狼、狐狸等，数量甚少。[①] 至于犛牛、黄牛则属于人类畜牧活动的产物，可忽略不计。

（二）唐代“河曲”畜牧产品类手工业折射出放牧家畜的主要种群与分布

表5-1显示，“河曲”地域的畜牧手工业产品包括毡、角、角弓、酥、拒霜荠、对牛、吉莫靴、马策、黄牛臆、驼毛褐、犛牛尾，产地主要是夏州、宥州、盐州、灵州、丰州、安北府等地。

据表5-1可知，“河曲”地域的畜牧手工业产品包括：

制毡手工业（毡、驼毛褐），主要分布在夏、灵、宥、丰四州；

畜角加工手工业（角、角弓、鹿角），主要分布在夏、胜、麟三州；

畜皮加工手工业（吉莫靴、马策、犛牛尾），散布在灵州、丰州、安北府；

肉奶加工手工业（酥、黄牛臆、野猪黄），主要分布在夏、灵二州；

其他畜牧产品手工业（对牛），存在于盐州。

显然，畜牧产品手工业主要分布地以夏州、灵州为主，极可能集中在两州州城及其近郊地方。其次在丰州、胜州、麟州、安北府也有一定数量的分布。

更为重要的是，畜牧产品类手工业所需原材料主要依靠发达的畜牧业经济。而隋唐时期的“河曲”地域，既存在着重要的官营畜牧业，同时存在着大量的民间畜牧业。

首先是大量的民间畜牧业。据学者研究，隋唐时期从事畜牧经济的几个民族及其

---

① 辛易莲、白志荣主编：《杭锦旗文物志》（内部资料），第3页。

部族、部落分布在“河曲”各地，或从事游牧型畜牧生产，或从事驻牧型畜牧生产，其放牧的家畜包括马、牛、羊、驼、驴等种群，成为畜牧产品类手工业维系和发展的可靠基础。①反过来，畜牧产品类手工业的存在又会刺激畜牧业的持续发展。这就标志着家畜种群在鄂尔多斯高原广大地域的普遍分布。

其次，“河曲”地域也存在官营畜牧业。据《新唐书》记载，官营畜牧业是以“监牧”为基本生产单位。即所谓“马者，兵之用也；监牧，所以蕃马也，其制起于近世。唐之初起，得突厥马二千匹，又得隋马三千于赤岸泽，徙之陇右，监牧之制始于此。其官领以太仆；其属有牧监、副监。……初，用太仆少卿张万岁领群牧。自贞观至麟德四十余年间，马七十万六千。……八坊（引者按：当作‘群牧’）之马为四十八监。而马多地狭不能容，又析八监列于河西（引者按：即‘河曲’）丰旷之野。凡马五千为上监，三千为中监，余为下监。监皆有左、右，因地为之名”②。至唐后期，仍在“河曲”地域建置官营牧监。譬如“大和七年，度支盐铁使言：‘银州水甘草丰，请诏刺史刘源市马三千，河西（引者按：“西”乃“曲”之笔误）置银川监，以源为使。’……开成二年，刘源奏：‘银川马已七千，若水草乏，则徙牧绥州境。今绥州南二百里，四隅险绝，寇路不能通，以数十人守要，畜牧无他患。’乃以隶银川监”③。麟德年间，八个牧监被迁至盐州、夏州境内，置夏州群牧使以管之。大和七年（833），置银川牧监于银州境内，仅4年时间放养的牧马数量就翻了一倍。其后，牧场范围扩展至绥州南部。可见，无论是唐前期还是唐后期，“河曲”南部始终存在着官营畜牧业。正是这些官营或民营畜牧业的存在，使得家畜种群分布于鄂尔多斯高原南部区域，即盐、夏、银、绥四州及六胡州境内。

二、从北周时期盐州围猎活动剖析

在公元6世纪，鄂尔多斯高原西部地方呈现着稀树草原的自然环境。在波浪状起伏的高平原上，广泛覆盖着适宜野生动物群体觅食的草类植被；而在水源充裕的河

① 艾冲：《论唐代前期“河曲”地域各民族人口的数量与分布》，《民族研究》2003年第2期；艾冲：《论毛乌素沙漠形成与唐代“六胡州”土地利用的关系》，《陕西师范大学学报（哲学社会科学版）》2004年第3期；艾冲：《唐代“河曲”地域农牧经济活动影响环境的力度及原因探析》，《陕西师范大学学报（哲学社会科学版）》2006年第1期；艾冲：《公元七至八世纪“河曲”地域的民族分布与农牧演替》，见陕西师范大学环发中心编：《鄂尔多斯高原及其邻区历史地理研究》，第132—143页。

② 《新唐书》卷五〇《兵志》，第1337页。

③ 《新唐书》卷五〇《兵志》，第1339页。

沟、湖泊、草滩上，生长着柳、杨、榆等乔木。如此丰富的绿色植物资源，使得鄂尔多斯高原西部区域成为大体型野生动物群体分布的中心地区。

据《周书》记载，北周武帝宇文邕天和五年，十一岁的贵族少年宇文贵随其父宇文宪任职而居住在盐州（故治即今陕西定边县西部沙场子古城）地区。在一次大规模的围猎活动中，十一岁的宇文贵一天就猎获野马、野鹿共计15头，狩猎成果非常显著。即“天和四年，始十岁……年十一，从宪猎于盐州，一围之中，手射野马及鹿十有五头”。

从这段记载可以看出，天和五年，由北周王朝盐州刺史宇文宪组织的这次大型围猎活动是在盐州地区，即包括今陕西省定边县、靖边县西部、宁夏盐池县、内蒙古鄂托克前旗等地，恰好处在今鄂尔多斯高原西部地区。北朝时期，游牧民族经常会组织大规模田猎，而且围场范围很大，经常将数不清的野生动物围困在一个特定空间范围内，任由猎手群体追逐、射杀。在这次大型集体围猎活动中，一个不到十二岁的少年，竟然猎取15头大体型野生动物。应该注意的是，这并未计入那些参与围猎活动的许多成年人的狩猎成果，若要加上他们猎杀的野生动物，一次围猎所猎取的野生动物数量相当惊人。虽然史书未能给出具体的猎杀动物总数量，但我们可以保守地估算。假定一个大型围场的临时布设需要五百人骑着马作为围栏，从四面困住诸多草原野生动物（主要是食草动物群体），再安排一百名猎手专事射猎，总人数大体在六百人左右。那么每个参与围猎的猎人的狩猎成果，保守地估计如同十一岁小孩宇文贵射猎的野兽数量（实际上远不止此数），六百名猎手猎取大体型野生动物数量当在9000头上下。游牧民族举行田猎活动大多选择在秋季或冬季，并不影响草原野生动物种群的繁衍，后者仍然会生生不息。尤其应注意，盐州西邻灵州（故治在今宁夏吴忠市利通区古城湾村西侧黄河中）区域、东毗夏州（故治即今陕西靖边白城则古城）区域。尤其是北朝后期夏州行政区域相当广阔，南抵白于山脉，北达今内蒙古杭锦旗中部、达拉特旗西部诸地。野生动物种群的活动空间没有严格的区域限制，它们在波浪般高低起伏的高平原上随处移动啃草觅食，因此，野生动物种群游弋迁徙范围绝对不局限于盐州地区，还应包括与之毗邻的灵州、夏州地区在内，即整个鄂尔多斯高原西半部区域。而盐州区域相当于今陕西定边、靖边西部，宁夏盐池，内蒙古鄂托克前旗东部诸地，属于鄂尔多斯高原中南部；灵州地区相当于今宁夏黄河以东的吴忠市利通区、同心县东北部、灵武市，内蒙古鄂托克前旗西部、鄂托克旗西部诸地，以及黄河以西的银川平原；夏州地区相当于今陕西靖边县东半部和榆林市横山区、榆阳区西部，内蒙古乌审旗、鄂托克旗东部、杭锦旗东半部和达拉特旗西部诸地。

这就充分表明：在1400多年前的鄂尔多斯高原，诸多大体型野生动物种群游弋在广阔的绿色草原上，包括野马、野鹿、野羊等种类群体成为草原上常见的动物种群。由此可知，北朝后期（534—589）该地自然环境相当优越——绿水青山，河湖众多，稀树草原，植被茂盛，适宜大体型野生动物栖息生存。据此可知，公元6世纪中后期的鄂尔多斯高原西部地区植被生长茂盛，野生动物种群为数众多，尤其是大体型野兽游弋在盐州、灵州、夏州的广阔草原上。在那个时期为数众多的鄂尔多斯高原野生动物中，既有野马、野牛、野鹿、野麢、野羊和野猪等自然环境中的大体型野生动物，也存在野兔、雕、鹘等其他小体型野生动物种群。

至于鄂尔多斯高原东部地区，野生动物种群应与西部地区略同，因为都处在同一气候条件下，且游牧民族相同，都存在射猎传统作为游牧经济的日常补充方式。北魏平城时期诸任皇帝每年秋季大多在“河西”地区举办大型田猎活动，就是明证。所谓“河西”，就是指“河曲”，即今鄂尔多斯高原。北魏皇家组织大型狩猎活动的“猎场”就在今鄂尔多斯高原的东部地区。为方便围猎，北魏皇帝还下令在“河西”东部地区开凿“猎道”。这就间接地反映出北魏平城时期鄂尔多斯高原东部地区生态环境优越，野生动物资源丰富，为北魏皇家与朝廷组织的狩猎活动提供着充裕的捕杀对象。

北朝后期这种大体型野生动物种群的繁衍与分布格局大致延续至隋唐时期。

唐前期东突厥族部落南迁至鄂尔多斯高原东半部后，仍旧从事游牧经济，兼事狩猎经济，可知其时鄂尔多斯高原东部区域野生动物种群依然众多。这从东突厥牧民日常携带弓矢可窥其一斑。

三、从北宋初年王延德行经鄂尔多斯高原的见闻判断

北宋太宗太平兴国六年（981），宋朝供奉官王延德奉命出使高昌地区（今新疆吐鲁番）途中，经过夏州北部区域，观察到今鄂托克旗北部原野生存着成群的黄羊种群。据此前溯，可证明唐代该地区也栖息着野生黄羊种群。《宋史》载：“王延德，大名人。少给事晋邸。太平兴国初，补殿前承旨，再迁供奉官。（太平兴国）六年，会高昌国遣使朝贡，太宗以远人输诚，遣（王）延德与殿前承旨白勋使焉。自夏州渡河，经沙碛，历伊州，望北庭万五千里。雍熙二年，（出）使还，撰《西州程记》以

献，授崇仪副使，掌御厨。明年，拜正使，出知庆州。”[①]而王延德撰写的《西州程记》被节录在《宋史·高昌传》中，原文如次：

建隆三年四月，西州回鹘阿都督等四十二人以方物来贡。乾德三年十一月，西州回鹘可汗遣僧法渊献佛牙、琉璃器、琥珀盏。太平兴国六年，其王始称西州外生师子王阿厮兰汉，遣都督麦索温来献。五月，太宗遣供奉官王延德、殿前承旨白勋使高昌。八年，其使安鹘庐来贡。雍熙元年四月，王延德等还，叙其行程来献，云："初自夏州历玉亭镇，次历黄羊平，其地平而产黄羊。渡沙碛，无水，行人皆载水。凡二日至都啰啰族，汉使过者，遗以财货，谓之'打当'。次历茅女娲子族，族临黄河，以羊皮为囊，吹气实之浮于水，或以槖驼牵木栰而渡。次历茅女王子开道族，行入六窠沙，沙深三尺，马不能行，行者皆乘槖驼。不育五谷，沙中生草名登相，收之以食。”[②]

王延德率领的使团自夏州出发至渡黄河路段行程，基本呈现为东南向西北的走向。经过“玉亭镇”（今内蒙古乌审旗嘎鲁图镇西北部的呼和淖尔古城）后继续前行，穿过“黄羊平”（今内蒙古鄂托克旗东北部湖泽星罗棋布的高平原）区域期间，观察到当地盛产野生黄羊，即所谓“其地平而产黄羊”。黄羊只是他们穿行于该地区时所目睹的大体型野生动物种群，还有其他野生动物未被他们发现。

雍熙元年，即太平兴国九年（984）。据此可知，王延德使团前往高昌地区前后历时3年，即太平兴国六年五月动身出发，至雍熙元年四月返回。需要提及，史书对此事的记载存在着小小的时间差。即王延德本传称“雍熙二年，（出）使还，撰《西州程记》以献”，而非雍熙元年。如何看待这个年份差异呢？其实不难解决。细读原文可知，雍熙二年（985）必是王延德返回东京后经历一段撰稿时间而将定稿的《西州程记》呈献给最高统治者——宋太宗皇帝的年份。这与他于雍熙元年四月返至宋朝都城——开封府城年份并不矛盾。依此判断，公元10世纪80年代，鄂尔多斯高原西部内流水系地区依旧生存着大量的野生动物种群。其中，被旅行者发现的就是数量众多的野生黄羊种群。分布在高原西部广阔草原的野生黄羊群体当然并非至北宋初期才栖息于此地区，而是已在此区生存了千百年之久。由此向前追溯，可以肯定隋唐时期鄂尔多斯高原西部就已存在着野生黄羊种群，以及其他大体型野生动物群体。这是一个典型个案证据。

通过剖析历史文献记载，部分地再现出千余年前鄂尔多斯高原地域生存的部分野

---

① 〔元〕脱脱等：《宋史》卷三〇九《王延德传》，中华书局，1985年，第10157页。
② 《宋史》卷四九〇《高昌传》，第14110页。

生动物种类、放养家畜类别。这就表明：隋唐时期“河曲”地域自然地理环境较今天更为优越，适宜多种大体型野生动物及众多飞禽的栖息繁衍。但与此同时，“河曲”地域的西北部、西南部也先后出现“库结沙”（初期“库布齐沙漠”）和“沙”（初期“毛乌素沙漠”）。土地沙漠化的漫延对唐代以后该地域自然环境演变将产生重要的负面影响。

第六节　隋唐时期鄂尔多斯高原天然植被的种类与分布

依据北魏时期郦道元《水经注》的记载，参照文物考古和实地调查资料，对于隋唐时期的鄂尔多斯高原天然植被覆盖状态特做探索。此前，前辈学者史念海先生曾研究过历史时期鄂尔多斯高原森林植被的变迁，其研究成果收入《河山集》第二集中。①

北魏宣武帝景明二年至隋文帝开皇二十年（501—600）间，鄂尔多斯高原的天然植被状况怎样呢？据史念海先生研究可知，鄂尔多斯高原在公元7世纪之前曾经存在大范围的森林植被。这种植被分布状况直至10世纪初期并未发生剧烈的变化，但出现新的不稳定因素。在此，将鄂尔多斯高原划分为东部、西部两个区域予以探讨。②

一、隋唐时期鄂尔多斯高原东部区域的天然植被

所谓鄂尔多斯高原东部，相当于今内蒙古鄂尔多斯市杭锦旗东缘、达拉特旗、准格尔旗、东胜区大部、伊金霍洛旗东北部、乌审旗南部与东缘，以及陕西榆林市府谷、神木、榆阳、横山、靖边、米脂、佳县、吴堡、绥德和清涧诸县（市、区）之地。

（一）东部区域野生植物群落的种类

南北朝后期迄隋朝时期，鄂尔多斯高原东部区域呈现出大范围天然森林植被覆盖的景观，尤其是在各条外流水系的上游及发源地。在此依据文献记载及其他资料，可部分地再现高原天然林植被的主要种类与分布区域。由于资料的欠缺，不可能完整地复原其全貌。

北魏太武帝拓跋焘于公元427年五月至七月吞灭赫连夏国之后，控制了今鄂尔多

① 史念海：《历史时期黄河中游的森林》，见史念海：《河山集》二集，第232—313页。

② 鄂尔多斯高原的东部、西部是依照内流区域与外流区域间的界线划分的。这条界线大体分布在乌审旗东部、伊金霍洛旗中部、东胜区西部和杭锦旗东部。

斯高原，鉴于此地域水草丰美、草原广阔，遂在此建立国家养马机构，全力发展畜牧业。《魏书·食货志》载："世祖之平统万，定秦陇，以河西水草善，乃以为牧地。畜产滋息，马至二百余万匹，橐驼将半之，牛羊则无数。"所谓"河西"，即今鄂尔多斯高原。由于天然植被、河湖水资源条件良好，这里还是北魏皇族巡幸、狩猎之地。

至北魏后期，今鄂尔多斯高原中南部分布着茂密的乔木及灌木植被。郦道元的《水经注》记载："河水又南，诸次之水入焉。水出上郡诸次山，……其水东经榆林塞，世人谓之榆林山，即《汉书》所谓榆溪旧塞者也。自溪西去，悉榆柳之薮矣，缘历沙陵，届龟兹县西北，故谓广长榆也。……其水东入长城，小榆林水合焉，历涧西北，穷谷其源也。"诸次水，即今陕西神木市西部的秃尾河。汉代龟兹县城故址，即今乌审旗北部的敖柏淖尔古城。郦道元生活于北魏皇兴四年至孝昌三年间。其《水经注》的撰写与成书应在6世纪初期的近30年间，即501—527年间。据此可知，6世纪初期，自诸次水中上游经"榆林山""诸次山"往西抵达"龟兹县西北"，乃是"悉榆柳之薮矣"的"广长榆"地带，即分布着大范围的包括榆树、柳树等树种的森林区。换言之，距今1400多年前，今秃尾河上游往西经今伊金霍洛旗南部、乌审旗北缘而直至鄂托克旗东北隅的地带，生长着茂密的森林植被。在气候条件未出现剧烈波动的情况下，这里的天然森林植被必将延续至隋唐时期。

在其北方的今东胜梁地带，据历史文献记载推断，在今内蒙古准格尔旗西南部的窟野河上游支流——牸牛川发源地，即今东胜梁东段南坡，汉代曾经分布着成片的竹林。《后汉书》载：东汉初年，"（郭）伋为并州牧。……始至行部，到西河美稷，有童儿数百，各骑竹马，道次迎拜。伋问'儿曹何自远来'。对曰：'闻使君到，喜，故来奉迎。'"[①]西河郡美稷县城故址在今准格尔旗西南部的暖水镇榆树壕村古城，恰好坐落在牸牛川上游河道东侧山坡上。[②]这段记述反映出东汉初期美稷县所在的今准格尔旗南部的窟野河上游源头区域、黄甫川上游两条支流河川——纳林川、十里长川流域生长着大范围的天然竹林植被。由于取材方便，易于制作，才会出现美稷县城数百名儿童以竹竿为马，骑着竹马玩游戏之事。除过竹林之外，该地区必然存在着其他乔木类天然植被，只是未被记载而已。东胜梁南坡的竹林植被，尽管其分布范围随着人们经济活动的影响会出现若干变化，但应当延续到了隋唐时期。

① 《后汉书》卷三一《郭杜孔张廉王苏羊贾陆列传》，第1093页。
② 王兴锋：《汉代美稷故城新考》，《中国边疆史地研究》2016年第1期。

在榆树壕村古城周边地方出土的青铜牌饰动物图像分析也可作为旁证。20世纪60—70年代，文物考古人员先后在准格尔旗战国秦长城内侧的瓦尔吐沟、速机沟、玉隆太等地汉代墓葬中发现鹿形的铜质饰件。鹿类野生动物属于林中之兽。鹿形铜饰件折射出上述诸地在近2000年前存在过森林植被，而今几乎绝迹。还有出土的随葬品——雕刻着鹿、虎等形状的铜质饰牌，则显示鹿、虎类动物的生态环境属于森林草原环境。这种森林草原生态环境历经魏晋南北朝而至隋唐时期，宏观视野大体未变，微观变化时有发生。

十六国后期的赫连夏在今陕西靖边县北缘——鄂尔多斯高原南部无定河北岸建造起一座宏大的都城——统万城。营筑都城所消耗的大量木材也当采伐于本区域的森林，很可能来自南方的白于山区。至20世纪70年代，文物工作者曾在统万城遗址中发现筑城木料的堆放地，竟然包括不少的粗可合抱的松、柏、杉等树种木材。这些树种应当产自本地区。前述历史文献和考古文物间接记录的由榆、柳、竹、松、柏、杉等乔木与灌木类天然植物群落构成的绿色植被，当延续至隋唐时期。

南北朝迄隋唐时期，鄂尔多斯高原南部边缘的白于山脉未见明确的天然森林记载。但是，宋代记载颇多。我们可采用逆向推理的方法复原先宋时期的植被面貌，即依据宋代植被信息反证隋唐时期鄂尔多斯高原南缘山地森林的存在。

白于山脉是鄂尔多斯高原南界的显著地物标志。综合宋代文人的记载，今白于山区及横山山区生长着成片分布的茂密森林，包括大片的柏树林带，宋人称作“土山柏林”。《宋史》载：“自鄜、延（路）以北，多土山柏林。……从延州入平夏有三路，……缘此三路，土山柏林，溪谷相接”[①]。其他宋代文献也论及“北界山林”，即“鄜延路界地名抻班岭已来一带，并与北界山林接连，乞禁止采伐”[②]。可见，在白于山区三条宋夏交通道路两侧连续分布着主要包括柏树群落的森林，当然也存在着其他树种，只是古代文献未做详细记录罢了。那么，在远离道路、人迹较少的深远山区，白于山脉“北界山林”当更为茂密广阔。宋代文人所述，既指白于山脉南坡森林状况，也包括白于山脉北坡分布的柏林。例如：在银州城（在今陕西榆林市横山区党岔镇无定河与榆溪河汇流处）南侧山谷，满山生长着稠密的柏树，形成柏树林带。[③]不难想象，白于山、横山的天然森林当然并非宋代才出现，而是在此山区已经生存繁衍了千万年之久，这也就包括早于北宋立国的隋唐时期。换言之，隋唐时期鄂尔多斯

① 《宋史》卷二六四《宋祺传》，第9129—9130页。

② 〔清〕徐松辑：《宋会要辑稿》兵二七，中华书局，1957年，第7255页。

③ 《宋史》卷二六四《宋琪传》，第9129页；《宋会要辑稿》兵二七，第7268页。

高原南部边缘的白于山区及横山山区分布着以柏树为主要树种，间杂着松、杉、杨等树种的绿色森林资源。

在今窟野河中游地区的山坡，唐代文献明确记载着关于森林植被的信息。早在唐玄宗时，麟州（故治即今陕西神木市杨家城村古城）所辖区域的今陕西神木市北部的松树林带已很有名气，主要是得到著名诗人王维《新秦郡松树歌》的吟诵。诗作的前两句所谓“青青山上松，数里不见今更逢”[①]，就是描写麟州境内山岭被天然松树植被所覆盖之景色。所谓“新秦郡”，实乃麟州改郡之称谓也。隋唐两代的地方政区改革，即由原来的三级地方政区改为二级，或存州废郡，以州辖县，或废州存郡，以郡辖县，此时州郡等同，故《新唐书·地理志》的篇目中州名和郡名并存，即反映了当时州郡互替的现象。曾经的历史事实是：唐武德元年（618），唐高祖将隋代大业年间郡政区更名为州，新秦郡遂改为麟州；唐玄宗天宝元年（742），又将州级政区更名为郡，麟州又改为新秦郡；至唐肃宗乾元元年（758），又将郡再次改名为州，新秦郡复为麟州。因此，这里的“新秦郡”即自天宝元年至至德二年（742—757）期间麟州的更名也。新秦郡和麟州只是在名称上发生了变化，其辖境及其政区的层级均无实质变化。唐代麟州辖区相当于今陕西神木市、府谷县，内蒙古准格尔旗南半部（东胜梁以南区域）。在此区域内，唐代山岭之上苍翠的松林遍布山野，即“青青山上松”。诗人王维行进在窟野河谷之中，由于河谷连续的石质断崖阻挡视线，因而发出“数里不见今更逢”的感叹。

唐代诗作也间接地反映出胜州（治今准格尔旗十二连城古城）南部地区盛产巨材，有松、柏诸种树木构成的天然森林。王维的诗作《榆林郡歌》实乃明证，即所谓“山头松柏林，山下泉声伤客心”[②]也。“榆林郡”，即胜州在唐玄宗天宝至肃宗至德年间的更名也。据此可知，唐代胜州南部山地（今东胜梁余脉）分布着成片的松、柏、榆树组成的天然森林，东达黄河之滨，即“山头松柏林”的森林景观。而旅行者行走在山谷中，聆听着山泉在岩石、草丛中潺潺流动的声音，不免引发惆怅的心情。

唐代麟州境内的山地松林延续至元明清时期，甚至现当代仍然可见其遗存，成为唐代森林大面积存在的实物证据。首先，今神木市始建县于元朝至元六年（1269），故治即唐代麟州城（今陕西神木市杨家城村古城）。《元史》谓：“神

① 《全唐诗》卷一二五，第1260页。
② 《全唐诗》卷一二五，第1260页。

木（县），下，元初，创立云州于古麟州之神木寨。至元六年，废州为县。”[①]其县名的来历，乃起因于县城（今杨家城）东南侧生长着三棵枝柯相连的巨大松树，时人称作“神松”而得名。《神木县志》载：神松“在县（城）东北杨家城，即古麟州城。相传城外东南约四十步有松树三株，大可两三人合抱，为唐代旧物。人称神木。金以名寨，元以名县，明初尚有遗迹，今已无存”[②]。这就表明，至迟到13世纪60年代，今神木市北部仍存在天然松林的孑遗。而今在杨家城村南侧公路旁的神庙附近依旧生长着几棵难以合抱的巨大柏树，据说是北宋名将杨业亲手栽植。[③]其次，依据我们的野外调查，在神木市永兴街道办事处驻地北侧的黄土塬上，迄今仍可见到古代遗留的两棵高大挺拔的油松树。其中，东面山顶的一棵松树，胸围达3.66米，折算其直径约为1.17米，树冠巨大，枝叶茂盛，遮天蔽日；（见图5-1）西面山头的另一棵巨大松树，树干高大挺拔，长势旺盛，尤为引人注目。第三，五代至北宋时期的丰州管区，相当于今陕西府谷县北境和内蒙古准格尔旗东南部，州城周边数十里地带依旧呈现出“草莽林麓”的自然环境，近城之地生长着白榆、旱柳诸种树木，天然植被覆盖度良好。即“伏见国家复修丰州故城，仍差人知州。……环城数十里皆草莽林麓而已”[④]。可知，北宋丰州地区仍存在大面积的森林与茂盛的草场。该地区属于今陕西府谷县北部与内蒙古准格尔旗南部的黄甫川、清水川、孤山川的中上游流域。第四，北宋时期，西夏控制的窟野河以西地带，同样生长着大范围的天然树林，成为西夏抵御宋军进攻的植被屏障。《大元一统志》载：西夏“欲自鄜延以北，盗耕窟野河西之田，（后虽）抽其兵还，然银城以南，盗耕自若。盖以其地外则蹊径险隘，杉柏丛生，汉兵难入”[⑤]。此处的“银城”，实指麟州的属县之一，故址在今神木市西南20千米、窟野河西侧的黄家石头村东。这就表明，宋代“银城以南”地方，多有杉、柏等树种群落组成的森林分布，自然环境颇为优越。

---

① 〔明〕宋濂等：《元史》卷六〇《地理志三》，中华书局，1976年，第1426页。

② 〔清〕王致云纂修：《（道光）神木县志》卷二《舆地志下·古迹》，见《中国地方志集成·陕西府县志辑》第37册，凤凰出版社，2007年，第476页。

③ 2016年6月，包括作者在内的野外考察队对杨家城村西侧的古城、南侧的古柏进行了详细的踏查与测量。

④ 〔宋〕司马光：《司马光集》卷二一《论复置丰州札子》，李文泽、霞绍晖校点整理，四川大学出版社，2010年，第577页。该书卷九《三月晦日登丰州故城》云：“春尽芜城天一涯，白榆生荚柳生花。”（第307页）

⑤ 〔元〕孛兰肸、岳铉等修：《大元大一统志》卷五五〇《葭州》，“国立中央”图书馆，1985年，下册第274页。

图5-1 陕西神木市永兴堡古油松树

上述诸地的天然森林，为宋元时期文人所记载。这当然并非宋元时期才出现，而是从历史时期传承而来。至迟在隋唐时期就已存在。再往更早推，可上溯至先秦时期。先师史念海先生认为："鄂尔多斯高原的森林由赵武灵王时以迄于清代前期都相当茂盛繁多，林区分布于高原的北部、东部和南部。其西部和西南部未见文献记载，目前尚无考古发掘，只能暂时阙疑"①。既然如此，前述宋元时期各地方存在的天然森林植被，早在隋唐时期就已存在着。因此，这些宋元时期文献记录当然可作为判定唐代森林植被种类与分布的依据。

（二）东部区域野生植物群落的分布

依据前述诸多资料可得出如下推论：至隋唐时期，鄂尔多斯高原东部区域森林植被广泛分布。距今1000余年前，今东胜梁东段各条河川发源地生长着松、柏、榆、柳、竹、杜松诸群落构成的天然森林；今窟野河中游河道两侧山岭分布着以巨大松树为优势种群的森林；今秃尾河上游流域向西抵达今鄂托克旗东北部地带则分布着以榆、柳为优势树种的森林植被；今白于山、横山山区位于高原南缘，降水条件较好，森林植被的构成树种较多，既包括柏、杉、松等针叶树种群落，也包括榆、柳、杨、

① 史念海：《两千三百年来鄂尔多斯高原和河套平原农林牧地区的分布及其变迁》，《北京师范大学学报》1980年第6期。

木瓜等阔叶树种群落在内。可以说，鄂尔多斯高原东部外流区域的森林植被、灌木植被的分布相当广泛，标志着隋唐时期宏观的生态环境较为优越，显示出绿水青山的时代特征。

史念海先生认为："只（要）是人口较为稀少的地方，土地利用率不大，森林才有生长扩大的可能。"[①]鄂尔多斯高原中南部的古代森林（包括树林、竹林），正因该区人口数量较少，所受破坏轻微，才得延续至隋唐时期，乃至宋元明清时期。[②]

二、鄂尔多斯高原西部区域的天然植被

鄂尔多斯高原的西半部，相当于今内蒙古乌审旗大部、鄂托克前旗、鄂托克旗、杭锦旗大部、东胜区西部、乌海市海勃湾区和海南区，宁夏石嘴山市平罗县河东部分，银川市兴庆区东部，灵武市，吴忠市利通区、盐池县、红寺堡区和同心县东北部之地。

（一）鄂尔多斯高原西部区域野生植物群落的种类

探索鄂尔多斯高原西部区域隋唐时期天然植被种类问题，在缺乏历史文献资料时，运用文物考古资料进行推论是非常必要的途径。在此，透过剖析墓葬群出土棺椁材料、青铜牌饰鹿类动物图形，尽可能地探究高原西部区域隋唐时期天然植被状况。

在今杭锦旗锡尼镇东北约8千米的一座孤立山包——乌兰陶勒盖的西汉晚期墓葬群，考古人员于1987年9月进行了抢救性发掘。在洞室墓出土了松木制作的木棺，在竖穴木椁墓出土了垒砌组合成木椁的为数众多的粗加工的半圆木材和未加工的圆木，半圆木材板厚约0.12米，圆木立柱直径0.1—0.14米。椁内木棺系柏木制作而成。在墓穴中还出土了用桦树皮制作的器物。这处西汉晚期墓群东侧存在一条由南向北的陶勒沟河谷。这些墓葬出土的木材表明，早在2000多年前的汉代，今杭锦旗东部陶勒沟流域生长着高大的乔木，其树种应包括松树、柏树、桦树。因为墓葬所用木材不可能从遥远的外地运来，而应是就地采伐。陶勒沟的流水源出东胜梁西段，意味着后者应是天然林木的生长地。

无独有偶，在今杭锦旗东南部的桃红巴拉汉代匈奴墓葬、杭锦旗中西部的霍洛柴登古城附近汉代匈奴墓葬、鄂尔多斯市东胜区西南缘的漫赖村汉墓，皆出土了数量众多的粗大原木制作的棺椁。其原木直径往往在0.2—0.3米，甚至达0.4米。原木种类皆为松木、柏木。一座墓葬的棺椁制造竟然用了数百棵原木，它们应当是采伐于附近山

① 史念海：《历史时期黄河中游的森林》，见史念海：《河山集》二集，第261页。

② 参见史念海：《秦汉魏晋北朝时代黄河中游森林分布图》，见史念海：《河山集》二集，第262页。

坡的树林，并非运自远方，也无此必要。这种消耗大量木材的木椁墓在伊金霍洛旗合同庙乡小速贝汉墓也有发现。这就表明，早在汉代，今杭锦旗东南部和中西部、鄂尔多斯市东胜区西南部、伊金霍洛旗北境所处的东胜梁西段南北坡面也分布着松树、柏树等乔木植被。[①]而伊金霍洛旗北境属于东胜梁南坡，显然这里也是汉代林地所在。更为重要的是，东胜梁西段的森林树木应该延续至隋唐时期。

唐代前期，六胡州所在今鄂托克旗、鄂托克前旗显示出一派稀树草原风光。据《全唐诗》记载，武后长安二年（702），李峤奉命监筑六胡州的各州治城。竣工之际，李峤赋诗《奉使筑朔方六州城率尔而作》一首。其中，所谓“驱车登崇墉，顾眄凌大荒。千里何萧条，草木自悲凉”[②]的咏叹，蕴含着纪实抒情的意味，折射出那里是一派绿树点缀的温带草原风光。虽然是文学作品，但间接地折射出在河谷、山区、泉湖之畔，生长着杨、榆、柳、槐等阔叶乔木，缓坡丘陵地带水草丰盛，适宜畜牧。这种良好的自然环境由来很久，至迟在公元6世纪就已存在。

这些史料为我们提供了一个极其重要的历史信息：隋唐时期，“河曲”地域自然地理环境相当优越，林草丰茂，河湖众多，适宜多种大体型野生动物的生息与繁衍。

千年之后的20世纪30年代，在鄂尔多斯高原，除放牧的马、牛、羊、驼等畜群外，较大的野生动物也有一些分布。调查显示：“伊盟的野生动物，计有狼、黄羊（麇）、狐狸、猞猁。产狼最多的地方为鄂托克旗，其他各旗时时出没。深山大林中本是狼的居处之所，人们以为茫茫沙漠的地方不会有狼的迹影罢（吧）？事实不然，这里的狼更是凶猛。冬日如有猎枪一支，骑马出猎，很可（能）打着野狼。黄羊到处皆是，成群结队。驰驱于草原大漠中，疾如飞鸟。皮可制褥，肉味很美。冬日猎人常猎之。狐狸很多。一到冬天，蒙人携枪一枝，行于荒沙枯草之间，寻其潜居之穴；偶有发现，立即鸣枪射击，毙之而取其皮，或售于商人，或自制衣帽，为用很广。蒙人有专打狐狸者。野兔及山雉亦很多，野草荒沙间常见兔跃雉飞。它们是自由生息，猎取者很少，因为在蒙古人心目中觉得没有大用，也就不去理它了。”[③]据此可知，唐代六胡州所在今鄂托克旗与鄂托克前旗之地，迄晚近依然是诸多中体型野生动物如狼、黄羊（麇）、狐狸、猞猁的栖息地，以及小体型野生动物诸如野兔、野鼠和野山雉的生存之地。此外，较为常见的飞禽包括野雁、野鹰、野雕、野百灵鸟、遗鸥、白

① 伊克昭盟文物工作站：《杭锦旗乌兰陶勒盖汉墓发掘报告》，《内蒙古文物考古》1991年第1期。
② 《全唐诗》卷五七，第687页。
③ 伊克昭盟地方志编纂委员会编：《伊克昭盟志》，见曾庆锡等修纂：《鄂托克富源调查记　准郡两旗旅行调查记　伊盟左翼三旗调查报告书　伊盟右翼四旗调查报告书　伊克昭盟志　伊克昭盟概况》下册，2007年，第302—303页。

天鹅等等。

那么，千年之前的隋唐时期，当地的自然环境必定更优于现代，野生动物的种群与数量当然更优于20世纪30年代。而当今，由于人类经济活动的快速发展，古代曾经存在过的大体型野生动物在鄂尔多斯高原大多绝迹，不复存在；尚存中体型野生动物诸如野狼、黄羊、狐狸等数量极少，濒临灭绝。[①]

北魏后期（公元6世纪前期），在鄂尔多斯高原的西北部存在一小片沙漠。其后发展成为制约草原森林分布范围的负面影响因素。依据《水经注》的记载，这片魏晋时期形成的沙漠位于今杭锦旗北部靠近黄河地带。我们可称之为初期“库布齐沙漠”。郦道元在《水经注·河水三》中写道：“余按，南河、北河及安阳县以南，悉沙阜耳，无佗异山。故《广志》曰：‘朔方郡北移沙七所，而无山以拟之。’是《音义》之僻也。”郦道元生于北魏皇兴四年，卒于孝昌三年。其著作《水经注》成书年月自然在卒年之前，略当北魏宣武帝景明元年至孝明帝孝昌三年（500—527）。换言之，《水经注》记录的流动沙丘群——“移沙七所”，就是公元6世纪初期的初期“库布齐沙漠”的状况及位置。郦道元所谓“南河”乃相当于今黄河河道的大体位置（实际在今河道之南），安阳县城故址在今内蒙古乌拉特前旗乌拉山南侧。这就表明：“悉沙阜耳，无佗异山”，“朔方郡北移沙七所，而无山以拟之”的流沙地貌景观，分布在“南河”（略当今黄河）之南、杭锦旗北部。此地正是今杭锦旗北部、当代库布齐沙漠的腹心区域。王北辰先生在其论著中曰：“依注可知，当时南河以南全有沙丘，此系郦道元所亲见，唯不知其范围”。

至北魏末年，初期“库布齐沙漠”尚未被命名，但是仍被人们时时提及，称作“沙塞”。《周书·文帝纪》载：北魏孝武帝永熙二年，宇文泰（黑獭）与贺拔岳讨论关西灵州、夏州政治局势时曾说：“今若引军近陇，……西辑氐羌，北抚沙塞，还军长安，匡复魏室，此桓文之举也。”需要注意的是，其时，贺拔岳驻军于平凉，节制灵、夏、泾、秦等关西诸州。所谓“沙塞”，系指灵、夏两州北缘的流沙地带——今杭锦旗北部的初期“库布齐沙漠”，因其沙丘呈东西方向绵延一线，壅塞地表，遂被称为屏护灵、夏两州之“沙塞”。

在今库布齐沙漠的西部腹心地区，文物考古工作者发现数处西汉时期城镇遗址。例如：摩林河古城址位于伊和乌素镇林场东北2千米的摩林河之西，迄今处在沙化严重的荒漠地带。提格庙古城址，位于赛音乌素苏木西北约60千米的库布齐沙漠中心

① 参见辛易莲、白志荣主编：《杭锦旗文物志》（内部资料），第3页。

区，城址平面呈正方形，东西长约1500米，南北宽约1400米；在其东北，发现墓葬群。敖然敖包古城址，也位于赛音乌素苏木西北60千米的库布齐沙漠中心区。那林霍拉霍古城址，坐落于赛音乌素苏木驻地东北方、库布齐沙漠北部。依据汉代古城位置推论，西汉时期，今库布齐沙漠西部区域无疑是适于人类居住、生产和生活的生态环境良好的地方。至东汉中期后，此地才逐渐泛起流沙，形成“库布齐沙漠”的雏形，遂慢慢扩散开来。直至6世纪初期，被郦道元记载于《水经注》中。延至唐代，人们对这片沙区获得更多的认知，遂冠以“库结沙”“普纳沙”之名。

隋唐时期，“库结沙”分布范围较北朝后期出现一定扩大，不过仍局限在今毛布拉孔兑河以西。

（二）鄂尔多斯高原西部区域野生植物群落的分布

透过前述资料剖析可知，鄂尔多斯高原西部区域（主要是指内流水系分布区，也包括少数外流河川流域）隋唐时期呈现出一派温带稀树草原环境：在广阔的草原上，星星点点地分布着少量的乔木群落与灌木群落，水草丰茂，湖泽星罗棋布，游牧民族赶着畜群游弋于蓝天白云之下，一种天高地远、空旷幽深的意境油然而生。在今杭锦旗东南部和中西部高地，散布着面积不大的天然森林植被；今达拉特旗南部高地、伊金霍洛旗北境山坡也是如此。伊金霍洛旗西南境、乌审旗北境和鄂托克旗东北隅，则分布着北朝以来就已存在的榆柳树林。高原西南部的大罗山、小罗山、牛首山等山区，也存在着森林植被。至于高原西缘的桌子山山区，则由于气候干燥、降水稀少、风力强劲、土层浅薄而无乔木类植物存在。

除此之外，绝大部分高平原地区基本属于温带草原植被环境，草类生长茂盛，为那时的游牧经济、野生动物繁衍提供着良好的牧草资源。

第七节　隋唐时期鄂尔多斯高原动植物分布特点及影响因素

如前所论，在隋唐时期的鄂尔多斯高原，野生动物种群与天然植被群落存在其特定的宏观分布格局，并且随着时间推移，其分布格局也出现了微妙的耐人寻味的变化。

一、隋唐时期鄂尔多斯高原动物、植物分布特点

基于高原波状高低起伏的地势地形和天然植被状态，野生动物种群的空间分布

存在地形的差异，天然植被的分布则受到地势高低的影响。高原波状起伏的地势，造就了山地与河谷、梁地与滩地相间分布的自然地形。从宏观视角考察，地势较高的地方主要包括高原南部边缘的白于山、横山、大小罗山和牛首山，以及高原中部的东胜梁、四十里梁和西部边缘的桌子山等高地，其次就是波状高原地表高差较小的硬梁地势；地势较低的区域则包括分布在山梁间的河谷，诸如山水河、无定河、葭芦河、秃尾河、窟野河、孤山川、清水川和黄甫川等河川谷地，也包括广泛散布于波状高原地表的山梁纵横或低洼的湖滩地、沼泽地等。因此，高原地表波浪状起伏的地形决定着野生动物种群和天然植被分布与生存的空间格局。

（一）野生动物种群的分布特点

依据动物分类学而言，野生动物种群大体可分作食肉动物和食草动物两大类，另有啮齿动物。具体到鄂尔多斯高原来说，狼、狐、豹、虎等属于食肉动物，马、牛、羊、鹿、猪等属于食草动物。大体型野生动物种群基本上栖息在森林与草原毗邻区域，即诸如豹、虎、羊、鹿、猪等野兽分布于今白于山脉及其以北区域、今大罗山以北区域、东胜梁及其附近区域。狼、狐、马、牛、羊、鹿诸食肉或食草动物种群游弋于广阔的波状起伏的草原地带。中小型野生动物种群也分布于草原地带。其中，若干适应环境能力较强的野生动物诸如野狼、野狐、野鹿、野猪，既栖息于山区与丘陵的森林、灌木等绿色植被之中，也活动于草原地带。

总之，在鄂尔多斯高原地域，野生动物种群既适应着地形、植被等客观自然条件，也遵循着食物链的客观规律。那个地方存在着野生食草动物种群，也就必然存在其天敌——野生食肉动物种群。

（二）天然植被群落的分布特点

依据正史、唐代诗作的记述推断，隋唐时期鄂尔多斯高原天然植被的分布犹如其以前时段。

在其东部外流区域，耐旱的针叶树群落——松、柏、杉等树种构成的森林植被覆盖在高度较大的山头、山坡与塬面，诸如白于山、横山、罗山、东胜梁分水岭地带及其他地势高亢之地。而在地势较低、地形平缓的地方，由于水源条件相对好些，生长着阔叶树群落——榆、柳、杨、木瓜等树种。此外，灌木类、草类植被分布于其间。河谷区域则生长着湿生或水生植物种群——蒲草、莲藕、浮萍等。

在其西部内流区域及外流区域，由于气候相对于东部较为干燥，沙质底层分布广泛，年降水量稀少，乔木、灌木植被覆盖度较低，仅在河边、滩地等地下水位较高之地生存。广大的波状起伏的高平原地表被各种草类植物群落交织覆盖，呈现出一派绿草如茵、湖泽如镜、天高云淡的优美自然环境。隋唐时期这样丰茂的草原环境，孕育着诸多民族的繁荣的畜牧经济，也保障着众多的野生动物种群的栖息与繁衍。这些既是高原天然植被分布格局，也是其分布特点。

二、隋唐时期鄂尔多斯高原动物、植物分布格局的影响因素

影响隋唐时期鄂尔多斯高原动物、植物分布状态的客观因素是多种多样的，包括宏观气候条件、年降水量变化、人类经济活动干扰、土地沙漠化进程等等。

（一）宏观气候条件

魏晋南北朝时段是中国历史上宏观气候趋于寒冷的阶段。进入隋唐时期，气候转为温暖湿润状态，大气温度回升，年降水量较前增长。这就为野生动植物生存与繁衍提供了优越的外部环境与条件。在隋唐时期温暖湿润的气候环境中，野生动物种群、天然植物群落的生态环境相对优越，因而繁衍增殖较快，为当时的人们提供着射猎、采集的丰富自然资源。

（二）年降水量变化

在温暖型气候条件下，若降水量较少，必定形成干热型（温暖干燥型）气候；若降水量较多，则形成湿热型（温暖湿润型）气候。隋唐时期的气候类型处在干热型、湿热型频繁波动的状态，间杂着大气温度的升降变动，形成短期季节性的干冷或湿冷型气候。320多年间的气温、湿度虽然有所波动，但还是为高原野生动物、植物的生存提供着保障性的客观条件。短暂的气候灾害过后，野生动物、植物的生态基本上能够较迅速地恢复。

（三）人类经济活动干扰

隋唐时期，国家采取开放的民族政策，将归降的多个边疆游牧民族部分部落安置在水草丰美的“河曲”地域。据学者研究，唐代高原地域民族构成成分包括汉、稽胡、羌、吐谷浑、昭武九姓（粟特）、铁勒九姓、突厥七个民族。除汉、稽胡两族之外，羌、吐谷浑、昭武九姓（粟特）、铁勒九姓、突厥五个民族从事游牧和驻牧经济活动。因此，隋唐时期鄂尔多斯高原经济面貌是以畜牧经济为主、农牧并存共荣的状态。

畜牧经济主要分布在高原大部分地表，农耕经济则具体分布于高原边缘地带。由于游牧经济活动过于集中与过度放牧，势必引发局部草原出现流沙泛起的环境变化。

（四）土地沙漠化进程

至唐代后期，过度放牧导致高原地域出现两个土地沙漠化区域。其一是位于今杭锦旗北部的“库结沙”，即初期“库布齐沙漠”；其二是位于今鄂托克旗与鄂托克前旗中东部的“沙”，即初期“毛乌素沙漠”。这两个流动沙丘区出现之后，不断地漫延扩张，流沙所至之地，原先的绿色植被因为其生态环境丧失而逐步消失，被沙生植物所取代，从而引发鄂尔多斯高原地域早先的野生动物和天然植被的种类构成、分布格局悄然发生变更。于是乎，也使宋元明清时期高原地域天然生态环境发生显著的变迁。

小　结

隋唐时期，鄂尔多斯高原东部区域呈现出大范围天然森林植被覆盖的景观，尤其是在各条外流河川的上游及发源地。今东胜梁东段各条河川发源地生长着松、柏、榆、柳、竹、杜松诸群落构成的天然森林；今窟野河中游河道两侧山岭分布着巨大松树为优势种群的森林；今秃尾河上游流域向西抵达今鄂托克旗东北部地带则分布着榆、柳为优势树种的森林植被；今白于山、横山山区位于高原南缘，降水条件较好，森林植被的构成树种较多，既包括柏、杉、松等针叶树种群落，也包括榆、柳、杨、木瓜等阔叶树种群落在内。鄂尔多斯高原西部区域（主要是指内流水系分布区，也包括少数外流河川流域）隋唐时期呈现出一派温带稀树草原环境，在广阔的草原上，星星点点地分布着少量的乔木群落与灌木群落。水草丰茂、湖泽星罗棋布，游牧族群赶着畜群游弋于蓝天白云之下，完全是一种天高地远、空旷幽深的意境。在今杭锦旗东南部和中西部高地，散布着面积不大的天然森林植被；今达拉特旗南部高地、伊金霍洛旗北境山坡也是如此。伊金霍洛旗西南境、乌审旗北境和鄂托克旗东北隅，则分布着北朝以来就已存在的榆柳林。高原西南部的大罗山、小罗山、牛首山等山区，也存在着森林植被。至于高原西缘的桌子山山区，则由于气候干燥、降水稀少、风力强劲、土层浅薄而无乔木类植物存在。

高原野生动植物分布特点包括：基于高原波状高低起伏的地势地形和天然植被状态，野生动物种群的空间分布存在地形的差异，天然植被的分布则受到地势高低的影响。高原波状起伏的地势，造就了山地与河谷、梁地与滩地相间分布的自然地形。高原地表波浪状起伏的地形决定着野生动物种群和天然植被分布与生存的空间格局。

野生动物种群既适应着地形、植被等客观自然条件，也遵循着食物链的客观规律。那个地方存在着野生食草动物种群，也就必然存在其天敌——野生食肉动物种群。

在其东部外流区域，耐旱的针叶树群落——松、柏、杉等树种构成的森林植被覆盖在高度较大的山头、山坡与塬面，诸如白于山、横山、罗山、东胜梁分水岭地带及其他地势高亢之地。在其西部内流区域及外流区域，气候较为干燥、沙质底层分布广泛、年降水量稀少，乔木、灌木植被覆盖度较低，仅在河边、滩地等地下水位较高之地生存。广大的波状起伏的高平原地表被各种草类植物群落交织覆盖，呈现出一派绿草如茵、湖泽如镜、天高云淡的优美自然环境。

高原野生动植物分布变迁的影响因素可概括为四点：隋唐时期，宏观气候转为温暖湿润状态，大气温度回升。这就为野生动植物生存与繁衍提供优越的外部环境与条件。隋唐时期的气候类型处在年降水量较前增长、干热型与湿热型频繁波动的状态，间杂着大气温度的升降变动，形成短期季节性的干冷或湿冷型气候。320多年间气温、湿度有所波动，为高原野生动物、植物的生存提供着保障性的客观条件。

隋唐时期鄂尔多斯高原经济面貌是以畜牧经济为主、农牧并存共荣的状态。畜牧经济主要分布在高原大部分地表，农耕经济则具体分布于高原边缘地带。由于游牧经济活动过于集中与过度放牧，势必引发局部草原出现流沙泛起的环境变迁。

至唐代后期，过度放牧导致高原地域出现两个土地沙漠化区域。其一是位于今杭锦旗北部的“库结沙”，即初期“库布齐沙漠”；其二是位于今鄂托克旗与鄂托克前旗中东部的“沙”，即初期“毛乌素沙漠”。流沙所至之地，原先的绿色植被逐步消失，被沙生植物所取代。从而引发鄂尔多斯高原地域早先的野生动物和天然植被的种类构成、分布格局悄然发生变更。

此外，从本章所引隋唐边塞诗的内容来看，这时期本区的沙漠出现于文献记载的次数要显然多于秦汉时期，这可能反映了魏晋以来本区生态环境的退化。但据《新唐书·地理志》所记的丰富物产来看，隋唐时期本区应该仍有一定规模的森林。至于人类活动尤其是农耕活动是否就是导致生态环境恶化的主要因素，学界仍在讨论之中，未有定论。

第六章　两宋时期鄂尔多斯高原自然环境变迁

唐哀帝天祐四年（907），军阀朱温接受唐哀帝禅位，改元开平，国号大梁，升汴州为开封府（今河南开封），建为东都，而以唐东都洛阳为西都。从此中国历史进入了被后世称为“五代十国”的又一军阀混战时期。不过幸而这一乱世比南北朝长达数百年的乱世要短许多，从后梁开平元年（907）朱温代唐至北宋太平兴国四年（979）宋灭北汉，共持续72年。由于北宋的历史直接承袭自五代，中间没有明显“断层”，故本书将五代时期的相关内容合并至宋元时代一并叙述。

上一章已述及，唐末五代时期，活跃于本区最重要的势力是党项羌平夏部，即西夏的前身。唐僖宗中和三年（883），因平夏部首领拓跋思恭协助唐朝中央政府镇压黄巢起义有功，僖宗皇帝特封拓跋思恭为夏国公，赐姓李，授任定难军节度使，辖夏州（治所在今陕西靖边白城子古城）、宥州（治所在今内蒙古鄂尔多斯市鄂托克前旗城川古城）、银州（治所在今陕西榆林市横山区党岔镇境内）、绥州（治所在今陕西绥德）四州之地，后来（五代时期）增领静州（治所在今何地尚有争议）。此后，定难军势力逐渐坐大，虽然名义上臣属于中原王朝，但实际上保持着很大的独立性。宋灭北汉时，定难军曾提供协助。因此，北宋初期本区在名义上仍归属于宋朝。也正因为定难军独立性过大，故自宋太宗太平兴国七年（982）开始，宋廷试图削夺定难军权力，收归其领地，便借时任定难军节度使李继捧进京述职之际，将李继捧及其家属留置在都城开封，不让其回归夏州。平夏部另一首领李继迁对宋廷此举极为不满，遂举兵反宋。宋廷多次派出大军讨伐李继迁，李继迁利用其部众熟悉当地地理环境的优势，常常将宋军引入沙漠深处，使之迷途而不辨方向，加之后勤供应不上，宋军往往无功而返。李继迁及其部众则藏身于沙漠之中的地斤泽。地斤泽水域宽阔，鱼虾类水生动物众多，水泽周边的湿地水草丰美，故而早有一支党项部落进入，在此放牧牛羊。李继迁隐藏于此，人未乏食，马不缺草，待宋军班师撤退，他又回到老巢夏州，继续与宋廷对抗。多年下来，宋廷没能制服李继迁，而李继迁的势力则不断发展壮大。再经过其子李德明、其孙李元昊的经营，至宋仁宗宝元元年（1038），李元昊正式立国称帝，国号夏，遂成为雄起一方的割据势力。为了与此前曾经出现过的以“夏”为名号的政权相区别，如十六国时期赫连勃勃建立的大夏政权，隋末农民起义领袖杜建德建立的夏政权，史家便将此夏政权称为“西夏”。再说当年曾被李继迁一再利用的地斤泽，今人却不能确认究竟是今日之何地。所在古今环境变迁之大，岂非难以置信乎！

不过，有宋一代西夏（或定难军）虽然占有本区的大部分土地，但从未真正控制过本区全部。本区东北角大部分时期控制在契丹族建立的辽政权手中，辽亡之后才被西夏接管。[①] 而宋朝在绝大部分时期控制着麟（今陕西神木）、府（今陕西府谷）、丰（今内蒙古准格尔旗南部）所谓“河外三州”地区。在与西夏的战争中，北宋又置隶属河东路安抚使的麟府路，为不同于转运使路的帅司路，置军遣将，以抵御西夏的东侵。金灭北宋，麟府等地于南宋高宗建炎二年（1128）又完全置于金人的控制之下。[②]但此一阶段的形势变化很快，不久，崛起的蒙古又相继并吞了夏、金，本区最终全部归于元朝的统治之下。

一般认为，宋元时期我国的气候整体来说偏暖、偏干。但对本区来说，由于10世纪至11世纪中叶夏季风强盛，导致季风雨带显著北移和西进，降水增多，有利于发展农业生产。农耕经济也确实在西夏社会占相当重要的地位。因此，有学者认为，西夏的崛起实得益于暖期的气候背景。但此时期本区的天然植被尤其是森林进一步被破坏，且是很严重的，造成了至今难以恢复的后果。[③]

元世祖至元十六年（1279），蒙古军事势力攻灭南宋，再度统一中国。元朝极盛时期的疆域不仅包括今中国全境，甚至向北到达北冰洋，向西到达东欧一带，可谓盛况空前。但是，元朝在全国范围内的有效统治时间不长。元顺帝至正十一年（1351），上距灭宋不到100年，即爆发著名的红巾军起义。红巾军的将领朱元璋在

---

① 王志浩：《略论辽金遗存在鄂尔多斯的发现》，见王志浩主编：《鄂尔多斯文物考古文集》第2辑上册，第251—254页。

② 焦拓义：《北宋河外三州——麟府丰》（之三），《杨家将文化》2014年第2期。

③ 葛全胜等著：《中国历朝气候变化》，第380—435页。

军阀混战中崛起，并取得最后胜利，建立了明朝，又于洪武二十一年（1388）彻底消灭元朝的残余——北元。此后，蒙古诸部复陷入分裂。在元朝统治时期，鄂尔多斯高原的大部属于陕西行省辖地，也有小部分区域归属甘肃行省和中书省。然无论归属于何处，整个高原均已是蒙古人的草原和牧场，只在银川平原、无定河流域存在一定规模的农业。①

第一节　两宋时期宏观气候波动概况

依据前辈历史气候学家的研究成果，两宋时期我国北部地域的气候经历了较大的冷暖波动与干湿变化。② 自公元960年迄1279年的约320年间，北部地域气候经历由寒冷气候类型向温暖气候类型的明显转变，即第三个寒冷期至第四个温暖期。因此，我国北部地域宏观气候冷暖、干湿变化相当显著。在某些时段，北部地域的极端寒冷天气事件也会漫延至长江流域及其以南区域。

一、第三个寒冷期（1001—1200）

唐代后的第三个寒冷时段，大致相当于公元1001年至1200年期间，略当中国古代史的北宋时期（960—1127）至南宋（1127—1279）前半期，历时约200年。

北宋时期人们对北方地区、南方地区植物物候与河湖冰冻的观察与记载，为后人提供了判断气候寒冷状况的依据。在寒冷气候条件下，北部地域已见不到梅树生长，自然也不认识盛开的梅花是何物，误将梅花认作杏花。③ 至北宋末期与南宋初期，气候更加寒冷。例如宋天禧二年（1018），湖南南部地区连降“大雪，六昼夜方止，江、溪（之）鱼皆冻死”。④ 宋徽宗政和元年（1111）冬天，“大寒，积雪尺余，河水尽冰，凡橘皆冻死。明年，伐而为薪……天历二年冬，大雨雪，太湖冰厚数尺，人履冰上如平地。洞庭柑橘冻死几尽”。⑤水面广阔的太湖全部结冰凝冻，冰层深厚，可行马车。在十分严酷的寒冷气候环境中，太湖西山栽植的柑橘树全部被冻死，居民损失惨重。1110—1113年间，南方地域出现霜冻、降雪，福州地区荔枝树全部冻死，

---

① 王天顺：《河套史》，第108页。

② 竺可桢：《中国近五千年来气候变迁的初步研究》，《考古学报》1972年第1期。

③ 〔宋〕王安石著，〔宋〕李壁笺注：《王荆文公诗笺注》卷四〇《红梅》，高克勤点校，上海古籍出版社，2010年，第1024页。

④ 《宋史》卷六二《五行志》，第1342页。

⑤ 〔元〕陆友仁：《研北杂志》卷上，四库全书本，第10b页。

中原地区连续降大雪十余日。[①]1126年冬至1127年夏，来自西伯利亚的大寒潮陆续七次南下，北风凛冽，气候严寒，禽兽多冻亡。[②]至南宋时期，国都临安府城冬季漫长，频降大雪，延至三月。苏州府段运河在冬季全部结冰，阻滞漕船行驶。[③] 1132—1135年间，位于长江下游的太湖地区再度封冻，橘树绝大多数被冻死。江汉平原冬季“冰凝不解，深厚及尺”。[④]可见，12世纪的前30余年是我国气候最为寒冷的时段之一，寒冷气候一直漫延至长江以南地域。

南方地域气候既然如此，远在北方的黄河流域（包括鄂尔多斯高原在内）的寒冷程度自不待言。而在北方地域，冬天则过早地来临。依据《鸡肋编》的记载，北宋与西夏接壤的边境地带（相当于今陕西榆林市与延安市辖区交界的白于山）“地苦寒，种麦周岁始熟”[⑤]，即跨越两个年头。这显然是种植冬小麦。金朝中都城（今北京）西侧山区（今军都山），于阴历九月就下雪结冰，标志着北方冬季的到来。[⑥]

由此可见，南宋前期我国北部地域的气候在北冰洋极地冷空气控制下十分寒冷，并且间歇性地向南方地域扩散，致使南部地域亚热带、热带水果园林遭受寒冷气候的重创。

二、 第四个温暖期（1201—1300 / 1400）

第四个温暖时段，大致相当于1201至1300年期间，略当中国古代史南宋（1127—1279）后半期至元代（1271—1368）初期。

此期，我国北部地域出现一次短暂的气温回升的气候变迁，但升幅不甚显著。元代初年，竹类植物在北部地域的分布范围回复到唐代状态。唐朝时期，在京兆府（今陕西西安市长安区、鄠邑区）、岐州（今陕西周至县境）、怀州（今河南博爱、沁阳等地）建置管理竹林的专职机构——司竹监。[⑦]这就显示出野生竹林在北方广泛分布。其后，随着气候趋于寒冷，竹林分布萎缩，北宋时期仅有岐州的司竹监犹存。至

---

① 〔宋〕梁克家修纂，福州市地方志编纂委员会整理：《淳熙三山志》卷四一《土俗类三・物产・果实》，海风出版社，2000年，第648页；〔宋〕袁文：《瓮牖闲评》卷八，见〔宋〕袁文，〔宋〕叶大庆：《瓮牖闲评　考古质疑》，李伟国校点，上海古籍出版社，1985年，第84页。

② 《宋史》卷二《钦宗本纪》，第434页；《宋会要辑稿》瑞异二，第2718页。

③ 〔金〕元好问编：《中州集》卷一《蔡太常珪四十六首・撞冰行》，中华书局，1959年，第34页。

④ 〔南宋〕李心传：《建炎以来系年要录》卷九八“绍兴六年二月庚戌”条，文海出版社，1980年，第3154页；〔宋〕庄绰：《鸡肋编》卷中，中华书局，1983年，第52—53页。

⑤ 庄绰：《鸡肋编》卷上，第16页。

⑥ 马正林主编：《中国历史地理简论》，第7页。

⑦ 《太平寰宇记》卷三〇《凤翔府・司竹监》，第645—646、648页。

元朝初年，由于气温回暖，竹林茂盛，又恢复其他两地的竹林管理机构。[①]

自明代初期始，北部地域宏观气候再度趋于寒冷，竹类植被失去正常生长的气候条件，分布范围大为缩小，因而不再作为北部地区的重要经济林木，于是，相关的人工维护与管理机构也随之被废除。

三、气候的干湿变化

随着气候冷暖的转换，其干燥与湿润程度也会发生变化。历史气候学研究表明，历史时期气候的干燥与湿润状况的确发生过变化。同时，温暖与湿润、寒冷与干燥间也存在一定的关联。

两宋时期宏观气候的干燥与湿润存在两个阶段：北宋至南宋前半期是寒冷与干燥，即冷干型气候；南宋后半期至元代（12世纪—14世纪）逐步转为温暖湿润型气候。

依据当代气候学，气候的干湿变化应与大气环流的演变相关。当北半球盛行经度方向大气环流（尤其是E型或C型环流）之时，来自北极地区的寒流增强，冰雪水旱灾害增多，气候趋于寒冷湿润。当北半球盛行纬度方向大气环流（尤其是W型环流）之时，冰雪水旱灾害相应减少，气候呈现温暖干燥状态。其间尚存在其他类型的气候状态。

第二节　两宋时期鄂尔多斯高原土贡略论

经查阅文献史料，宋元时期的地理总志如《太平寰宇记》《元丰九域志》等记载本区物产信息较多，正史中则几乎无载。这可能是由于《宋史》《元史》均成书仓促、质量不高的缘故。试述如下：

一、《太平寰宇记》的相关记载

《太平寰宇记》卷三十六“灵州”条下载：“土产：甘草、青虫子、鹿皮、红花、乌翎、杂筋、野马皮、鹿角胶、麝香、代赭、白鹘翎、花苁蓉、野猪黄。”对比上一章所引《新唐书·地理志》“灵州”条下所载之土贡内容，可以发现大同小异。现将不同之物略述如下：第一，此处记载“红花”，而《新唐书》所记为“红蓝”，略有不同。按“红蓝”可作“红蓝地花”解，也可作“红花”之别名解，二者

① 马正林主编：《中国历史地理简论》，第4—6页。

不是一物，此处未确究竟是何物。第二，此处记载“乌翎”，据校勘记说也有写作“鸟翎”的；另有“白鹘翎”之物，可知二者不同。《新唐书》记有“雕”“鹘”及“白羽”。

《太平寰宇记》卷三十七“盐州”条下载：“土产：地居沙卤，无果木，不植桑麻。唯有盐池，百姓采漉以为业。”但还记载“风俗：以牧养牛马为业”，可见此地草还是有的。对比《新唐书》“盐州”条下记载土贡有“木瓜”，可知宋时此区环境进一步恶化，致使木瓜都无法生长了。笔者以为，很可能是沙漠化加剧所导致，因为同时期夏州、银州物产种类还有所增加（下详），应不是气候因素。

《太平寰宇记》卷三十七“夏州”条下载：“土产：角弓、毡、酥、麻、布、羊、马、驼、苣霜荠”。对比《新唐书》“夏州”条下记载，多了“麻”“布”“驼”三种（羊、马之物不需《新唐书》明载亦可知其有）。

《太平寰宇记》卷三十八“绥州”条下载：“土产：胡女布、蜡烛。”与《新唐书》“绥州”条下所载完全相同。

《太平寰宇记》卷三十八“银州”条下载：“土产：杏子。贡：女稽布。赋：麻，布。”对比《新唐书》“银州”条下记载，多了“杏子”“麻”“布”。

《太平寰宇记》卷三十八“麟州”条下载：“土产：同振武”；而“振武军”条下载：“土产：香有穀谷拨甘松，药有麻黄、升麻、当归、菴闾、柴胡、刺楸、远志、白角蕈[①]”。其中“松”可能为乔木，“刺楸”为落叶乔木，其他均为小灌木或草本，体现了宋时麟州一带有林缘草地或者疏林草原的景观存在。《新唐书》“麟州”条下所载土贡为“青他、鹿角”，此处反而不见，殊为难解。

《太平寰宇记》卷三十八“胜州”条下载：“土产：鹿角。”《新唐书》“胜州”条下所载土贡为“胡布、青他、鹿角、芍药、徐长卿”，此处仅剩“鹿角”一种，可能是宋时这一带生态有所退化。

《太平寰宇记》卷三十八“府州”条下载：“土产：羊，马。”可见该地畜牧业应较为发达。《新唐书》无“府州”记载，盖因唐时尚未设立此州。

《太平寰宇记》卷三十九“宥州”条下载：“土产：青盐，酥，驼，马。”《新唐书》“宥州”条下记载土贡为“毡”。均体现出该州以畜牧业经济为主。

《太平寰宇记》卷三十九“丰州”条下载：“土产：兽多羱羊、野马，禽多石鸡、鸨鸭。衣以驼毛、褐布，食以白麦、印盐。草有遏逻、殷、卢牛、沙蓬、茨萁、

---

① 按：原文作“白角簟”，但“簟”字意为竹席，与中药属性不符；故笔者认为应为“蕈”字，“蕈”为真菌之属，入药符合常理。只未能确解“白角蕈”究竟是何物种。

狼针，尤宜畜牧。”本条生僻词汇较多，试解如下：“羱羊”应该是指野山羊；“石鸡”（*Alectoris chukar*），为草原荒漠地带的鸡形目鸟类；“凫鸭”即野鸭；“褐布”指以兽毛或粗麻布制成的布料，主要用于平民的衣物；“白麦”是小麦的一种；“印盐”一词上一章已提及；“遏逻”“殷”“卢牛”笔者均未知何解，暂且存疑；“沙蓬”是藜科沙蓬属植物，喜生于沙丘或流动沙丘之背风坡上，为我国北部沙漠地区常见的沙生植物；“茨萁”，就是芨芨草，是禾本科芨芨草属植物，生于微碱性的草滩及砂土山坡上；“狼针”即狼针草，禾本科针茅属植物，为草原区良好牧草。因草本植物丰富，所以《太平寰宇记》作者特别加上“尤宜畜牧”的评语。唐时并无此州，所以《新唐书》无载。

二、《元丰九域志》等的相关记载

《元丰九域志》卷四“府州”条下记载：“土贡：甘草三十斤。”与《太平寰宇记》不同，可能反映了宋神宗时该州物产情况已不同于宋太宗时。

《元丰九域志》卷四“麟州”条下记载：“土贡：柴胡一十斤。”相比《太平寰宇记》中所记植物种类大大减少。其原因究竟是环境变化还是宫廷需求发生变化，尚难确定。

《元丰九域志》卷四“丰州”条下记载：“土贡：毡一十领，柴胡一十斤。”土产种类较《太平寰宇记》所载明显减少。

《宋史·地理志》“麟州”条下载“贡柴胡”，“府州”条下载“贡甘草”，“丰州”条下载“贡甘草、柴胡”。记载极为简略。

《元史·地理志》未载鄂尔多斯高原物产信息。值得注意的是，唐宋文献中存在多条本区产盐的记载，而《元史·食货志》虽有“盐法”专条，也谈及大都、河间、山东、河东、四川、辽阳、两淮、两浙、福建、广东、广海①、陕西（巩昌、延安、庆阳、环州、凤翔、兴元等处）等盐产地，却无一语提及鄂尔多斯高原所产之盐。究竟元代本区盐业趋于衰废，还是史籍缺载，尚待辨别。

第三节　宋夏战争与鄂尔多斯高原自然环境

西夏是两宋时期党项族平夏部建立的割据政权，最初从鄂尔多斯高原兴起，其后

① 广海：指今广西一带。参见方铁：《蒙元经营西南边疆的统治思想及治策》，《中国边疆史地研究》2002年第1期。

势力扩展到今宁夏银川平原、甘肃河西走廊一带。终北宋之世，本区成为宋夏双方反复争夺的战争前线。宋室南渡之后，金人又与西夏在本区对峙。不久，二者均被蒙古汗国所灭。关于宋夏战争与本区环境的史料记载较多，而北宋灭亡后相关记载很少。因此，本节以叙述宋夏战争及相关环境史问题为主。

一、宋夏战争及横山筑城

党项平夏部的历史可以追溯到唐代后期。唐宣宗大中五年（851）发布的诏书《平党项德音》中曾说“平夏党项，素闻为善……尤见忠顺”，唐末平夏部首领更积极地帮助唐朝镇压黄巢起义，可见其与唐廷关系尚好。五代时期，平夏部形成“定难军”势力，在各个中原王朝之间摇摆不定，一直保持半独立状态。宋初，宋太祖赵匡胤一直对其实行怀柔策略，双方相安无事，定难军还曾协助宋军攻击北汉，并向宋称臣。宋太宗继位后，适逢定难军节度使李继筠去世，定难军内部因继承问题发生争执，在宋廷的支持下，李继捧得以继任定难军节度使，同时，宋廷也想借此机会收回定难军所统四州之地，遂采取了一些削弱定难军权力的措施。这一举动激起了平夏部首领之一李继迁的强烈不满，使他举起了反叛的大旗。太平兴国七年，李继迁与其谋士张浦商议，决定“走避漠北，安立室家，联络豪右，卷甲重来”[①]，于是出奔地斤泽。关于所谓“地斤泽”的确切位置，今人尚存争议，一般认为是在今毛乌素沙漠的范围内，而当时其地还“善水草，便畜牧”。之后李继迁所部常骚扰银、夏一带宋朝边地，杀掠人口，由于宋军防范较为严密，初时败多胜少，未能大为边患。雍熙二年（985），李继迁以诈降之计诱杀宋朝大将曹光实，并趁势袭取银州，自称“定难军留后”，党项人归附者日众，势力开始坐大。此时定难军以一隅之地并不足以抗衡北宋，因此李继迁遣使附辽，意图利用宋辽矛盾以渔利；恰逢此时辽国也正推行“联夏制宋”的策略，双方一拍即合，而北宋从此逐渐陷于两线作战的被动挨打局面。宋太宗朝双方尚互有胜败，李继迁对宋朝时叛时服；至宋真宗朝，李继迁开始重点进攻东西两翼，即东边的麟、府、丰三州以及西侧的灵州，使宋军疲于奔命。咸平四年（1001），李继迁攻陷灵州；咸平六年（1003），李继迁又将其政治中心迁移到灵州城，并改灵州城为“西平府”。之后李继迁以灵州为据点，将其势力向河西走廊一带扩张。但李继迁在与凉州吐蕃的作战中负伤，又因伤重于第二年不治而卒。

李继迁死后，其子李德明继位，李德明继承乃父意志，继续与宋为敌。但李德

---

① 吴广成撰，龚世俊等校证：《西夏书事校证》卷三，甘肃文化出版社，1995年，第38页。

明在位时期由于宋辽双方休战，辽人对夏的支持减少，李德明自知其力有所不足，遂不得不再次向宋称臣请和，此后宋夏双方维持了约30年的和平。实际上，这一阶段也给了李德明积蓄力量的机会。李德明采取鼓励生育和招徕人口的政策，经过较长时间的休养生息，其势力得以不断增强。而且，李德明割据称王的野心一点也没有收敛，他对宋廷搞明一套暗一套，明里向宋称臣，不断获得宋廷的大量赐予，暗里则大搞独立建国计划，修建兴庆府城（今宁夏银川）以为长久国都，在国内模仿宋朝皇帝的威仪，着皇帝服装，出行则大张卤簿，一如宋朝皇帝。为了不让宋廷得知自己的僭越行为，李德明在与宋廷往来过程中，将接待宋廷使者的馆舍设在夏州城，使之不能到西平府或兴庆府。如此，他在西平府或兴庆府的一切作为则从容裕如也。

宋廷与李德明割据势力间这种不正常的关系之发展，使西夏割据势力进一步坐大，又为宋夏间战争再起埋下了伏笔。

宋仁宗明道元年（1032），李德明卒，其子李元昊继位。李元昊一反其父的对宋策略，即抛弃了以往与宋和平相处的策略，而是开始不断挑起事端，与宋对抗。先是不用宋廷的赐姓赵，回归早先的李姓，接着于宋仁宗宝元元年（1038）公开自立为帝，改元“天授礼法延祚”，正式建立夏国。同时，大举发兵南侵宋境，兵锋直指延州近郊。宋军迎战于三川口，结果惨遭夏军伏击而导致全军覆灭。三川口之战拉开了宋夏战争的序幕，为了应对西北战局，宋廷急忙调任韩琦、范仲淹到陕西，以韩琦知泾州，主持泾原路，以范仲淹知延州，主持鄜延路，抗击西夏。由于当时北宋军队自身存在的问题，如兵将分离、兵员素质低下、训练不精、战斗力不强等，韩琦和范仲淹在抗击西夏的策略上明显不同，韩琦主张积极进攻，而范仲淹则主张积极防御。于是，韩琦和范仲淹分别在泾原路和鄜延路各显身手。韩琦在泾原路向西夏发起的进攻，又相继在好水川和定川寨战役中惨遭失败，而范仲淹在延州，积极修复在三川口战役中被夏军荡弃一空的延州藩篱，如安远、塞门、万安、金明、承平、永平等寨堡等，又在一些冲要处请置新城寨，如顺宁、安定、丹头、石胡等，从而巩固了鄜延路的防御，使夏军不再来犯。当其时也，夏军在东面战场，欲攻破麟府，直驱河东，也受到了范仲淹的部将张亢所部的阻击，只一度攻破了丰州。张亢也在麟府修筑城寨，巩固了麟府一线。西夏未能依靠发动战争达到预定的目的，又回过头来与宋议和，北宋继续打仗的意愿也不强，从而在宋仁宗庆历四年（1044）又复达成和议。此一阶段，北宋在边地修筑城寨，即在新收复的土地上修筑城寨以据守之，使之成为巩固的疆土。此举收到了良好的御敌效果，为之后北宋与西夏的战争积累了经验，也成为熙宁、元丰时期攻伐西夏、却敌据地的成功法宝。

而且，北宋修筑城寨的经验也为西夏所借鉴。在宝元、康定后的宋夏对峙中，西夏也效仿北宋在临边一线修筑了一些城寨以御宋军，如修有大理河川的浮屠寨、无定河川的米脂寨、白豹川的白豹城和洛河川的金汤城等。

及至宋神宗时期，神宗是一位有作为的皇帝，他任用有革新思想的王安石为宰相，对内变法图强，对外也采取主动进攻、收复前朝失地的积极战略，开始了与西夏战争的新阶段。治平四年（1067），宋将知青涧城种谔率兵逼降西夏绥州嵬名山部。熙宁年间（1068—1077），宋廷以王韶为熙河路经略安抚使，向西收复失地，王韶率部取得了熙河之役的胜利，拓地两千余里，建立熙河路，史称“熙河开边”，既可阻断西夏势力进一步向外扩张的可能，又进而扩大了对西夏的包围圈。向北收复失地，即是从西夏手中夺回丢失的土地，北宋的将领们依然采取范仲淹的筑城固守之法，在进攻阶段，谓之进筑城寨，即一边进攻一边修筑城寨。在策划对夏战争方面，首先设定的目标是夺取横山地区。横山地区对宋与西夏都非常重要，西夏以横山地区为生命线，北宋则以夺取横山地区作为制服西夏战略的第一步。故在庆历年间范仲淹就曾提出尽城横山的战略设想，而这一设想又被熙宁、元丰时期的宋军将帅所继承。熙宁四年（1071），韩绛统兵深入无定河边进筑抚宁、啰兀二城，因此二城已深在西夏境内，西夏军队遂倾力来争，结果二城甫筑不久，又被夏军攻破了。当然，这次失败也不能排除韩绛急功冒进的因素。尽城横山的计划也因而一度受挫。

元丰四年（1081），西夏梁太后囚禁夏惠宗李秉常，导致国内政乱。宋神宗认为灭亡西夏的良机到来，遂趁机对西夏发动大举进攻，意图一举灭之。宋廷发动了五路人马讨伐西夏，其中李宪率部出熙河路，种谔率部出鄜延路，高遵裕率部出环庆路，刘昌祚率部出泾原路（同时规定刘昌祚又受高遵裕节制），王中正率部出河东路，史称“元丰五路伐夏”。按照作战计划，泾原、环庆两路合取灵州，河东、鄜延两路先会师夏州，再攻怀州，最后四路合攻兴州；宋廷还请吐蕃出兵渡黄河攻取凉州，以牵制西夏右厢兵力。这次战争，宋军方面取得不少战果：李宪部攻克兰州，次年正月，宋廷改熙河路为熙河兰会路；种谔部先后攻取了西夏的米脂寨、石州、夏州、银州等地，即种谔一路已经深入到横山北侧一带，且攻破了西夏的一些重要据点，对夏人在横山地区的占领已构成很大威胁。宋军方面的损失也不小，而有些损失是由指挥失误造成的，有些则是由恶劣的自然环境造成的。如环庆、泾原路宋军因主帅高遵裕无能，屯兵坚城之下，围攻18日不克，后西夏军放黄河渠水灌淹宋军营地，又断绝其粮饷之道，宋军因冻溺饥饿而死者极多；种谔部也因军粮不继，又遭逢大雪，士卒非战斗减员大幅增加，以致不得不中途退出。

元丰五年（1082），北宋又准备再举攻伐西夏，朝廷派善于谈兵论战的给事中徐禧前往陕西主持军事，徐禧与鄜延经略使知延州沈括、鄜延总管种谔商议攻夏谋略，并议定在横山冲要处发兵进筑永乐城。永乐城深入夏境，控扼无定川道，是西夏东路进出河东与鄜延的重要通道，夏人视之如命。于是，在北宋兴筑永乐城之际，西夏倾全国之力，发兵二十余万前来争夺，夏军精锐——号称“铁鹞子”的骑兵也参加了这场战斗，而宋军主将徐禧既迂腐又轻敌，多次贻误战机，如不打未成列的敌人，不打正在过河的敌人等，结果导致永乐之战惨遭失败。横山筑城又一次受挫。

最后，尽城横山的任务就落在了哲宗绍圣、元符时期一代边官将领的身上。哲宗亲政后，即改元绍圣，表示出了要继承神宗熙宁、元丰对夏政策的强烈意愿。朝中起用新党人物张惇为相，重新任命了针对西夏的各路边臣。当其时也，任命吕惠卿为鄜延路经略使，张粢为泾原路经略使，孙路为河东路经略使，王文郁为熙河路经略使，负责各路军事行动。此一时期，宋夏之间发生了两次重要的战争，即洪德城之战和平夏城之战，宋军都应对有方，取得了胜利，从而为各路能顺利推进筑城据地的战略提供了条件。于是，在这一阶段，麟府、鄜延、环庆、泾原、熙河各路皆用进筑城寨之法，分别兴筑了十数座甚至数十座城寨，麟府路、鄜延路已近乎占尽横山要害，两路从此连成一线，泾原路、环庆路也将夏人逐出了天都山。尽城横山、与西夏以沙漠为界的计划即将臻于实现。不幸的是，螳螂捕蝉，黄雀在后，崛起东北的金人在联宋灭辽后，又南下攻破了开封城，俘虏了徽、钦二宗两个皇帝，北宋灭亡，北宋经营西夏的功劳也毁于一旦。我们在此更加关注的是：宋夏持续近百年的战争对鄂尔多斯高原环境的影响还是比较大的，特别是宋夏两国在横山地区的拉锯战，以及在横山地区修筑城寨的措施，对横山地区的环境影响更大。

二、透过战争窥视自然环境状况

宋夏战争与鄂尔多斯高原的生态环境演变间关系密切。一方面，本区的自然环境极大地影响着双方战争方式及战争走向。另一方面，战争行为对本区的环境产生了非常明显的影响，并且带有强烈的时代特点。试述如下：

其一，本区大范围的荒漠环境导致在此区作战时，兵力优势时常变得无效，而后勤因素（包括粮草、饮水、交通路线的防护等）成为决定战役胜负的首要因素。宋夏战争前期，宋军屡屡失利的主要因素：一是对沙漠地带的地理环境不熟悉，不知沙漠之中水域的分布，如不清楚李继迁的藏身之处是地斤泽，也不知地斤泽的具体所在，故李继迁及其部众一进入沙漠，宋军很快就不知李继迁的行动方向，只好撤出。二是宋军一直未能探索出在沿边荒漠地带进行后勤保障的有效途径，常因断粮和缺水导致溃败，因而虽大兵屡出却无法获得相应的战果，甚至是付出了极其惨重的代价仍无功而返。事实就是宋军无法战胜沙漠这一不利的环境，也就无法击败仅据有一隅之地的西夏。

其二，宋夏间的敌对军事行动使宋元时期鄂尔多斯高原自然环境进一步恶化。战争中常常利用坚壁清野的作战方法以对付敌人来犯，宋廷在给边官与边防将领的指令中，往往也把坚壁清野作为一项对策，一旦侦知敌人来犯，沿路的州城、县城以及军事镇城，立即把加固城池和转移周边百姓财物作为第一要务，目的就是要让来犯之敌无可掠之人和可抢之物，攻城又持久难下，最后不得已而撤退。另一方面，坚壁清野也给了侵犯的敌人长驱直入的可能。如元祐二年（1087），夏军入侵镇戎军路，宋军坚守军城，十一将兵尽在城内，夏军一下子就深入宋境300里，几乎没有遇到任何阻力。由于宋夏沿边一带战事频繁，频繁的清野不仅影响到区域民众的生活，也会给区域的生态环境以较大影响。还有一些战争中的极端措施，如宋前期讨伐李继迁始终不得要领，甚至越讨伐李继迁势力越强，于是在淳化五年（994）宋军再次攻克夏州城后，宋太宗便做出了一个令人惊诧的决定："诏隳夏州故城，迁其民于绥、银等州，分官地给之"①，即坏其城，空其地，使夏州不能再作为李继迁势力利用和发展的据点，也就是尽量破坏夏州地区的物质生存条件。如此，不光是作为人文地理的耀眼坐标——从统万城而夏州城顷刻毁于一旦，而且，夏州城所依托的经济条件和自然条件也同时被尽可能地破坏了。夏州地区的人文及自然条件遭受了空前劫难。

其三，战争期间，在横山地区修筑了数量众多的城寨，城寨要有驻军防守，驻军要有营房栖身，筑城与修建营房所需的材料，都需要在城寨周边采伐，对当地的乔木和灌木都会产生一定的影响。其次，城寨驻军每天烧火做饭，都需要在城寨周边樵采可供燃烧的燃料，灌木就成了主要樵采的对象。灌木被大量无节制地樵采，对当地的自然生态无疑也是影响巨大的。又次是城寨驻军往往还有就地屯田和招来番汉人民从事营田的任务，以期达到粮食自给，从而解决长期驻军和粮草运输艰难、依靠内地供应困难等诸多问题。故修筑城寨又是和驻军的屯田与营田活动联系在一

① 〔宋〕李焘：《续资治通鉴长编》卷三五"太宗淳化五年四月"条，中华书局，2004年，第2版，第778页。

起的。如宋仁宗康定元年（1040），范仲淹派遣种世衡在延州的东北修筑青涧城，在城周开营田二千顷，由戍兵和番汉弓箭手进行种植，以解决粮食的供给问题。[①]庆历年间（1041—1048），庞籍知延州，命部将狄青将万余人，修筑招安寨于桥子。此处“土沃衍”，他们多次招来番汉人众，安置于寨旁进行耕垦种植，“收粟以赡军”。[②]神宗元丰四年（1081），泾原路转运判官张大宁建议在葫芦河川修建城寨，他说“臣观葫芦河一川，南北平坦，地皆沃壤，若有堡寨可依，则其田尽可募弓箭手广令垦辟”[③]。元丰五年，北宋收复米脂、吴堡、义合、浮图、塞门五寨，鄜延路经略司立即请求以五寨周围闲地“置汉蕃弓箭手及春耕种”[④]。哲宗元符年间（1098—1100），环庆路进筑萌门、白豹二城，皆“道路通快，水草丰足，委有良田可耕，向去不烦朝廷馈饷”[⑤]。河东路进筑神泉、乌龙等城寨，于是“幅员数百里间，楼橹相望，鸡犬相闻，横山之腴，尽复汉土”[⑥]。从鄜延经略使调任河东路的吕惠卿也建议：“葭芦、米脂里外良田，不啻一二万顷……若耕其半，则两路新寨兵费，已不尽资内地”[⑦]。也就是说，大致每修筑一座城寨，都要在其周边相度可耕之地，开荒种田。而在屯田或营田活动之前，这些地方无疑是林草丛生的荒原山坡，或水草丰茂的河流谷地，这样的自然景观，无疑也是由适合于自然生长的林木草植形成的。与此相适应的野生动物也是必不可少的，如栖息于树林中的鹿、狼、狐等，生活于草地中的鼠、兔等。还有生活于此的人类，利用自然的草类资源进行牧放的马、牛、羊等。此一时期，在本区内修筑了为数众多的城寨，开发了大面积的农田，无疑在很大程度上改变了本区原有的生态景观，也挤压了上述动物的生存空间。

还要补充一点，就是北宋方面在战争的各个阶段，一直利用修筑城寨的方法从西夏手中夺取土地，而西夏方面则在战争期间，存在一种侵入北宋境内进行“盗耕”和“侵耕”的现象。

据史料记载，宋夏战争前期，西夏边地居民和驻军常趁宋人无备而“盗耕”宋境土地，甚至公然派兵“侵耕”，或构筑堡寨“护耕”，且愈演愈烈。宋人亦以筑堡之策反制之，如宋仁宗嘉祐二年（1057），知并州庞籍就采纳通判司马光的建

① 《宋史》卷三三五《种世衡传》，第10741—10744页。
② 《宋史》卷三一一《庞籍传》，第10199—10200页。
③ 《宋会要辑稿》方域十九之六、七，第7628—7629页。
④ 《续资治通鉴长编》卷三二二“神宗元丰五年正月”条，第7758—7759页。
⑤ 《续资治通鉴长编》卷五〇四“哲宗元符元年十一月”条，第12020页。
⑥ 《续资治通鉴长编》卷五一四“哲宗元符二年八月”条，第12227页。
⑦ 《宋史》卷一七六《食货志》，第4269页。

议，在麟州城西20里左右起筑两座城堡，敌来耕则驱之，种则蹂践之，敌人大至则入堡以避之，从而遏制其“侵耕”。围绕沿边耕地资源的争夺一直持续到宋夏战争末期。其后，宋人对夏境实施“扰耕”和“进筑”行动，就是反用其“侵耕”战术的产物。

虽同为农业生产活动，但“盗耕”和“侵耕”与正常的农业开发或者屯田有很大不同。一般正常的农业开发，开发者多做长期经营生产的打算，甚至还会为此修建一些相应的配套工程，如水利灌溉系统，只要运作得当，不但不会破坏环境，反而可能提高其植被覆盖。而“侵耕”及“盗耕”则是在对方领土上非法进行耕作以获得短期收益，其本质是掠夺对方的土地肥力资源。这种耕作通常不会持续很久，一遇对方优势武力驱赶，耕者只能作鸟兽散，土地随即撂荒。这种被撂荒的土地极易遭受风蚀而形成荒漠化。曾经的耕地遭遇荒漠化后，复耕的效率就很低了，甚至不宜复耕。于是，当盗耕一方再次有能力实施侵耕或盗耕时，就会另外选择其他宜耕之地，不得已时，又会再次撂荒，再次产生荒漠化土地，土地资源再遭破坏。宋夏战争持续百年，这种后果具有破坏性的“盗耕”或“侵耕”现象时有发生，给本区生态环境带来的灾难也不容小觑。

第四节　鄂尔多斯高原的宋代古树名木遗存

遗留至今的古树名木，具有极其重要的“活化石”的史料作用与价值。因此，必须重视存活至今的少数古树名木的指示价值，认真地保护好它们。对它们所在地理位置及其树种、地理形势的剖析与推论，可复原出历史时期特定时段、特定区域的森林植被树种构成和分布范围。从而为大尺度时段的自然环境演变研究提供可信的依据。

一、古代文献所载鄂尔多斯高原植被

早在唐代中后期，昭武九姓胡所在六胡州区域由于过度的放牧活动引发初期“毛乌素沙漠”的出现。随着流沙在空间上的漫延扩散，沙生植被也开始取代原先的暖温带草原植被。随着岁月的推移，流沙的空间扩散得愈来愈广，沙生植被的分布空间也日益扩大。这成为鄂尔多斯高原中南部土地沙漠化的滥觞。沙漠化带给暖温带草原植被以毁灭性摧残，迄今无法有效恢复。

至宋代，鄂尔多斯高原东部依然呈现出森林草原景观。今神木市（原名神木县）始建于元朝至元六年，其前身是北宋时期筑置的神木堡，金时沿用并改名为神木寨。其县级政区名称的来历，乃缘于当时神木县城东南侧生长着三棵枝柯相连的巨大松树（时人称作“神松”）。这就表明到12世纪，今神木市北部仍存在着天然松林的孑遗林木。迄今在神木市永兴街道办事处驻地北侧仍可见到古代遗留的一棵巨大的油松树，胸围达3.66米，折算其直径约为1.17米。其树冠巨大，枝叶茂盛，遮天蔽日。

五代、北宋时期的丰州区域，相当于今陕西府谷县北境和内蒙古准格尔旗南部。丰州城周围数十里地带呈现“草莽林麓”的自然生态环境，近城之地生长着诸多榆、柳之树，植被良好。如司马光等言：“伏见国家复修丰州故城，仍差人知州。……环城数十里皆草莽林麓而已”[①]。可知宋代丰州地区仍存在大面积的森林与草场。

西夏政权控制的窟野河西侧地带，同样生长着大范围的树林，成为西夏抵御宋军进攻的植被屏障。《大元一统志》记载：西夏“欲自鄜延以北，盗耕窟野河西之田，（后虽）抽其兵还，然银城以南，盗耕自若。盖以其地外则蹊径险隘，杉柏丛生，汉兵难入”。此处的“银城”，乃指宋代麟州的属县，故址在今神木市西南20千米、窟野河西面的黄家石头村东。这就表明，宋代的“银城以南”地方，分布着包括杉、柏等树种的树林，自然环境颇为优越。

鄂尔多斯高原南部边缘的横山山脉，南北朝迄唐代前期未见明确的森林记载。至宋代，因为宋夏军事攻防的缘故记载颇多。因此，可采用逆向推理的方法复原早期植被面貌，即依据宋代植被记录反证其前时代鄂尔多斯高原南缘森林的存在。白于山脉是鄂尔多斯高原南界的地物标志。综合宋人记载，今横山、白于山区生长着稠密的森林，包括大片的柏树林，时称“土山柏林”。宋太宗淳化五年，吏部尚书宋琪上书言边事，云：“自鄜延以北，多土山柏林。……从延州入平夏有三路，……缘此三路，土山柏林，溪谷相接”。其他宋代文献也谈及“北界山林”，即在“鄜延路界地名抻班岭已来一带，并与北界山林接连，乞禁止采伐”。可见，在白于山区宋夏交通道路两侧连续分布着柏树林地。那么，在远离道路、人迹较少的远山区，“北界山林”当更为茂密。宋人所述，不仅指白于山脉南坡森林状况，也包括该山脉北坡分布的柏林。在银州城南侧山谷，就生长着稠密的柏树林植被。

---

① 司马光《三月晦日登丰州故城》云：“春尽芜城天一涯，白榆生荚柳生花。”

上述诸地的森林被宋元时代文人所记载。这当然并非那时才出现，而是从之前历史时期传承而来，可上溯至先秦时期。

历史时期天然森林植被的孑遗，晚近仍可觅见。生长在今陕西神木市栏杆堡镇高家沟村的一棵油松树，高达25米，经鉴定，树龄长达2238年之久，即为西汉时期生长起来的松树。①而与神木市毗邻的内蒙古准格尔旗纳日松镇松树墕村，也生长着一棵高耸粗大的树龄千年的油松树（生长于北宋时期），俗称“油松王”，高26米，胸径1.34米。此外，今神木市北部尚存留3000余亩的天然林，树种以侧柏、杜松为主。今陕西省府谷县西北部也存在大片的天然杜松林。纳日松镇东南10千米的瓦贵庙周围，仍然是一片以油松、榆树为主的十多个树种构成的林区。东胜区东南约50千米的西召（准格尔召），存有一通清代光绪十三年（1887）立的石碑，记载当年当地生长着苍松翠柏的史实。再依据20世纪30年代前期的实地调查所见，西召庙宇建筑群的后山，仍遗存往日山林。所谓“召前数十丈为一溪涧，雨至水流；召后地势渐高，杂生林木；四周阡陌相连，均为垦地。塞外得此，风景宜人矣”。即指此也。西召位于今准格尔旗西境的准格尔召镇附近。②而据同期（1935年前后）的实地调查资料，今窟野河上游两条支流——牸牛川和乌兰木伦川之间的山岭地带，自今东胜区东部经准格尔旗西境至伊金霍洛旗东部的范围，尚存在绿色森林。所谓“此外准格尔旗境内西部多丘陵，大者隆起若山，最著者为神山。山势迤逦若龙，自北而南，长五十余里，但北无承接，南缘亦断，盖亦系隆起的沙丘所成。山上多柏树，苍翠可挹，是伊盟中唯一的山林。山中有喇嘛庙两所。准格尔旗东协理府第即在此山中”③。即指南北长达50里的神山山区森林植被景象。

二、神木市杨家城村的“杨业手植柏”

神木市杨家城村（简称“杨城村”）有一个知名的侧柏古树群，据传乃北宋时期杨家将在此镇守期间栽植。若传说属实，则在宋代树林的规模应该比今天大很多，今日遗留的应是其中一小部分。现转录当地有关部门所立保护碑刻文字如下：

① 神木县地方志编委会：《神木县志》，经济日报出版社，1990年，第137页。

② 蒙藏委员会编：《伊盟左翼三旗调查报告书》，见曾庆锡等修纂：《鄂托克富源调查记　准郡两旗旅行调查记　伊盟左翼三旗调查报告书　伊盟右翼四旗调查报告书　伊克昭盟志　伊克昭盟概况》上册，第136页。

③ 伊克昭盟地方志编纂委员会编：《伊克昭盟志》，见曾庆锡等修纂：《鄂托克富源调查记　准郡两旗旅行调查记　伊盟左翼三旗调查报告书　伊盟右翼四旗调查报告书　伊克昭盟志　伊克昭盟概况》下册，第292页。

图6–1　杨城村侧柏古树群落保护碑

（1）杨城村侧柏古树群落保护碑（见图6–1）所刻文字：“该古树群落生长于神木县店塔镇杨城村庙石畔，属柏科，达到保护级别的共有古侧柏7株，其中：实施一级保护的1株、二级保护6株。有一株古侧柏距今已有1000多年历史，树高15.1米、冠幅11.6米、胸围2.83米，此树分为五叉，状如手掌，生长旺盛，也称‘五指柏’，相传北宋时期杨继业父子三代在此镇守边关，亲自率众栽植柏树，并生长遗留至今。神木县林业局、神木县天保办　二〇一四年十月”。

（2）杨业手植五指柏碑（见图6–2）所刻文字：“公元950年①，麟州刺史杨宏信，为保境安民，收复燕云十六州，决定投北汉。北汉主刘崇赏识杨宏信之子杨重贵（杨业），提出杨业随驾入晋阳（太原）。临行前，父亲杨宏信让业亲手植一柏于此，寓根留麟州，树在人安之意。岁月沧桑，历经战乱，此柏枝繁叶茂，郁郁葱葱，且分为五杈，状似手掌。每有异灾，当地百姓视之为神树，按时祭祀，祈保一方平安。此柏距今已逾千年。”

虽然关于杨家将的传说是否具备信史的价值尚无法确证，但是其中最粗大的古柏定然不是短期内可以长成的。如果该树是人为栽种，那么很可能与杨家将存在一定联系，因为麟州故城的确就位于神木市杨家城村附近，地点是完全相符的。如果是天然林木的孑遗，而被附会到杨家将的美丽传说中，则说明自唐宋以来在该地区存在着相当规模的天然树林。

① 此处原文给950加了括号，由于不伦不类，故引用时去掉了括号，特此说明。

图6-2　杨业手植五指柏碑

三、准格尔旗松王庙的“油松王”

在内蒙古鄂尔多斯市准格尔旗松王庙有一棵远近闻名的古松树，或称“油松王”。当地居民目之为神，并专为立庙，香火旺盛。据树旁铭牌，树龄为931年，也就是其萌生之年可上溯至宋哲宗元祐年间（1086—1094）。由生态学原理推知，在宋辽时期当地应该存在着一定规模的森林，而非900多年来只有这一棵油松树。这就为我们了解宋朝时期鄂尔多斯高原东部地区的天然森林植被分布状况提供了很好的实物证据。

小　结

两宋时期，鄂尔多斯高原的气候、天然植被、野生动物种群经历了前后差距较大的变化。区域气候条件在宏观气候背景下经历着由北宋时期寒冷型气候向南宋及元代温暖型气候的转变。天然植被则相应地因区位、地形的差异经历着不同的变迁。西部高平原地区经历着北温带干旱草原向半草原半荒漠甚至荒漠的渐进式过渡，土地沙漠化程度不断提升与扩散；东部低山丘陵沟壑地区则生长着耐寒耐旱的针叶树种群，东南部生长着阔叶树种群，从而形成针阔叶混交林。野生动物种群与个体数量皆较唐代减少，但仍然存在于此地域，诸如野马、野羊（黄羊）、野狼等。其重要的证据就是宋代地理志记载的区域诸州土贡产品，包括农业经济产品、畜牧经济产品和狩猎经济产品，以及迄今犹存的古树名木——包括松树、柏树、榆树、柳树、杨树等“活化石”。这就表明：至宋代，由于气候波动、族群战争等自然与社会原因的双重驱动，加大了鄂尔多斯高原生态环境日益退化的趋势。这一时期影响区域环境变化的人文因素明显强化，如宋夏战争中，北宋为了打击以李继迁为首的党项反叛势力，竟对党项人经营了几个世纪的政治中心——夏州城进行了摧毁性破坏。这次破坏行动，不只毁坏了夏州城郭及其城内建筑，而且迁走了夏州居民，以前从事农耕的土地就此撂了荒，成了风蚀以至荒漠化的对象。同时，又对可供李继迁势力隐蔽藏身的地方进行了毁灭性破坏，其中必然会有树木稠密和水草茂盛之处，对自然植被以及人工植被的破坏也是不可小觑的。除夏州以外，高原南部缘边及其毗邻的横山地区，人文因素也对区域环境变迁产生了极其重要的影响。但就宋夏时期域内天然植被、野生动物种群的构成与空间分布而言，仍然优于20世纪后期该地域的生态环境。主要原因是，那时期人类社会经济活动对自然环境的负面影响相对于今天而言，还是有所差异的。

第七章　元明清至民国时期鄂尔多斯高原野生植被与动物的分布与演替

就鄂尔多斯高原而言，元明清至民国时期是其天然植被与野生动物的构成与分布发生渐进式变化的重要时段。为什么如此说呢？因为元代以前的天然植被与野生动物的构成与分布至此期受到外界因素日趋加重的影响，逐渐被新的植被类型所代替。具体言之，此处所谓“外界因素”，是指北朝时期形成的初期“库布齐沙漠”的逐渐扩散、唐代后期形成的初期“毛乌素沙漠”的漫延扩散造成的土地沙漠化现象。受到它们间歇性扩张的影响，原先的温带森林草原植被开始退化、消失，逐步被荒漠化半荒漠化草原取代。于是，自元明清至民国时期，这种天然植被的构成与分布的变迁缓慢展开，导致鄂尔多斯高原生态环境发生巨大的变化。时至今日，鄂尔多斯高原竟然被一些人称作“风沙高原”，就缘起于此。

元明清至民国时期是鄂尔多斯高原生态环境发生深刻变化的重要时段，值得今人重视。探索这个时期高原地域生态环境的状态及变迁，有助于今人明了当代高原地域生态环境是如何由昨天演变至今天的面貌（即其形成原因），有助于今人采取有效步骤改造高原上两块黄沙滚滚的沙漠，恢复绿水青山的自然环境，有助于推进具有中国特色的人与自然和谐共存的生态文明建设。

第一节　元明清时期宏观气候类型

至元明清时期，我国北方地域宏观气候再度处在由温暖转向寒冷的新循环。自元历经明代而至清代，延续数百年之久。据历史气候学专家竺可桢先生的研究成果，我国北方处在第四个温暖期转为第四个寒冷期阶段。宏观气候的温暖与寒冷的演化是一个渐进的过程，不可能有一个非常明确的时间界限。因此，下文所提及温暖期或寒冷期意在表达气候类型存续的大体时段，供读者参考。

一、南宋后期至元末的温暖型气候

历史时期气候波动的第四个温暖期，大致相当于1201—1400年期间，略当中国古代南宋（1127—1279）后半期至元代（1271—1368）后期。

在此期间，我国北部地域出现了一次短暂的气温回升的气候变迁，但升幅并不显著。元代初年，竹类植物在北部地域的分布范围回复到唐代状态。唐朝时期，在京兆府境的长安和鄠县一带、岐州下辖的盩厔县境、怀州下辖的河内县建置管理竹林的专职机构——司竹监。这就显示出野生竹林在北方地区广泛分布之状态。其后，随着气候趋于寒冷，竹林分布范围逐渐萎缩。北宋时期，仅有盩厔县境的司竹监犹存。至元朝初期，由于气温回暖，竹林茂盛，又恢复其他两地的竹林管理机构。

自明代初期始，北方地域宏观气候再度趋于寒冷，竹类植被失去正常生长的气候条件，分布范围大为缩小。因此，竹类植被不再是北部地区的重要经济林木，失去了相关的人工维护与管理。

二、明清时期的寒冷型气候

历史时期气候波动的第四个寒冷期，大体相当于1401—1900年期间，略当中国古代明代（1368—1644）至清代（1644—1911）末期，约达500余年。

在此期间，北部黄河流域及其附近地区，年平均气温明显下降，转为寒冷型气候环境。元代中后期（1260—1339），寒冷气候事件在黄河流域频繁发生。主要是大风雪、寒冷气温灾害导致人口、牲畜大量冻饿而死，需要元朝政府紧急赈济粮食和物资。[①]明代初期，蒙古高原南部边缘地区（今阴山以北）气候苦寒，冬长夏短。由于农作物生长周期短促，屯田经济难以保障驻防军及其眷属的生活需要，明朝政府遂于永乐元年（1403）将阴山地区的数十个卫、千户所南迁。17世纪中叶，天津附近的运河冬季冰封期长达107天上下，而当代天津市静海县杨柳青区段运河，冬季冰封期只有56天上下。据谈迁《北游录》中物候记载推断，那时北京、天津地区年均气温要比

① 《元史》卷五一《五行志》，第1093—1118页。

当代低约2℃。[1]那么，与京津地区东西相望的鄂尔多斯高原的气温大体与之相当，甚至由于地处内陆，海拔高于京津地区，其气温当更低。这就表明，进入15世纪，我国北方地域的气候更加寒冷。

同期，北方地域的低温也波及南方地域，致使我国南方地域的气温出现明显的变迁。14世纪初中期，1309年、1329年、1351年、1353年等年份，南方亚热带地域的江南运河，太湖，广州地区等地河川、湖泊出现结冰现象。

至于16至19世纪的气温环境，“据国内外研究表明，1500—1900年是一次世界性气候寒冷期，即所谓小冰期。就中国而言，也是近五千年来四个低温期持续时间最长、气温最低的时期。至17世纪下半叶达到了最低点”[2]。据相关学者研究，在此500年中，太湖结冰次数达16次、鄱阳湖结冰6次、洞庭湖结冰9次，汉江结冰19次、淮河结冰14次；东南沿海地区降雪、降霜47次。若依照世纪剖析，17世纪是最为寒冷的时段，共计14个严寒冬季；19世纪位居第二，存在10个格外寒冷的冬季。[3]

至19世纪末期，我国北方地域气候再度开始转暖，大气温度回升。这也成为清代光绪年间（1875—1908）中央政府主导“放垦蒙荒”而大规模开发内蒙古地区荒原的气候背景因素。延续至20世纪，气候回暖的趋势愈来愈明显，同时大气湿度则越来越低，随之而来的就是冬春季节大风肆虐、扬尘扬沙的气象日益突出，甚至酿成破坏性强烈的沙尘暴天气。这就恶化了野生动植物种群繁衍的生态环境。

第二节　元明清至民国时期鄂尔多斯高原天然植被的分布与演替

探明元明清至民国时期鄂尔多斯高原天然植被与野生动物的构成与分布，以及其空间变迁的过程与特点，并非易事。原因在于：其一，历史文献缺乏直接的记载，文献资料极少；其二，研究此领域的学者也很少，既有科研成果欠缺，无从参考。针对这个难点，本章采用下列研究方法予以探索：第一，采用由晚及早、由近及远的倒推方法与路径。即利用我们在田野调查过程中发现的古代森林的“活化石”——古树名木，以其树种、分布地、树龄反向追溯元明清至民国时期鄂尔多斯高原天然植被与野生动物的构成与分布（当然属于不完整的复原研究），推论其时段生态环境真相。第二，采用地名学的地名来历溯源追究的方法。在鄂尔多斯高原迄今保留着诸多明清

① 〔清〕谈迁：《北游录》，汪兆平点校，中华书局，1997年，第42—43、134页。
② 邹逸麟编著：《中国历史地理概述》，第18页。
③ 马正林主编：《中国历史地理简论》，第8页。

时期人们给某个地方确定的名称，其中包括大量的以当地天然植物群落名称确定的地名。以特有天然植物命名的地名具有特别的该时代植被环境的指示意义，是我们复原特定时期天然植被的重要线索。第三，采用晚近成书的高原地域各市、县、旗地方志的相关记载，作为探索特定时期绿色生态环境的一把钥匙。

一、关于古代森林的"活化石"——古树名木的推论

在最近几年间，我们多次组织野外考察队展开鄂尔多斯高原田野调研活动，踏勘古城、湖泽、河川、山岭等考察对象，调查地形地貌、古树名木、沙生植被，取得重要的调研资料与田野数据。其中，我们在陕西榆林地区、内蒙古鄂尔多斯地区诸多地点发现古代森林被破坏后的孑遗树木。作为"活化石"，这些依然生长在当地的高大树种理所当然地成为当代当地的古树名木。然而它们的存在不仅仅在于成为地方的绿色植物景观，更重要的是具有还原古代森林植被的指示意义。这些古树名木在当代虽然是凤毛麟角，但是早在元明清时期它们是茫茫林海的组成分子。只是后来机缘巧合，当其他地方的林木被砍伐殆尽之时，由于它们生长在庙宇院内或院外，当地居民出于对庙宇供奉的神祇的敬畏与崇拜，爱屋及乌地将这些树木保护下来，延续至今。

在此，对这些依旧生长于当地的古树名木做简要的叙述、分析和归纳，以期再现元明清至民国时期鄂尔多斯高原局部区域天然植被的分布状况及其影响因素。

依据我们多次野外考察的资料，所发现古树名木的空间分布大体如下所述。就目前所见（日后还会有新发现），古树名木主要分布在今陕西神木市、府谷县，内蒙古准格尔旗、伊金霍洛旗、乌审旗等地。

（一）神木市境已发现的古树名木[①]

在陕西省神木市境内，迄今发现的古树名木主要分布于神木镇、店塔镇管辖区域，位于窟野河干流河道东侧山塬之上，并非在河谷之中。这些古树名木生长的微观地理位置的确值得注意。这种现象向我们表明，它们之所以能够幸存下来，纯粹得益于它们幸运地生长在居民崇奉的寺庙院落之内或之外；因为当地居民对于神祇的敬畏，也就爱屋及乌地将这些树木保护下来，使得它们能够长期生长于斯，而免去了被砍伐的厄运。下面分别予以讲述。

在神木市神木镇永兴社区驻地北侧的山塬顶部，耸立着明代长城沿线的三十六城

① 资料来源于2016年6月赴神木市永兴社区实地考察。

堡之一——永兴堡遗址。在永兴堡西侧不远的山坡上，坐落着一座居民祭祀黑虎神的小庙宇，坐北朝南，其东侧是文物管理人员的房子。就在小庙的背后（北侧），生长着一棵树干粗壮、枝杈众多的巨大的油松树，其树干之粗大，需要两个人相向合抱方可。在今而言，确是难得一见的巨大松树。这棵巨松的树枝上挂满当地居民制作的红色绸布条，那是敬奉给神祇的礼物。（见图7-1）这虽然反映出当地居民多神信仰的真诚之心，同时也反映出巨松显然是因生长在神庙之旁而得以幸存下来。

图7-1　永兴堡附近巨大的古松树

无独有偶。在这棵巨大松树之西约5千米的一座山头，也孤零零地生长着一棵参天大松树。（见图7-2）此地仍然属于神木市神木镇永兴社区，但山头南坡已被一家企业开挖成断崖，断崖南侧改造为平地，建成企业厂房。于是，原先的自然地貌大部已被人力破坏。唯独这第二棵巨松所在山头依然保留着，得以幸免于斧钺之诛。第二棵巨松的高度大于东面的第一棵松树，但是树干直径略逊于后者。第二棵巨松生长在一座小庙宇东侧，树干挺拔，高大雄伟。其能够幸存至今，原因与东面的第一棵松树相同。巨松由于生长在山头上，很远就能看到其巨大的身姿。但令人担心的事情是，巨松所在山体被人为斩削，土壤水分减少、工矿废气废渣污染等均会影响其正常生长。如何保护这棵幸存至今的巨大松树，应是当地政府职能部门的重要职责。

图7-2　永兴堡西方高大的古松树

在神木市店塔镇南约10千米、窟野河河谷东侧的山塬上，有一个名叫杨家城的小村庄。村庄西北侧就是著名的唐宋时期麟州故城遗址。而在村庄南侧公路边缘的一座小庙宇院内与附近崖畔，各生长着一棵粗壮的侧柏树。其中，小庙院内的侧柏生长于平地，树干较细一点，枝繁叶茂，郁郁葱葱，生机盎然。而生长在小庙东侧崖畔的侧柏树，树干十分粗壮，须两人合抱，柏叶茂盛，高度可观。巨柏旁有神木市立的一通石碑，记载该柏树是北宋时期大将杨业（戏剧中的杨继业）亲手栽植。[①]（见图7-3）我们考察至此，经过认真观察，结合清代《神木县志》相关元代将麟州改制为神木县的记载得知，神木县的得名缘于县城（唐宋麟州故城）东南郊生长着两棵枝丫交叉的巨大松树。

前述神木市神木镇永兴社区、店塔镇南10千米窟野河东山，分布着迄今仍然枝繁叶茂的四棵巨大的松树、柏树。这些松柏生长的三个地方间距10余千米。如此近距离存在着数棵巨大的树木，至少表明它们必定是元明时期窟野河东侧山区覆盖的松柏占据一定比重的天然森林的孑遗树木。据此推断，元明清乃至民国时期窟野河中上游河道东侧山岭必然覆盖着茂密的天然森林，包含松树、侧柏等树种在内。

① 资料来源于2016年6月赴杨家城村实地考察。

图7–3　店塔镇杨家城村高大的古柏树

（二）府谷县境已发现的古树名木①

在今府谷县境，已发现的古树名木并非参天大树，而是分布于该县北境与准格尔旗接壤地带的天然杜松次生林。杜松作为小乔木能够成片分布于地表，虽然属于次生林，但是表明在遥远的古代该地区包含杜松树群落在内的森林植被分布范围更为广阔。

天然杜松次生林分布地位于府谷县西北部与内蒙古准格尔旗接壤的地带，即今孤山川上游流域，向东延伸至清水川上游流域，向西延伸至窟野河支流牸牛川东侧支流发源地。国家为有效地保护天然杜松次生林，在此地成立了一个“杜松自然保护区”。孤山川上游山区是主要的天然杜松次生林区域。其分布区域在赵五家湾镇、全家梁村、庙沟门镇下石崖梁村、老高川镇石岩畔村、松宏湾林场一线以北，跨连府谷县北部的赵五家湾镇、庙沟门镇、老高川镇、大昌汗镇等管辖范围。

天然杜松次生林迄今仍然存在的客观事实，向今人无声地表明至迟回溯至元明清时期，杜松原始森林是存在于该区域的。在相同的气候条件下，杜松原始林地并不局限于今府谷县北部地区，而是向北分布在今孤山川、清水川、牸牛川源头所在的准格尔旗南部的神山林场一带。

① 资料来源于2013年9月的实地考察。

（三）准格尔旗境已发现的古树名木

在今准格尔旗纳日松镇松树塄村附近山上，至今生长着一棵高大的油松树，成为中国油松之最，林业工作者赞誉它是中国“油松王”。在其北侧近百米处，同样生长着一棵大型侧柏树，虽然高度不及“油松王”，但也是相当的古老。在准格尔旗其他地方，也存在着古代森林的孑遗次生林地。

1. 松树塄村的“油松王”与侧柏[1]

“油松王”位于今准格尔旗纳日松镇的松树塄村附近，生长在一个黄土山头上，高大挺拔，树干十分粗壮，枝叶繁茂，苍翠欲滴。（见图7–4）据国家林业局林业科学院专家于1979年的测定，“油松王”高度达26米，胸径1.34米。在它的西侧原先有一座藏传佛教庙宇，因此，油松、侧柏就得以幸存下来。当地居民至今敬仰这棵巨大的松树，在其近地的枝杈上挂满红色布条，以示敬畏。其树龄约962年。据此，可上推至北宋仁宗皇帝嘉祐元年（1056）前后自然而生于斯地。问题在于北宋嘉祐元年前后，这棵“油松王”萌芽、生长之时，其种子当然来自当地天然松林产出的松子。其附近的侧柏树，树龄应与之相当或稍后。（见图7–5）

图7–4　准格尔旗纳日松镇松树塄村的“油松王”

① 资料来源于2018年6月的实地考察。

图7-5　准格尔旗纳日松镇松树墕村的古侧柏

这就表明，至迟在北宋嘉祐年间，当地高低起伏的丘陵低山被油松、侧柏、杜松等树种组成的绿色森林所覆盖。那么，其后的元明及清代前期应该也是如此的森林景观。

2. 阿贵庙自然植被保护区

作为古代森林孑遗的阿贵庙自然植被保护区，自然是最好的证据材料之一。阿贵庙自然植被保护区位于准格尔旗纳日松镇，成立于1982年，由当时的伊克昭盟科委划定保护区范围，处在西面的犊牛川与东面的清水川的分水岭区域。南与松树墕村毗邻，东北距离沙圪堵镇35千米。

据截至1997年的统计数据，阿贵庙自然植被保护区封育山林面积1600余亩。林木皆属于原始次生林，覆盖度达95%，生长良好。林区森林植被以天然次生林为主，人工栽植的树木为辅助成分。林相显示出典型的温带针叶阔叶混交林与温带草原植被面貌。高大的乔木是保护区内最基本的植物种群，其次是小乔木和灌木种群，再次是草本植物，也占据相当大的比重。此外，森林中夹杂生长着藤本植物、寄生植物、附生植物等多种群落。其植物种属多样，种质资源丰富，实乃鄂尔多斯市之冠也。保护区内受人类、畜类活动影响甚小，植被种群保存较好，较完整地反映出鄂尔多斯高原天然森林草原植被的本来面目。迄今，林区内沟深林幽，苍松翠柏，鸟鸣虫吟，风摇树动，涛声阵阵。（见图7-6）阿贵庙石窟寺高高地悬挂在林木掩映的半山石壁上，乃准格尔旗重点文物保护单位。[①]

阿贵庙天然植被保护区的次生森林植被的存在，折射出几百年前其周围区域显然是广袤的森林草原风光，并非如今的濯濯童山。

图7-6　准格尔旗纳日松镇阿贵庙自然植被保护区

3. 神山林场和双山梁次生林

在准格尔旗西营子乡西部存在着一个神山林场。所谓“神山”，是指夹处在西面的牸牛川和东面的黄甫川间的一道山体，呈现出北偏西朝着南偏东的走向。

在神山林场区域，山坡坡面被稀疏的绿色树林、灌木和草类植物所覆盖，一片生机盎然的生态环境。这就表明，直到今天，神山群山仍旧适合森林生存。只要选择合适的树种，森林植被仍然是可以恢复的。

双山梁位于准格尔旗沙圪堵镇西南部双山梁村附近，属于东面的黄甫川中游与西面的清水川上游的分水岭地带。山坡上生长着以白杨为主要树种的天然次生树林。（见图7-7）因此，此地在古代也应是天然森林分布地之一。

① 刘玉印主编：《准格尔旗文物志》，远方出版社，1998年，第247—248页。

图7-7　准格尔旗双山梁林区

（四）乌审旗与鄂托克旗境已发现的古树名木

乌审旗位于鄂尔多斯高原中南部，东部属于外流区，西部属于内流区，恰好处在夏季海洋气团推进的前锋区，年均降水量稍佳，树木生长的气候条件较好。但元明清以来，由于连续遭受毛乌素沙漠流动沙丘链东侵南下的影响，天然植被逐步发生微妙的演替。沙生植物群落逐渐取代原先的温带稀树草原生态环境，缓慢地演变为当代荒漠半荒漠草原生态环境。

但是，依据迄今孑遗的古树名木所处地理位置，可推知数百年前当地生态环境及植物群落类型。乌审旗境内的古树大体分布于南部的陶尔木庙、中部的嘎鲁图庙、北部的乌审召庙之地。在此三地的大型藏传佛教寺庙内外，留存至今的古树群体，包括耐旱的阔叶落叶树种——榆树、杨树和柳树，以及其他阔叶树种。反之，几乎不见针叶常绿树种。透过它们的地理位置比定，可再现出元明清时期乔木植被的分布格局及其变化。

1. 陶尔木庙院内的古树名木[1]

陶尔木庙也称陶尔庙，坐落在乌审旗嘎鲁图镇西面20千米、陶尔木淖尔盆地南部的一处向北突出的半岛状山梁上。其东侧山梁下就是陶尔庙行政村（嘎查），公路由东方伸来至山梁东坡转向南，至庙南数百米处转向西横截该山梁而沿着山梁西坡北行，再转向西方。陶尔木庙的大门在山梁东坡、公路西侧，进得大门须拾级而上才能

① 资料来源于2018年6月的实地考察。

到达山梁顶面的庙宇建筑区。

就在大门之内、庙宇正门之外的院内，散落着八九棵树干粗壮、树冠如伞的古老白榆树。大门内、道北侧山坡耸立着一棵最为高大的榆树。在其北面汽车道北畔，则自东而西生长着七棵大型榆树。庙宇正门北侧岔路东北侧的一棵白榆树树干悬挂的标牌上写着该树萌生于清代康熙年间（1662—1722），距今已有300多年。

在正殿后面的庭院南部，生长着一棵杨树，树干粗壮，挺拔俊秀，树冠呈纺锤形，其高度达20多米。在庙院西侧山梁之巅，又一棵参天大树屹立于此，也高达20多米；在下午4点的骄阳斜射之下，傲然挺立，俯视北面的湖盆洼地。在陶尔木庙南墙之外，山梁上还生长着三棵暂时不知名称的大树，叶形浑圆，挂着累累的绿色果实，个头似苹果而非也。而在那道山梁南部旧的庙宇基址之东，也有一棵高大的榆树。在陶尔木庙寺院内外，总共生长着十四棵古老的大树，包括白榆、杨树及暂未知名的树种。据此推论，早在清朝初期，甚至上溯至明代，今陶尔木淖尔湖盆周边高地应生长着为数众多的耐旱的榆树群体，形成稀树草原环境。（见图7-8）

图7-8　乌审旗嘎鲁图镇陶尔木庙的古树名木

2. 嘎鲁图庙院内的古树名木①

在原嘎鲁图苏木（2005年与达布查克镇合并，原建制撤销）驻地的嘎鲁图庙院内，迄今生长着七八棵古老的高大榆树。原嘎鲁图苏木位于乌审旗人民政府驻地西北40千米处，旗驻地原名达布查克镇，2005年改名嘎鲁图镇，也就是使用了嘎鲁图苏木的地名。

① 资料来源于2018年6月的实地考察。

嘎鲁图庙正殿位于庙院西部，居于高台之上，坐北朝南。其右前侧和左前侧，各有一棵高大的榆树。其中左前侧的榆树树干尤为粗壮，高达20多米，树冠犹如雨伞撑在半空。正殿东侧，又有两棵高大榆树，引人注目。在正殿后面，东西向排列着两棵树干稍细的大榆树，高度也小于庙院南部的榆树。其西北侧耸立着一棵榆树，在夕阳斜照的光线中，给人一种虚幻的感觉。这些古老高大的榆树，有的树干需要两人相向合抱才能测出其胸围长度，可达3米之多。（见图7-9）

2018年，此地处在毛乌素沙漠流动沙丘群体覆盖区域，满目沙化土地。然而在清代前期建立庙宇之初，这里应该是一片水草肥美的草原。在今嘎鲁图庙北侧不远处就是一个干涸的大型湖盆，现在已经无水；但在数百年前，应是一个湖水荡漾、波光粼粼的大湖泊。湖泊周边的草原游弋着一群群牛羊，随着清代中期草原的放垦，土地沙漠化缓慢出现，一步步演变成当代的沙漠景观。换言之，清代前期，嘎鲁图嘎查周边应该是一派温带稀树干草原环境。那时，湖泊周围的高地生长着榆树之林，湖滨低洼地区则分布着喜欢湿润土壤的柳树①之林。嘎鲁图庙院内的榆树群体就是那种环境的鲜明证据。

图7-9　乌审旗原嘎鲁图苏木所在地嘎鲁图庙的古树名木

① 陕西榆林市、内蒙古乌审旗居民将此种柳树称作“砍头柳”。

3. 乌审召庙院内外的古树名木[①]

乌审召庙位于乌审旗乌审召镇（驻原先的查干淖尔镇）南部的乌审召嘎查，是一座占地宏大的藏传佛教寺院。寺庙坐北朝南，大门朝南开放。

经过实地踏看，乌审召寺院内外总共生长着十八棵古老的树木，包括榆树、杨树、柳树等。在乌审召大门前面，六棵榆树、杨树呈一道弧线排列，甚为壮观。它们的高度都在30米以上，不仅树干粗壮，而且树冠宽厚庞大，树荫庇人，成为香客歇息之所。在东偏门外数步之处，东西向排列着三棵巨大的柳树，由于岁月久远，近地处的树干芯部已成空心状。在其东面数十米外，村民住宅前生长着一棵粗壮挺拔的大杨树。而在召庙西偏门之外远处广场上，也散落着两棵高大的杨树。进入寺院内部，发现在寺院东墙中段内侧小院内生长着六棵粗壮而不高的榆树，三棵位于小院西部，另外三棵位于小院东部。东部北端的那棵榆树虽然树干粗大，但是其部分树冠树枝显然干枯了，长势堪忧。（见图7－10）

图7－10　乌审旗乌审召镇乌审召庙的古树名木

4. 鄂托克旗木凯淖尔村古榆树

2016年10月，考察队在鄂托克旗东北部与乌审旗接壤的木凯淖尔村进行田野调查的过程中，在木凯淖尔湖北畔山梁的一座小庙院内见到一棵树冠甚大的榆树，高20余米。（见图7－11）这一带其时已是沙漠化严重的区域，地表被流动沙丘、浮沙所覆

① 资料来源于2018年6月的实地考察。

盖，天然沙生植物处处可见。然而有这么一棵高大的榆树傲然生长于沙梁之上，令人惊叹。据榆树树干所悬挂标牌文字，其树龄当在200多年，即这棵榆树幼苗当萌生于清代乾隆或嘉庆年间（18世纪下半叶）。这就表明，至迟在18世纪下半叶，木凯淖尔周围地区的土壤、水热条件尚适合榆树等树木生长，与2016年10月木凯淖尔周边黄沙遍地的满目荒漠景象大相径庭。

图7-11　鄂托克旗木凯淖尔村小神庙院内的古树名木

5. 鄂托克前旗巴彦希里嘎查榆树壕“六十棵榆树”景观

“六十棵榆树”生长在鄂托克前旗城川镇巴彦希里嘎查的榆树壕。所谓榆树壕，是一片较为低洼的地方，南北长5千米，东西宽2千米，东、西两侧是绵延起伏的金色沙丘。面积达10平方千米的榆树壕中长满了自然生长的古榆树。在其北端坐落着一座“六十棵榆树”庙。该庙周围生长的数十棵古榆树，或俯首，或昂首，或斜卧，千姿百态，苍劲古朴。（见图7-12）“被喻为‘八大榆神’的（榆）树上，开有大小、高低各异的树洞，每逢农历五月初三的‘神榆节庙会’，洞中便会溢出清纯的‘榆泉’，供人们尽情品尝。”[①]据此可见，在榆树壕地方早已形成一片榆树林，成为一处难得的鄂尔多斯高原古代森林的孑遗。其难能可贵之处就在于它是生长在一般人都认为不可能大范围生长树木的区位，有力地证明了在古代鄂尔多斯高原西部的确存在大面积的森林植被，至少是在宋元明清时期有大面积的森林植被存在于斯。

通过梳理野外考察中发现的若干古树名木与次生林等森林孑遗，我们掌握了探索

① 张占霖主编：《鄂尔多斯文化·非物质文化遗产卷》，社会科学文献出版社，2011年，第150—152页。

元明清乃至民国时期鄂尔多斯高原天然植被的主要树种构成和分布区域的重要线索。透过对它们所在位置的论述与指示意义的剖析，今人可以据此复原出元明清至民国时段天然植被分布状态，使得我们可以探明历史时期的特定阶段森林植被、灌木植被与草原植被大致的分布区域，以及它们受到某种外部因素驱动而发生的缓慢的生态环境演替。显然，古代森林的孑遗——包括古树名木和天然次生林地是研究者必须给予足够重视的资料与途径，因为这是最为直接的物证。

图7–12　鄂托克前旗榆树壕的古树及祭树仪式

二、 地名学的地名来历与特征溯源追索

古往今来，当某一地名被当地居民确定后，就具有相对的长期稳定性。尤其是以当地特定优势自然地物诸如植物、动物命名的地方名称，即使其后当地地貌、自然环境发生明显的改变，但地名仍旧在较长时段内保持不变，继续被当地居民使用。依据地名的这个特性，我们可以透过以特定植物确定的地名，推论该地区过往岁月的植物群落状况，复原其过往数百年间的生态环境面貌。

循着这一研究思路，在此将鄂尔多斯高原以植物命名的当代地名予以搜寻、汇集和研判，推导出相关各地数百年前生长的植物类别，据此重建历史时期特定时段植物群落的空间分布格局。地名搜寻按照2018年省级地方行政区划建制分区进行，以便纲目条理清楚。

（一）陕西省府谷、神木、榆阳、横山、靖边和定边等县（市、区）

在陕西省榆林市所辖12个县（市、区）范围内，含有天然植物信息的地名，基本代表着该地名初次出现时期所指示地方的植物种类特征。目前所见普通地名，一般都初次出现于清代中期至晚期。也就是说，各地名所指示地方主体植物群落实乃数百年前的植被主要构成种类。迄今为止，虽然难以全景式反映出那时候地方植被构成的所有种群，但至少能够显示出那时段植被构成的主要种类。

出于方便掌握地名所蕴含天然植物信息的需要，减少书面语言表达的重复，在此采用列表方式，将分布在各县（市、区）的关联着植物信息的地名予以归纳汇集。[①]

对于陕西榆林地区12个县（市、区）带有植物特征的地名搜寻的结果如表7-1所示。除米脂、吴堡两县尚未查获具有指示价值的地名外，其他10个县（市、区）皆存在着数量不等的包含植物信息的地名。这些蕴含着植物信息的地名以聚落名称为多数，也有少量的自然地理实体名称，例如梁、峁、塌（塔）、墕、沟、河、湾、台、咀、坪、崄、岔、山、畔、圪崂等。无论是人类聚落地名，还是自然地物名称，都指示着地名出现年代当地生长的占据优势地位的植物。这些植物群落是生态环境演变过程的一个环节，向当今人们昭示着过往岁月该地方的植物种类。地名的构成要件分为两部分，即专名部分、通名部分。在我们探讨这些蕴含着植物信息的地名时，植物名称属于专名，聚落名称和地物名称属于通名，两部分组合成一个相对完整的普通地名，具体见表7-1所列举地名。

表7-1　榆林地区带有植物特征的地名简表

县级行政区	乡镇	具体地名	数量
府谷县	古城镇	树坪、松花沟	2
	黄甫镇	柏林峁	1
	哈镇	黄花梁、柏草峁	2
	清水镇	杜松自然保护区、青椿峁、圪针畔、枣林峁	4
	庙沟门镇	杜松自然保护区、桦皮沟	2
	木瓜镇	柏树沟、木瓜堡、芦（草）梁、桑林坪	4
	孤山镇	野芦沟、榆（树）湾	2
	新民镇	红草沟、桃子梁、芦草畔	3
	大昌汗镇	松宏湾林场	1
	田家寨镇	柳坬	1

① 列表显示的叙述方式，也会存在信息收集欠全面带来的不足。

续表

县级行政区	乡镇	具体地名	数量
神木市	孙家岔镇	柠条塔	1
	店塔镇	草垛山、树梁沟、红柳林、水磨河林场	4
	锦界镇	公草湾林场、枣稍沟、桑树塔、柏树墕	4
	高家堡镇	草湾沟、柴垛梁、桃柳沟	3
榆阳区	大河塔镇	驮柴峁、红花渠	2
	麻黄梁镇	麻黄梁、胡马（麻）梁	2
	金鸡滩镇	上神树湾、下神树湾、三卜树水库	3
	牛家梁镇	牛家梁林场、色草湾	2
	岔河则乡	水桐树圪崂	1
	芹河镇	芹河、榆林沙漠森林公园	2
横山区	响水镇	枣湾、色草湾	2
	党岔镇	枣湾	1
	横山街道	耳树渠、席季（芨）塌	2
	塔湾镇	桑树湾	1
	高镇	枣湾	1
靖边县	黄蒿界镇	黄蒿界	1
	红墩界镇	红墩界林场	1
	海则滩镇	马莲坑、黄柏树湾、柳树湾	3
	张家畔街道	沙石峁林场、冯家峁林场	2
	宁条梁镇	柠条梁、柳桂湾林场	2
	席麻湾镇	席麻湾则、桃树渠则	2
	王渠则镇	白于山林场	1
	周河镇	柳沟、椿树湾	2
定边县	堆子梁镇	红柳滩、沙柳坑、长茂滩林场	3
	杨井镇	大河畔林场	1
	盐场堡镇	西黄蒿梁、东黄蒿梁、芨芨圈	3
	定边街道	乱井子林场	1
	红柳沟镇	红柳沟、树坬	2
佳　县	方塌镇	花儿咀	1
	王家砭镇	柳树峁、柳树会、打火店林场	3
	朱官寨镇	杏树塌、白草坬	2
	木头峪镇	木头峪、枣坪（在店镇南）	2
绥德县	名州镇	山柏树村、圪针湾、马莲沟	3
	中角镇	枣树湾	1
	枣林坪镇	枣林坪、桃树峁、柳树峁	3
	张家砭镇	柳（树）湾、紫柏湾	2
清涧县	解家沟镇	桐树峁、树桐沟、莲花山、枣坪塌	4
	玉家河镇	枣山里	1

续表

县级行政区	乡镇	具体地名	数量
清涧县	石咀驿镇	前马兰岔、后马兰岔、枣林则沟、榆湾则	4
子洲县	三川口镇	桑园、红花梁、白草坬	3
	马蹄沟镇	桑坪、桑沟、瓜园则湾、芦草峁	4
	马岔镇	月牙树台、黄蒿梁、芦草咀、黄柏沟	4
	砖庙镇	枣树崄、梨树台、狼牙刺湾	3
	老君殿镇	红柳湾、枣（树）湾	2

资料来源：《中国分省系列地图册·陕西》，中国地图出版社，2016年。

注：1.榆林地区带有植物特征的地名共计119个，涉及乡镇级行政单位54个；

2.本表绘制于2018年12月21日。

（二）内蒙古准格尔旗、伊金霍洛旗、乌审旗等九旗区

对于内蒙古鄂尔多斯市9个旗区蕴含天然植物信息特征的地名搜寻结果如表7-2所示。除鄂尔多斯市西部的杭锦旗、鄂托克旗和鄂托克前旗缺少此类地名外，东部外流区（含局部内流区）的准格尔旗、伊金霍洛旗、乌审旗、达拉特旗、东胜区和康巴什区，皆分布着蕴含天然植物信息的普通地名。这些地名以聚落名称为多数，也有少量的自然地理实体名称，如梁、沟、河、湾、山、壕、坑、圪旦、套、坡、滩、台（苔）、塌（塔）等地名的通名要素。

表7-2　鄂尔多斯市带有植物特征的地名简表

县级行政区	乡镇	具体地名	数量
准格尔旗	布尔陶亥苏木	二道柳壕	1
	薛家湾镇	常树梁、白草塔、草场、草湾	4
	魏家峁镇	榆树塔、柳树湾、臭蒿湾、麻地梁、红树梁	5
	龙口镇	榆树湾	1
	暖水乡	马莲沟、榆树壕、酸刺沟、杨塔、麻黄塔	5
	纳日松镇	二道柳、柳塔	2
伊金霍洛旗	纳林陶亥镇	榆树湾、大柳塔、林场、小柳塔	4
	乌兰木伦镇	（松）树梁	1
	札萨克镇	树壕、松道沟	2
	红庆河镇	白格针村、昌井渠林场	2
东胜区	铜川镇	林场、马莲、灶火梁	3
	罕台镇	茅庵梁	1
达拉特旗	吉格斯太镇	三卜树、楼（芦）草壕	2
	白泥井镇	榆林子、红柳村、柳沟	3

续表

县级行政区	乡镇	具体地名	数量
达拉特旗	风水梁镇	柳沟、沙蒿塔	2
	树林召镇	大树湾、草原	2
	展旦召苏木	柳林、柳塔店	2
	昭君镇	二棉子湾、黄母花儿、呼斯梁林场	3
	恩格贝镇	蒲淖村、柳子圪旦	2
杭锦旗	独贵塔拉镇	榆树壕、甘草场	2
	吉日嘎朗图镇	五苗树、红柳圪旦	2
	呼和木都镇	红柳四队	1
鄂托克旗	木凯淖尔镇	沙蓬垛小组	1
	阿尔巴斯苏木	柠条站、芦子坑	2
鄂托克前旗	昂素镇	查干陶勒盖林场	1
	城川镇	麻黄套	1
	敖勒召其镇	毛盖图苏木林场	1
	上海庙镇	榆树井、大榆树沟、酸枣子坡	3
乌审旗	乌审召镇	浩勒报吉林场、南柳湾、北柳湾	3
	无定河镇	花儿滩、纳林河林场、洋拐子滩、蘑菇苔（滩）	4
	苏力德苏木	蘑菇滩、红柳台	2
附：乌海市海勃湾区	卡布其街道	榆树沟、海勃湾区林场	2
附：乌海市海南区	巴音陶亥镇	一棵树（五处）	5

资料来源：《中国分省系列地图册·内蒙古》，中国地图出版社，2016年。

注：1.鄂尔多斯市地区及乌海市带有植物特征的地名共计77个，涉及乡镇级行政单位33个；

2.本表绘制于2018年12月21日。

（三）宁夏盐池、灵武、利通、同心等六县（市、区）

对于宁夏黄河以东地区6个县（市、区）含带植物信息的地名的搜寻结果如表7-3所示。在这些普通地名中，既有人类聚落地名，也存在自然地物之名称，比如带梁、沟、山、坑、湾、滩、峁、井、掌、坡、台、塘、岭、泉等字的自然地物地名。这些地名是人们在给地方定名之际，依据其生长的植物主要种类而确定的名称符号。

表7-3　宁夏河东地区带有植物信息的地名简表

县级行政区	乡镇	具体地名	数量
盐池县	花马池镇	麻花梁、柳树梁、柳杨堡、城南林场	4
	高沙窝镇	芨芨沟、麻黄梁、魏庄子林场、苦蒿沟	4

续表

县级行政区	乡镇	具体地名	数量
盐池县	青山乡	营盘台林场、麦垛山、柳树坑、黄米湾	4
	大水坑镇	柳条井、芨芨滩、芦沟子、莎草湾、芨芨峁、林洼子、红井子林场、黑山墩林场	8
	麻黄山乡	麻黄山、石葱湾、杏树梁	3
	惠安堡镇	麦草掌	1
灵武市	宁东镇（原磁窑堡镇）	马莲台、黄草坡、白芨滩国家级自然保护区、白芨滩供水站、芦草井、野茶湾	6
	马家滩镇	满枣儿坑、麻黄湾、野麦子塘	3
	白土岗乡	枣岗子、枣刺梁	2
	临河镇	红柳湾	1
	梧桐树乡	梧桐树村、林场、龙须滩	3
	崇兴镇	榆木桥	1
吴忠市利通区	金积镇	芦沟闸、梨花桥、马莲渠	3
	高闸镇	郭桥林场	1
	扁担沟镇	高糜子湾、荒葫芦、木疙瘩岭、古木岭、长椽子村	5
青铜峡市（河东）	青铜峡镇	草台子、芨芨井子	2
同心县（北部）	韦州镇	榆树湾、黄羊滩、罗山国家级自然保护区	3
	下马关镇	马莲泉子	1
	太阳山镇	柳泉、茅头墩湾	2
	红寺堡区	沙草墩湾	1
平罗县（河东）	红崖子乡	小红柳滩、大柳树、三棵柳	3
	陶乐镇	苗木场	1

资料来源：《中国分省系列地图册·宁夏》，中国地图出版社，2016年。

注：1.宁夏河东地区带有植物特征的地名共计54个，涉及乡镇行政单位22个；

2.本表绘制于2018年12月21日。

（四）蕴含植物信息的地名资料分析与推论

在上述三个表中，所显示蕴含着天然植物信息的地方名称，分布在陕西、内蒙古、宁夏三省区位于鄂尔多斯高原的部分地区。大致可划分为东部、西部两个区域，以今陕西定边与靖边两县交界，内蒙古乌审旗东部、伊金霍洛旗中部、鄂尔多斯市东胜区西缘及毛布拉孔兑西侧山梁为其界限。

1. 鄂尔多斯高原东半部

鄂尔多斯高原东半部，包括今陕西省靖边县、横山区、榆阳区、米脂县、佳县、吴堡县、绥德县、清涧县、子洲县、神木市、府谷县，内蒙古准格尔旗、伊金霍洛旗东半部、东胜区大部、康巴什区、达拉特旗和杭锦旗毛布拉孔兑流域在内。此区域基本上是黄河支流河川分布区，属于外流水系区域。

其中，偏东位置的陕西府谷县、神木市及内蒙古准格尔旗辖域属于黄河支流黄甫川、清水川、孤山川、窟野河与秃尾河流域。在历史上，这些河川中上游流域皆分布着茂密的针叶阔叶混交森林植被，以及灌木、草本植被。透过在此区域的各种人文聚落、自然地物地名的地名学分析，可部分地（概括地）揭示出元明清时期东部区域的天然植被状况。依据表7-1可知，最晚至清代中期（略当1701—1800年）上述地名出现之际，府谷县境的黄甫川、清水川、孤山川中上游区域天然植被包括高大的乔木、较低的小乔木和灌木，以及草类植被。

在府谷县北部的古城镇、黄甫镇、清水镇、庙沟门镇、木瓜镇、大昌汗镇诸镇管域内，迄今依旧使用的地名充分地显示出早在清中期就分布着高大的乔木植被——松树、柏树、杜松树、枣树、青椿树、桦树、桑树、木瓜树、榆树、桃树、柳树，以及灌木类和草本植物——柠条、黄花、白草（柏草）、格针、芦草、红草等。

在神木市北部的孙家岔镇、店塔镇、锦界镇、高家堡镇地区，地名反映出清中期当地生长的乔木植被构成树种包括红柳、枣树、桑树、柏树、桃树、柳树等，以及灌木类和草本植物——柠条、公草等等。

在准格尔旗中部的东胜梁及其以南区域，分布着薛家湾镇、魏家峁镇、龙口镇、暖水乡、纳日松镇区域，地名学显示的植物种类包括广泛分布的乔木——柳树、榆树、红树、杨树，普通地名携带最多的树种是柳树，显然是生存在低湿地方的乔木；还有灌木类和草本植物——白草、公草、臭蒿、麻、马莲、酸（枣）刺、麻黄等等。至于准格尔旗北半部，地名携带的植物信息极少，唯有布尔陶亥苏木境内的地名——二道柳壕，指示柳树的存在。之所以如此，显然是由于自明末以降库布齐沙漠流沙漫延至今准格尔旗北半部，引起局部地方生态环境改变所致。当然，地名并不能全面准确地反映出当地200年前的植被环境，但也为后人提供了认识此问题的钥匙和途径。

据此可知，200多年前，在今府谷县、神木市、准格尔旗之地区，山地、丘陵地表覆盖着大片的针叶阔叶混交森林植被。其中，针叶树种包括松树、柏树等，阔叶树种则包括杜松树、枣树、青椿树、桦树、桑树、木瓜树、榆树、桃树、柳树、红柳、红树、杨树等。灌木类和草本植物包括柠条、黄花、白草（柏草）、格针、芦草、红草、公草、臭蒿、麻、马莲、酸（枣）刺、麻黄等。

其中，偏西区位的陕西榆阳、横山、靖边、米脂、佳县、吴堡、绥德、清涧、子洲处在高原南部，而伊金霍洛旗东部、东胜区大部（含康巴什区）和达拉特旗处在高原北部。陕西榆林市九县（区）带有植物信息的地名反映出清中期当地生长的乔木植被主要包括水桐树、耳树、桑树、枣树、黄柏树、柳树、桂树、桃树、椿树、杏树、山柏树、紫柏、桐树、榆树等，灌木及草本植被包括红花、麻黄、胡麻、色草、水芹、黄蒿、马莲、柠条、白草、格针、莲花、马兰等。

在北部的内蒙古伊金霍洛旗东部、东胜区大部（含康巴什区）和达拉特旗等地，据不完全统计，乔木植被主要包括榆树、柳树、松树、红柳等，灌木及草本植被包括白格针、马莲、茅草、芦草、沙蒿、黄母花、蒲草等。

据此可知，200多年前，在今陕西榆阳、横山、靖边、米脂、佳县、吴堡、绥德、清涧、子洲，内蒙古伊金霍洛旗东部、东胜区大部（含康巴什区）和达拉特旗之地，生长着水桐树、耳树、桑树、枣树、黄柏树、柳树、桂树、桃树、椿树、杏树、山柏树、紫柏、桐树、榆树、松树、红柳等树种，以及红花、麻黄、胡麻、色草、水芹、黄蒿、马莲、柠条、白草、白格针、莲花、马兰、茅草、芦草、沙蒿、黄母花、蒲草等天然灌木与草本植物。蒲草属于水生草本植物，一般生长于湖滨、沼泽、河畔、河床诸地下水位较高的地方。

2. 鄂尔多斯高原西半部

鄂尔多斯高原西半部，包括今陕西定边县、吴起县北缘，内蒙古乌审旗大部、杭锦旗、鄂托克旗、鄂托克前旗、东胜区西部边缘，宁夏盐池县、灵武市、吴忠市利通区、青铜峡市河东区域、中宁县东北部、同心县北部及银川市兴庆区黄河东侧区域、平罗县河东区域。此地区除过高原西缘存在数条水量少、流程短的季节性外流水系，基本上属于鄂尔多斯高原的内流区。随着宏观气候的波动、过度放牧引发土地沙漠化灾害趋重，元明清至民国时期地区天然植被面貌悄然发生演替，原先的温带草原被流沙缓慢地吞噬，继而被荒漠植被所取代。

在陕西定边县境的地名资料中，可见堆子梁镇、盐场堡镇、红柳沟镇等地生长的红柳、沙柳、黄蒿、芨芨草等植物群落。

在乌审旗大部地区，基本被毛乌素沙漠流沙覆被，清代中期以前的植被类型已不复存在。地名所反映的植物主要是其后状况。乔木主要包括乌审召镇河谷、湿地生长的柳树、红柳，此外，无定河镇、苏力德苏木境内有洋拐子、蘑菇等植物或菌类。

在杭锦旗北部、西部的沿黄河地带独贵塔拉镇、吉日嘎朗图镇、呼和木都镇，地名反映出当地乔木主要是榆树、红柳等树种，草本类植物则是甘草等。

在鄂托克旗木凯淖尔镇、阿尔巴斯苏木区域，草类植物主要是沙蓬、柠条、芦子等。

在鄂托克前旗上海庙镇辖区西部近黄河之地，生长着榆树等耐旱乔木，草本植物主要是麻黄、酸枣等。

在宁夏盐池县的花马池镇、高沙窝镇长城地带，生长着少数柳树、杨树，以及芨芨草、麻黄、苦蒿等草本植物群落。在该县南部的山区丘陵地带，大水坑镇、麻黄山乡、惠安堡镇等地，生长着柳树、杏树等树种，分布着芨芨草、芦草、麻黄、莎草、石葱、麦草等草本植物群体。

在灵武市、吴忠市利通区、青铜峡市河东区域，地名蕴含的植物种类包括白芨、黄草、马莲、芦草、野茶、蛮枣、野麦、麻黄、枣刺、龙须草、荒葫芦、芨芨等，乔木植物群体则有枣树、红柳、梧桐树、榆树、梨树等。此外，利通区南部的牛首山区几座山岭名称揭示数百年前山林的存在——木疙瘩岭、古木岭、长椽子村等，很能说明问题。

在中宁县东北部、同心县北部，地名折射出若干植物群落的分布地。比如同心县的下马关镇、韦州镇、太阳山镇、红寺堡开发区等地，生长着柳树、榆树，以及马莲、茅草、莎草等草类植被。

而在平罗县黄河东侧的红崖子乡、陶乐镇、高仁乡区域地名，折射出当地一般生长着喜欢湿润的柳树，形成柳树林子。银川市兴庆区黄河东侧的月牙湖乡区域，则没有地名反映过往时期的植被信息。至于其北面的乌海市黄河东侧桌子山侧近的海勃湾区、海南区，由于气候干燥，仅仅生长着极其少量的耐旱性强的榆树，以及垫状草类植物。

在鄂尔多斯高原西半部的地名资料中，能够反映出天然植被信息的地名不多，而且主要是灌木类、草本类植物群落信息。据此，也可部分地复原出高原西半部地区的天然植物群体原貌。若能与其他方面的资料有机结合起来，相信可收获很好的再现效果。

据此可知，距今200多年前，今鄂尔多斯高原西半部的天然植被信息间接而局部地影射在地名资料上。依据地名资料可知，那时候在相当于今陕西定边县、吴起县北缘，以及内蒙古乌审旗大部、伊金霍洛旗西部和东胜区西缘区域，河谷、湿地生长着柳树、红柳、杨树、榆树等树种，同时，低洼区域则生长着洋拐子、白格针、马莲等植物或蘑菇等菌类；在相当于今杭锦旗、鄂托克旗、鄂托克前旗及乌海市海勃湾区、海南区之地，分布着榆树、红柳等树种，草本植物则是甘草、沙蓬、柠条、芦子、麻黄、酸枣、沙柳、黄蒿、芨芨草等植物群落。在宁夏盐池县、灵武市、吴忠市利通区、青铜峡市河东区域，草本植物种类包括白芨、黄草、马莲、芦草、野茶、蛮枣、野麦、麻黄、枣刺、龙须草、荒葫芦、芨芨等，乔木植物群体则有枣树、红柳、梧桐树、榆树、梨树等。在中宁县东北部、同心县北部，地名折射出生长着柳树、榆树，以及马莲、茅草、莎草等草类植被。在银川市兴庆区黄河东侧、平罗县黄河东侧区域（原陶乐县旧地），生长着喜欢潮湿土地的高大柳树，形成柳树林带。其北面的乌海市黄河东侧桌子山侧近的海勃湾区、海南区，则生长着耐旱性强的榆树及垫状草类植物。上述不同的地名透露出的天然植物种类构成与分布信息，可为复原区域天然植被提供地名学依据。

三、 地方志书关于区域植被记录的剖析

在晚近成书的陕西榆林地区、内蒙古鄂尔多斯地区的地方志书中，对于近期鄂尔多斯高原天然植被种群构成有所记载。据此可推论更早时段高原的植被分布状况，在此试做申论。

（一）明清及民国地方志的相关记述

明代嘉靖十九年（1540）成书的《嘉靖宁夏新志》部分地记录着该地区野生植物种类，为我们的分析提供了材料。据该志书载，明代宁夏镇地区（包括鄂尔多斯高原西部在内）野生植物包括（肉）苁蓉、枸杞、木瓜、甘草、葶苈、地骨皮、三棱、紫苏、苦参、茴香、知母、菖蒲、青盐、锁阳、薄荷、寒水、石青、木香等等①。这样的记载显然是很不全面的，因为没有境内乔木植被的记述。唯一可称得上乔木或小乔木者，乃枸杞、木瓜等物种。其中，肉苁蓉、甘草、葶苈、地骨皮、菖蒲、锁阳等草本植物应来自鄂尔多斯高原西部沙漠区域。但就《嘉靖宁夏新志》所载数量而言，种类过少。其原因可能是修志者未曾进行一定的采访与调查所致。

据万历三十五年（1607）成书的《延绥镇志》记载，延绥镇（今陕西榆林）天然植物包括乔木、食用类野生植物、药用类植物、花草类植物等。其中，乔木有松、柏、柘、榆、柳（二种）、青杨、桑、槐、杨栒、梅、黄杨等；食用类野生植物有沙蕉、沙葱、沙芥、甜苣、地软、沙木耳、蒲笋、马齿苋、笔头、黄花、蘑菇、燕儿菜、羊角菜、水芹、前蒙花、地椒、茴香、时萝、蜀喇棘（一名沙米）等；药用类植物有百合、大黄、黄精、大戟、紫苏、薄荷、车前子、茵陈、防风、三棱、益母草、

① 〔明〕胡汝砺编，〔明〕管律重修：《嘉靖宁夏新志》卷一《宁夏总镇・物产》，陈明猷校勘，宁夏人民出版社，1982年，第25页。

葶苈、白蒺藜、苍耳、瞿麦、扁竹、知母、生地黄、浮萍、夏枯草、泽兰、破故纸、芜荑、柏子、秦凡、杏桃仁、松香、夜明砂、石膏、漏芦、柏油、苍术、半夏、墓头灰、瓜蒌、鹿角、葳蕤、细辛、木瓜、柴胡（鱼河川及境外驼山尤佳）、盐根、蕤仁（三山尤佳）、苦参、枸杞子、寒水石、黄芩、款冬花（双山尤佳）、地骨皮、草乌（高家堡佳）、菟丝子、郁李仁、红娘子、白芨、小茴香、荆芥、榆钱、紫花地丁、臭灌子（即马兜铃，畜药）等；花草类植物有山丹、龙须（草）、垂盆、蒲结席、沙竹、苜蓿、夕苫（覆屋，织席，猎人作绾，陷黄牛）、锁把（《通志》作酥油草）、蕢、芦、菰、苹、荇、水黑豆等。①

明代万历《延绥镇志》所载天然植物种类较《嘉靖宁夏新志》更为详细一些。透过上述两部地方志的相关记述，可窥见元明时期鄂尔多斯高原南部区域野生植物的物种构成与空间分布的宏观面貌。

清代道光二十一年（1841）成书的《榆林府志》对于本地区野生植物种类有较为详细的记载，特此转录于下。其中，乔木类植物包括“松、柏、榆、柳、桑、槐、樢（臭椿）、桃、杏、枣、杜梨（即甘棠）、水桐、青杨、白楸、侧柏、雾柳（丛生）、柽（俗名沙柳，又名三春柳，生水滨）”，以及“酸枣、海虹子、山木瓜（一名文冠果，一名槟郎。俗不知采食，俟其子熟取油）”等。至于草本类植物，则包括“龙须草、金丝草、沙竹（可为棬）、苇（织席）、蒲、马莲（可作纸）、菅草、席蓟（可以为囤、为篓）、盆草、苜蓿、沙蒿（其实为末，宜麦食，价倍于米，晋商争贩载之）、蓬蒿（飞蓬、转蓬即此）、棉蓬（其实可以度荒）”等，以及“沙木耳（生沙蒿根中，较南木耳佳）、蒲笋（一名蒲蒻。边外诸海子畔多有之）、地软（又名地耳，又名地踏菜。春夏雨后生腴地上）、蘑菇（……有黑、白两种。白色名鸡腿者佳，出府、怀二县边外）、笔头菜（菌类，又名地盖，又名地芩。夏日得雨骤生，紫花，头如笔，食用酒洗，有小毒）、沙芥（出于沙中，作齑，味辛而爽。田圃间时亦种之）、黄花菜、枸杞菜、马齿苋、灰条、荼、荇、蘋（苹）、荠、甜苣、苦苣、沙葱、沙韭、沙蒜”等可食用野菜，还有“百合、紫苏、薄荷、防风、白蒺藜、地骨皮、地肤子、车前子、知母、苍耳子、益母、千金子、菟丝子、鼠黏子、牵牛、马勃、马兜铃、羊踯躅、泽兰叶、黄地丁、大黄、荆芥、款冬花、黄菊花、夏枯草、萹蓄草、零香、甘草、谷精草、茵陈蒿、银柴胡、杏桃仁、柏子、枣仁、郁李仁、桑寄生、侧柏叶、槐花、苦参、黄芩、苍术、麻黄、枸杞、石菖蒲、泽泻、肉苁蓉”等药

① 〔明〕郑汝璧等纂修，陕西省榆林市地方志办公室整理：《延绥镇志》卷四《物产》，上海古籍出版社，2011年，第273—274页。

用植物。[①]

民国时期，绥远省相关人员曾经在鄂尔多斯高原进行过社会调查，留下一些记录。其中的《伊克昭盟志》是迄今为止内蒙古鄂尔多斯市唯一的地方志书。[②]

《伊克昭盟志》记载："伊盟的气候是寒的，又是沙漠地带，在这样的地区里所生的植物，当然不会像热带那么众多和繁盛。在这里所生的植物当有耐寒、耐旱、抗风、抗沙的属性，不然则休想生存。蒙古地带植物之幸而生存，真不知道经过了若干艰苦。……再谈野生植物。蒙古地方向（来）称没有树木的；但伊盟的树比较起来还算不少。像达拉特旗、准格尔旗沿黄河一带，绿柳成荫，亦可大观。其他开垦的地方，农民也有种植杨、柳的。此外，准格尔旗和郡王旗东南有柏树生殖。除此，其他各旗仅可在召庙和王府处看到一二株榆树或柳树而已。旅行在那里，偶尔发现一两株树，真不知是如何的喜悦。还有许多灌木（红柳），乌审旗为最多，该旗的沙丘中间，遍地皆是。又有一种所谓'沙蒿'随处皆生，具有耐寒、耐旱、不怕风沙的特性，所以很能繁殖。夏日遥望，远地草原均作黛色，那便是沙蒿的漫生。这是伊盟的主要燃料，无论蒙汉人家都砍取来作为火柴。草的种类不多，有一种草名'登香'，生于沙上，天候越旱，生长越繁盛，种子细小可食；贫苦农民秋日采取其子，以作食料。雉鸡草也很多，均生于低湿之地。做药材用的甘草、大黄、狼毒等也很多。尤其是甘草，由达拉特旗柴磴地方直到杭锦旗碱柜地方，约三百里长一片地区都产生大量的甘草。挖取者极多，每年产量据统计在一九二三年有五百余万担，一九一七与一九一八（年）为七百万担，因为这两年是我国甘草出口最盛时期。鄂托克旗又有一种头发菜（退化的海藻），可作菜食，每年产额虽不详，但亦很多。"[③]

据此可知，清朝至民国时期，鄂尔多斯高原的野生植物种类数量大减。当然，野生植物记载数量较少，也存在着修志者调研不够、判断失误等因素的影响。但大致依此可见，民国时期鄂尔多斯高原天然植被的物种构成简单，分布空间不大。沿着黄河南侧地带分布着柳、杨、榆等树种，准格尔旗南半部、郡王旗东南部则分布着柏、松、杜松等树种构成的片林。至于其他各旗生长的乔木已然很少，唯有寺庙、王府建筑群附近的树木得到保护而幸存下来。红柳等灌木类植被在乌审旗、札萨克旗之地普

---

① 〔明〕李熙龄纂修，陕西省榆林市地方志办公室整理：《榆林府志》卷二三《食志·物产》，第450—453页。

② 鄂尔多斯市的前身是伊克昭盟。伊克昭盟改为地级市——鄂尔多斯市后，其管区范围依旧不变。

③ 伊克昭盟地方志编纂委员会编：《伊克昭盟志》，见曾庆锡等修纂：《鄂托克富源调查记　准郡两旗旅行调查记　伊盟左翼三旗调查报告书　伊盟右翼四旗调查报告书　伊克昭盟志　伊克昭盟概况》下册，第295—297页。

遍分布，长势良好。草类植被则有雉鸡草、甘草、大黄、狼毒、头发菜等。而在沙漠地区，沙生植物十分重要，沙蒿、登香（亦作登相）皆是先锋植物群落。该志书所载可谓挂一漏万，因为许多植物并未被提及。

（二）当代地方志的相关记述

当代地方志关于天然植被的记载，也能折射出近代民国时期，甚至更早时段，鄂尔多斯高原天然植被空间分布的大致情况，为进一步的推论提供资料依据。

《准格尔旗文物志》载："八、植被 （准格尔）旗境受自然环境的影响，植被外貌上充分显示出干草原景观。由于地形起伏较小，故植被群落垂直分布不甚明显，只在水平分布上因局部环境的变异，呈现地域性差异。并据此划分出丘陵沟壑干旱区（准旗西、南、中部）、沙带区（准旗北部）、低湿地草甸区（全旗沙地间、丘间洼地、沿黄河河滩地带）、沼泽地区（大路乡、小滩子一带及河滩常年积水地带）。主要植被类型：乔木以油松、侧柏、杜松、杨、柳、榆等树种为主；灌木有柠条、酸刺、沙柳等；草本植物种类多、数量大，常见的有沙蒿、菅草、灰蒿、芨芨草、寸草、芦草等等。"①

《伊金霍洛旗文物志》载："七、植被 伊金霍洛旗植被类型多样，植物资源比较丰富。沙生植被、草甸植被等隐域性植被是本旗植被的主体，而显域性植被仅仅在少部分封禁地区得以保存。植被由原生植被向沙生植被转化，显域性植被逐渐被隐域性植被所代替。西部毛乌素沙地梁滩相间区，以草甸干草原、沙生植被为主。东部黄土沟谷区，以灌木草原植被为主，分布着臭柏、沙蒿、柠条等杂草。……十、植物 伊金霍洛旗植被类型多样，植物资源比较丰富。主要有菊科、禾本科、豆科，其次是藜科、蓼科、伞形科、莎草科（等）。"②

《杭锦旗文物志》载："八、植被 由于受土质和气候等自然环境的影响，（杭锦）旗境植被外貌上充分显示出地方性草原景观。杭锦旗境属草原地带植被群分三大类，一是潮湿地带、二是干旱硬梁地、三是沙漠草原地带。本旗南部属（潮湿）地带，草本植物有香蒿、木草、金兰花、苜蓿、药用天然麻黄等。干旱硬梁地带，有：柠条、长白柠条、毛柠条、药用甘草、冬青等。沙漠草原地带，有：沙蒿、芦草、哈木尔（锁阳）、药用黄连（苦豆根）等。除此之外，主要有植被类型：杨树、柳树、榆树、沙柳、沙枣、酸刺等。…… 十二、农作物 杭锦旗的农作物主要有小麦、玉

---

① 刘玉印主编：《准格尔旗文物志》，第4—5页。

② 伊金霍洛旗文物管理所编：《伊金霍洛旗文物志》，2012年，内新图准字（2012）第83号，第2—3页。

米、土豆、豆类、胡麻、荞麦、糜子、谷子、莜麦、麻籽、黄芥（菜）、葵花、蔬菜等，其中，小麦和葵花主要产区在沿（黄）河地区。”①

《鄂托克旗文物志》载：“堆积地貌……（2）风积沙丘地形 主要受风力堆积作用而成。一般可分为两种形态。（a）丛草沙丘，其上生有沙蒿、骆驼刺等耐旱植物。此种沙丘无规则的凌乱分布于各地区，大都已被固结。标高1100—1400米。（b）活动沙丘，由大型垄岗状沙丘、新月形沙丘及沙堆组成。一般作NE—SW向排列。有时，新月形沙丘构成新月形沙（丘）链。大沙丘多形成封闭型小洼地，为地下水富集区，生有茂盛的喜湿植物，主要分布在本旗东南部。”“鄂托克旗牧业发达，系我国主要牧场之一。畜牧业以羊为主，另还有少量牛、马、驴、骆驼等牲畜。由于受自然条件的控制，天然草场大致可分为（从东向西）：干旱草原草场、荒漠化草原草场、草原化荒漠草场、荒漠草原草场四个植被带和一个隐域性低湿地灌丛草甸草场。各类草场面积2400多万亩，草库伦2447处。各类牧草250多种，分46科、140属。具经济价值较高的野生动植物70多种，其中黄麻产量最高，年产四百万斤。”②引文中“野生动植物70多种”的“动”字，应为衍文。

《鄂托克前旗志》载：“鄂（托克）前旗属于荒漠草原和典型草原地带，正处在毛乌素沙地腹地，地带性植被受许多非地带性生境条件的限制，被一些非地带性沙生植被、沼泽植被、草甸植被和盐生植被所代替。”在鄂托克前旗东部地区，“其界线是从毛盖图苏木的巴彦乌珠尔嘎查开始向南经敖勒召其镇，沿三段地乡的东界至二道川乡的大池村一线东侧的干草原类区，面积为5687899亩，占草场面积的40.8%。……这类地区地表广泛覆沙，未覆沙部分又大多（被）排水较差的低洼滩地所占据，因此，原始植被分布范围很小，仅仅零星出现在个别的梁顶、梁坡，冷蒿、克氏针茅、糙隐子草等群系是主要植被。但在牲畜的强烈啃食下，草群低矮，层性表现不清。植被总盖度在15—40之间，植物种类组成贫乏，草场普遍退化、沙化，土壤松散，但水分条件较好，产草量较高”。在上述界线以西的鄂托克前旗西部地区，则属于荒漠草原区，“面积为6495194亩，占草场总面积的46.6%，为典型的波状高原，海拔在1200—1500米，地下水位大都15米以下，最深达50米以下。……植被组成（首先）以荒漠草原类为主，起建群作用的植物有：藏锦鸡儿、冷蒿、无芒隐子草、短花针茅、白草、甘草、彭氏弋尾、麻黄等。一、二年生的禾草及蒿属植物在局部地段形成建群

① 辛易莲、白志荣主编：《杭锦旗文物志》（内部资料），第2—3页。

② 内蒙古伊克昭盟鄂托克旗文物保护管理所编：《鄂托克旗文物志》，1990年，内新图出准字（90）第119号，第3—5页。

种或优势种。其次是沙生植物中的油蒿、白沙蒿、沙蓬等植物有相当的优势。这类地区的特点是：植被稀疏，草群低矮，劣等牧草少（按："少"应作"多"），地表普遍沙质化，以风蚀为主，并有程度不同的沙化，土壤以灰钙土和棕钙土为主"。在鄂托克前旗西北部边缘，即布拉格苏木陶利嘎查和上海庙牧场区域，则属于草原化荒漠类区，"面积约206987亩，占草场总面积的1.5%，地形起伏较大，相对高度在10—40米，海拔在1250米左右。地下水位在40米以下，地表沙化，侵蚀严重，沙丘起伏、沟壑纵横。植被组成以超旱生的灌木、半灌木为主，典型的草原化荒漠植被，有：柠条（锦鸡儿）、白沙蒿、沙冬青、红砂、珍珠、霸王等"。沙生植被、沼泽植被、草甸植被和盐生植被在鄂托克前旗各地皆有存在，"但主要分布在（其）东南部低湿地草甸类地区，属隐域性植被，面积约1560504亩，占草场总面积的11.1%。植被以非地带性的盐生植被和沼泽植被组成，盖度在30%—90%。在低洼潮湿的地形中，植物群落主要是一些中生和湿中生的植物，如：白刺、碱蓬、盐爪爪、芨芨草、芦苇、碱茅、寸草等"。[①]

鄂托克前旗地区天然植物群落基本分作两大类：木本植物和草本植物。木本植物包括乔木和灌木：小叶杨（水桐树）、旱柳（柳树）、榆树（山榆）、柽柳（红柳或观音柳）、鼠李（黑格兰）、沙棘（酸刺、酸柳柳）、沙枣（香柳）、沙柳、乌柳、柠条（锦鸡儿，分白柠条、红柠条、小柠条）、杠柳（杨秃稍）、沙蒿（黑沙蒿、白沙蒿）、蒙古岩黄芪（羊紫、三花子）。草本植物包括甘草（甜根草）、麻黄、芨芨草（枳机草）、棘豆（猫头刺）、碱草、蒺藜、小花棘豆（醉马草）等等。[②]其种类虽少，但利用价值较大。除作为牧草之外，许多植物还具有其他用途。比如药用植物类——甘草、麻黄、远志，纤维植物类——芨芨草、芦苇、马兰，芳香油植物类——甘草、茵陈蒿，编制植物类——沙柳、乌柳，燃料植物类——油蒿，淀粉植物类——沙蓬，以及蒙古葱、沙芥等菜类。[③]

《乌审旗文物志》载："3. 植被　（乌审）旗境受自然条件的影响，植被外貌上充分显示出荒漠草原景观。局部河谷有少量森林分布。由于地形起伏小，故植被群落垂直分布不甚明显，只在水平分布上因局部环境差异（而）呈现出地域性差异，分为沙生植被、草甸植被、沼泽植被。在广袤无垠的富水沙草原上，生长着69科、408种

① 《鄂托克前旗志》编纂委员会编：《鄂托克前旗志》，内蒙古人民出版社，1995年，第107—108页。

② 《鄂托克前旗志》编纂委员会编：《鄂托克前旗志》，第117—118页。

③ 《鄂托克前旗志》编纂委员会编：《鄂托克前旗志》，第118—121页。

植物。盛产麻黄、甘草和柴胡。乔木以油松、侧柏、杜松、杨、榆、柳等为主。灌木有柠条、沙柳、酸刺等。草本植物种类多、数量大，常见的有沙蒿、菅草、灰蒿、芨芨草、寸草、芦草等。柳叶鼠李（黑橄榄）、沙地柏（臭柏）等原始荒漠植物群系均有遗存分布，是研究考证荒漠草原生态变迁的历史标本，被国家列入重点保护的珍稀植物之列。”①

综上所述，在鄂尔多斯高原的东半部，由于年降雨量相对较多，植物种群数量较多、长势茂盛，覆盖度较高，属于温带森林草原植被；但是，21世纪初也受到毛乌素沙漠和库布齐沙漠的流沙与扬沙扩张的危害，渐渐出现土地沙漠化现象。而在鄂尔多斯高原的西半部，由于被毛乌素沙漠和库布齐沙漠占据、年降雨量相对较少，植物种群数量极少，长势甚差，主要是耐寒、耐旱、抗风沙的沙生植物，分布密度甚低。唯有生长于低洼潮湿滩地的隐域性植被群落密度较高、长势较佳。不难看出，鄂尔多斯高原的东半部和西半部的天然植被面相与种类差异是非常明显的。

第三节　元明清至民国时期鄂尔多斯高原野生动物的分布与演替

继两宋之后，元明清至民国时期，鄂尔多斯高原的野生动物种群与分布范围已发生重大的变化。就野生动物种群数量而言，宋代以前曾经大量栖息于鄂尔多斯高原的丰富多样的野生动物种群渐趋减少，有些种群趋于衰落，诸如野羊、野狼等种群个体数量远逊于从前，有些种群趋于灭绝，诸如野鹿、野马等种群至元明时期高原内部已不复存在。造成野生动物种群数量衰退乃至灭绝的根本原因，既有人类大肆猎杀之缘故，也存在气候冷暖干湿波动、自然环境退化等自然因素导致其生存环境恶化的原因。

一、元明时期（1227—1644）

公元1227年后，蒙古汗国军队吞灭西夏政权后控制着鄂尔多斯高原。蒙古族牧民移入高原后，基本从事游牧经济活动。党项族遗民的经济活动分作两类：部分人口从事畜牧经济，部分人口则在今银川平原从事农耕经济。汉族人口则在高原南部河谷区域操持农业。由于战争屠杀、威慑的原因，高原地域人口数量锐减、密度稀少。进入明代后亦然。在此期间，高原野生动物种群数量较前逐步减少，分布范围较前收缩。

就野生动物种群而言，唐代鄂尔多斯高原的野生动物种群——包括野马、野鹿、

① 乌审旗文物局主编：《乌审旗文物志》，2012年，内新图准字（2012）第71号，第6—7页。

野牛、野狼、野狐、野羊、野猪、野麝、青他（蛇）、青虫、雕、鹘等，历经五代、两宋而至元代，应当仍然存在，只是其个体数量较前减少。据北宋初期王延德西赴高昌途经鄂尔多斯高原中西部所见，黄羊种群的个体数量尚显众多。其余未见于古代文献记录的大体型野生动物当依旧存在于此地域，成为党项族牧民的狩猎对象。但是，由于库布齐沙漠的肆虐、毛乌素沙漠的扩散，野生动物种群分布区域较前大为缩小。在高原的东半部外流水系区域，野狼、野狐、野羊、野猪、野麝、野兔、野鼠种群也多有栖息于黄甫川、孤山川、窟野河等河川中上游的山林荒草之中。

进入明代，鄂尔多斯高原经过短暂的战乱而处于人口空前稀少的状态。野生动物种群在元代基础上继续衰退，直至某些种群在高原内部消失。明代人再无关于高原游弋着野马、野鹿、野牛的记载。显然，野马、野鹿、野牛等动物种群应是在明代最终走向灭绝的。这些大体型野生动物种群的生存与繁衍，需要适宜的生态条件，即丰沛的水源、茂盛的林草植被，才能满足它们生存与繁衍的物质需要。但是，元明时期气候逐渐趋冷、沙漠肆虐的生态环境再也难以满足这些大体型野生动物维持生命的物质需要。

成书于明代嘉靖十九年（1540）的《嘉靖宁夏新志》对于宁夏地区的野生动物种群有所记录，大略可窥见明代包括今鄂尔多斯高原西部在内的宁夏镇防区野生动物概况。该志书载：野生兽类包括“（野）鹿、野豕、兔、獾、狐狸、黄鼠（狼）、黄羊”等，水生动物包括“鲤、鲫、鲇、白鱼”等等。①

万历三十五年（1607）成书的《延绥镇志》记载：兽类野生动物包括“虎、豹、鹿、狼、狐、獾、獭、黄羊、兔”九类；禽类野生动物包括“鸽、鹌、鹑、黄鸭、山鸡、半翅、小雀（数十种）、干雀、鹡鸰、慈乌、鸦、蒿雀、鸠、鹭、鹳、鸥、鸢”；水生动物类包括“榆溪鲤、鳝、蛤、鲊、鲃、鳖、虾、田鸡”等。②

倘若《延绥镇志》所载不误，显然至万历三十五年，今陕西北部的榆林市域山区既栖息着虎、豹、狼、狐狸等食肉动物，也活动着鹿、黄羊、獾、獭、兔等野生食草或杂食动物。《嘉靖宁夏新志》所记与此区基本略同。而野马、野牛等动物种群则不见于文字记录，显然它们当已绝灭；至于野鹿虽然尚存，但个体数量明显减少。

导致这种变化的原因何在呢？那就是元明时期鄂尔多斯高原上的两块沙漠区域——库布齐沙漠、毛乌素沙漠不断地缓慢扩张，填塞原先存在的诸多湖泊、河川，覆盖原先丰茂的温带草原植被，最终挤压大型野生动物种群的生存空间。适口牧草资

① 《嘉靖宁夏新志》卷一《宁夏总镇·物产》，第25页。
② 《延绥镇志》卷四《物产》，第272—273页。

源的短缺，使元明时期野马、野鹿、野牛等大体型野生动物种群内部的个体数量逐步减少。直到明代，野马、野牛消失殆尽。

至于中等体型的野生动物——野狼、野狐、野羊、野猪、野麝等种群，在明代的鄂尔多斯高原各地仍旧有所分布，虽然其种群内部的个体数量不如从前繁多。它们能够继续生存与繁衍，主要缘于两点因素：其一是食草动物——野羊、野猪、野麝等种群单体个头较小，每日所需食草量易于满足，因此就有可能继续生存下去；野狼、野狐等食肉动物则居于食物链的中层，既然仍然存在着大量的食草动物，它们就能自然而然地继续生存与繁衍下去，何况还存在着牧民的畜群呢。其二是中等体型的野生动物适应自然环境的能力较强，能够顺应较为恶劣的生存条件，即沙漠化带来的生态环境的退化。至于其他如野兔、野鼠及爬行动物和飞鸟，应当没有太大的变化。

二、清朝至民国时期（1644—1949年9月）

入清之后，清朝中央政府在蒙古族地区实行民族特色行政区划制度——盟旗制度。但由于人口稀少，野生动植物资源并未得到有效开发与利用。明代以来，鄂尔多斯高原地域的野生动物种群尚无明显的变化。

自清代前期开始，由于清朝中央政府扩大赋税征收、地方蒙古族王公增加财政收入、内地农民扩充土地资源等三方面需求，鄂尔多斯高原的长城以北地区农耕经济逐渐再度兴起。及至清朝末期，在中央政府主导下，大规模地放垦鄂尔多斯高原荒地，鼓励内地农民迁入高原从事垦殖活动，从而使得鄂尔多斯高原及其毗邻地区农业经济快速成长起来，成为高原地域重要的经济领域。虽然主持垦务的官员贻谷因为执行中的过失受到朝廷惩罚而解职，但方兴未艾的高原农业经济继续发展，并延续至民国时期。

在这放垦蒙荒的过程中，随着鄂尔多斯高原地域人口数量的快速增长，人们对自然资源的需求量也在不断扩大，因而对大自然的干预和影响也就愈益增强。首先，是人们对天然植被资源的大规模砍伐与开发，导致植被覆盖度日益减少。其次，随着天然植被覆盖空间的日益收缩，野生动物的生存环境不断地遭受破坏，导致它们种群内部个体数量和种群数量逐渐减少，乃至于灭绝。

清代道光二十一年（1841）成书的《榆林府志》对当地野生动物种群有所记载，虽然并非全面，但据此可窥见清代后期鄂尔多斯高原南部野生动物种类构成概况。该志书记载：榆林府所在的鄂尔多斯高原南部，野生动物包括“黄羊、狐、貉、狼、虎、豹、鹿、獾”等兽类；禽类动物则包括“鸡、凫、雉、鸽、山鸡、（鹌）鹑、翠儿（色微黑）、雀（数十种）、燕、慈乌、脊令、鸳鸯（府城之东有鸳鸯湖）、鸥、鹊、（斑）鸠、（乌）鸦、布谷、戴胜、啄木（鸟）、鹤、鸢、天鹅、鹰、隼、鹳、雁、鱼虎、�鸨、雕”等；鼠类动物包括“黄鼠、兔鼠、吉灵鼠、会鼠（一名土鼠）”；鱼类动物包括“鲤（石花鱼）、鲫、鳖、鲇、鰕、鲵、鳅、鲃、白条、田鸡”等；虫类包括“蝌蚪、蟆、蛤、萤、螳螂、蜥蜴、蜗牛、蝙蝠、蜻蜓、螽斯、蜂、蝶、蛾、促织”等。[1]虽然文献记载并不算完整，但从中可以看出，截至清代道光二十一年，鄂尔多斯高原南部区域仍然生存着少量的较大体型野生动物，比如虎、豹、狼、狢、狐、鹿、獾等，以及其他野禽类动物、鼠类动物、昆虫类动物、水生动物诸种属。显然，其种群内部个体数量受到环境变化的抑制而大幅度下降。

迄民国时期，鄂尔多斯高原的野生动物种群数量急剧减少。其中，野羊、野猪、野麝等种群由于食草资源的匮乏而趋于绝迹。野狼、野狐的种群个体数量则随之急剧减少，藏匿于黄沙荒山之中。野兔、野鼠及爬行动物和飞鸟的数量也呈现下降态势。当然，每年秋冬季节，鄂尔多斯高原的湖泊水体仍旧是候鸟南迁途中的栖息地，诸如天鹅、遗鸥、大雁等野生候鸟或栖息于此地，或将此地作为中途觅食地。

民国时期，少数调查伊克昭盟地区社会经济状况的人员就惊讶地注意到，狼、狐诸类野生动物生存状况相当差劣，即经常遭到蒙古族猎人的持枪捕杀。至于野兔、野雉等小体型野生动物种群，因为不受牧民重视而极少被猎杀，所以其个体数量相对较多。

成书于1939年的《伊克昭盟志》，对于该年之前的鄂尔多斯高原野生动物种群有所记载。虽然并非鄂尔多斯高原野生动物种群的全部，但亦可显示出高原野生动物种群概貌。《伊克昭盟志》载：“伊盟的野生动物，计有狼、黄羊（麇）、狐狸、猞猁。产狼最多的地方为鄂托克旗，其他各旗时时出没。深山大林中本是狼的居处之所，人们以为茫茫沙漠的地方不会有狼的踪迹罢？事实不然，这里的狼更是凶猛。冬日如有猎枪一枝，骑马出猎，很可（能）打着野狼。黄羊到处皆是，成群结队，驰骋于草原大漠中，疾如飞鸟。皮可制褥，肉味很美。冬日，猎人常猎之。狐狸很多，一到冬天，蒙人携（猎）枪一枝，行于荒沙枯草之间，寻其潜居之穴。偶有发现，立即鸣枪射击，毙之而取其皮，或售于商人，或自制衣帽，为用很广。蒙人有专打狐狸者。野兔及山雉也很多，野草荒沙间常见兔跃雉飞。它们是自由生息，猎取者很少，

① 《榆林府志》卷二三《食志·物产》，第453—454页。

因为在蒙古人心目中，觉得没有什么大用，也就不去理它了。此外还有大雁，多栖息于湖沼地带。又有大鹰，起落翱翔于天空。还有流啭可听的百灵鸟。”①据此可知，民国时期鄂尔多斯高原常见的野生动物仅仅是野狼、黄羊、狐狸，这些是体型较大、引人注目者，其他有诸如野兔、野雉、大雁、百灵鸟等等。由于志书作者受客观条件与观察视野的限制，所叙述并不全面。这是后来人们可以理解的。

正因为发生如此显著而渐进的生态环境与野生动物种群构成及分布空间的变化，所以在今天的鄂尔多斯高原，早已无从寻觅大体型野生动物个体，更谈不上其种群是否存在了。中体型野生动物种群也已消失殆尽，无可称道者。

《准格尔旗文物志》载：“九、野生动物　准格尔旗在未放垦前，曾是狼、豹、狐、野牛、黄羊等多种野生动物出没的场所。放垦后，由于森林、草原被严重破坏，各种动物失去栖息之所，加之乱捕滥杀，使之无法繁衍，野生动物种类与数量大为减少。今旗境常见野生动物：兽类有黄羊、野兔、野鼠、獾、鼬、狐等20余种。鸟类有麻雀、喜鹊、鸳鸯、鸿雁、鹰、野鸽、石鸡、雉鸡等60余种；鱼类主要有鲤鱼、鲢鱼、鲫鱼、草鱼、绵鱼等近10种；其它还有如蜥蜴、蛇等爬行动物，青蛙、蟾蜍等两栖动物，以及种属、数量众多的昆虫类等等。”②至于狼、豹、狐、野牛等动物，早已无从寻觅。

《伊金霍洛旗文物志》载：“八、动物　伊金霍洛旗在20世纪50年代初期，狼、黄羊经常出没。50年代末，狼和黄羊已经绝迹。其它野生动物也因人口居住逐渐稠密，而越来越少。野兽有：野兔、狐狸、獾、狼、艾虎、刺猬等。鸟类有：野鸡、麻雀、喜鹊、鸽子、啄木鸟、鹌鹑、雁、老鹰、猫头鹰、沙鸡、鸳鸯、鹞子、云雀、百灵鸟、腊嘴子、水河雀、乌鸦、燕子、布谷鸟等。昆虫有：蛇、蜥蜴、蟾蜍、青蛙、蜜蜂、蝴蝶、蚂蚱、蜻蜓、螳螂、蜘蛛、蚂蚁、蜈蚣（等）。水生动物以鱼类为主，品种有：鲤鱼、鲫鱼、青鱼、草鱼、鲢鱼、泥鳅、草虾、田螺等。”③迄今，黄羊等野生动物亦已绝迹。

《杭锦旗文物志》载：“九、野生动物　今杭锦旗常见的野生动物，兽类有：野狼、狐狸、野牛、野兔、黄羊、黄鼠狼、野鼠、狗獾、人獾、鼠鼬等20余种；鸟类有：麻雀、鸳鸯、喜鹊、鸿雁、大雁、鹰、雕、猫头鹰、野鸭、石鸡、沙鸡、鹌鹑、

① 伊克昭盟地方志编纂委员会编：《伊克昭盟志》，见曾庆锡等修纂：《鄂托克富源调查记　准郡两旗旅行调查记　伊盟左翼三旗调查报告书　伊盟右翼四旗调查报告书　伊克昭盟志　伊克昭盟概况》下册，第300—303页。

② 刘玉印主编：《准格尔旗文物志》，第4—5页。

③ 伊金霍洛旗文物管理所编：《伊金霍洛旗文物志》，第2—3页。

白天鹅、雉鸡、白肚鹰等60余种；鱼类有：鲤鱼、鲢鱼、草鱼、绵鱼等近10余种；爬行类有：青蛇、黑乌蛇、七寸蛇等10余种；还有：蛇鼠、沙黄鼠、黄蜥蜴等动物，青蛙、蟾蜍等两栖动物，以及多种类属、数量众多的昆虫类等。十一、家畜　杭锦旗（是）以牧为主、农林结合、多种经营的牧业大旗，以沙漠草场和梁地牧场为主，宜于发展山羊、骆驼等耐旱性牲畜。除此以外，有绵羊、牛、马、驴等，数目众多。还有猪、狗、鸡、鸭、鹅、火鸡、家兔等多种经营。”① 此处，野狼、狐狸、黄羊属于杭锦旗大型野生动物。至于野牛，是否真实存在，尚存疑点。

《鄂托克旗文物志》载：“鄂托克旗牧业发达，系我国主要牧场之一。畜牧业以羊为主，另还有少量牛、马、驴、骆驼等牲畜。”②该志书缺乏野生动物种群方面的记录，无从提供线索。

《鄂托克前旗志》载：“鄂托克前旗境内，野生动物种群甚少。其中，野兽类包括：狼、狐狸、黄羊（亦称蒙古羚羊）、獾、兔、蝙蝠、黄鼬（黄鼠狼）、黄鼠（地松鼠）、黄胸鼠（大家鼠）、田鼠、鼹鼠、褐家鼠、小家鼠、跳鼠（跳兔）等。野禽类包括：鸨（花鸨）、鸢（黑老鹰）、雉（野鸡）、沙鸡（沙鸽子）、鸽、鹌鹑、乌鸦、猫头鹰、夜鹰（红角鸮）、大杜鹃（布谷鸟）、隼（鹞子）、喜鹊、麻雀、野鸭、伯劳（麻燕雀）、斑啄木鸟、家燕（紫燕）、金腰燕（胡燕）、鹤等等。鱼类约有10余种，如鲤鱼、鲫鱼、麦穗鱼、马口鱼、草鱼、鲢鱼、鳙鱼、泥鳅，其中草鱼、鲢鱼、鳙鱼系人工养殖。两栖爬行及环节类包括：青蛙、蟾蜍、鳖、蛇、蛇蜥（蛇鼠子）、沙蜥（沙和尚）、蚯蚓等。昆虫类包括胡蜂、蜻蜓、蜣螂、蟋蟀、蝗虫、螳螂、蝼蛄、蝴蝶、蜘蛛、蚂蚁、蚱蜢，以及萤火虫、蟑螂、金龟子、天牛、苍蝇、蚊子等，各地均有分布。”③显然，狼、狐狸、黄羊算是鄂托克前旗境内的大型野生动物。

《乌审旗文物志》载：“4. 野生动物　广阔的草原、浓密的植被和洁净宽广的水面哺育了各种野生动物。境内有狐狸、獾子、旱獭、黄鼬等26种兽类；有天鹅、石鸡、雉鸡、大雁、苍鹰、猫头鹰等129种鸟类，其中遗鸥等候鸟为国家一级保护动物。有草、鲢、鳙等多种鱼类，还有甲鱼、田螺、河蚌等其它水生（动）物。其它还有如蜥蜴、蛇等爬行动物，青蛙、蟾蜍等两栖动物，以及种属、数量众多的昆虫类

① 辛易莲、白志荣主编：《杭锦旗文物志》（内部资料），第2—3页。
② 内蒙古伊克昭盟鄂托克旗文物保护管理所编：《鄂托克旗文物志》，第3—5页。
③ 《鄂托克前旗志》编纂委员会编：《鄂托克前旗志》，第118—121页。

等。”[①]在乌审旗境，狐狸算是较大的野生动物。

综上所述，元明清至民国时期，鄂尔多斯高原野生动物种群构成和分布空间发生了缓慢而明显的演变。首先，高原野生动物种群数量缓慢缩小，一些种群因生态环境的快速改变而趋于消失（即在该区域灭绝），其他种群虽然依旧存在，但其个体数量较以前时段大为缩减，栖息环境也劣于过往。其次，依旧生存在鄂尔多斯高原的野生动物种群分布空间大为收缩，而且呈继续缩小态势。元代，因为库布齐沙漠、毛乌素沙漠范围相对较小，野生动物种群分布空间较大一些；至明代，受到干冷气候条件的影响，库布齐沙漠、毛乌素沙漠扩张的范围快速增加，致使原先的草原环境不复存留，野生动物种群分布空间进一步缩小；而清代至民国时期，除库布齐沙漠、毛乌素沙漠漫延扩散的负面影响之外，还因为农耕经济的重新兴起，天然森林草原植被消失速度加快，导致野生动物分布空间继续被压缩。其三，在此过程中，野生动物种群逐步减少或灭绝。起初，大体型野生动物种群率先在鄂尔多斯高原缓慢灭绝，大体是在元明时期。随后，中等体型野生动物种群也趋于减少，乃至消失，其时约在清代后期至民国时期。第三，随着高原人口的持续增长，小体型野生动物种群的生存条件同样受到严重影响，迄今，野兔、野雉、野鼠等小体型野生动物种群数量及其个体数量也受到极大的制约。毫无疑问，随着时间的推移、森林草原植被的萎缩及消失和土地沙漠化的漫延，野生动物种群因应着生态环境的退化与恶化，个体数量也明显减少，乃至于种群个体完全消失、灭绝。而且随着种群灭绝的数量逐步增大，依然生存于鄂尔多斯高原的种群数量就急剧减少。

第四节　元明清至民国时期鄂尔多斯高原动植物演替的原因剖析

引发元明清至民国时期鄂尔多斯高原野生动植物种群数量与分布空间缩小的原因是多方面的，其作用也缓慢渐进式表现出来。随着元明时期宏观气候“小冰期”到来，北方气温大大低于当代，且降水减少，冬春季节风力强劲，长期干旱少雨，从而推动库布齐沙漠、毛乌素沙漠的流动沙丘群体快速漫延，不断地向东、向东南或向南方扩散。延至清代至民国时期，随着农业生产的兴起，人口数量不断增加，对野生动植物资源的开发力度也随之增强。人们过度开垦引发了绿色植被锐减、水土流失渐趋严重的后果。这也是当时的人们始料不及的情况。因此，其原因可概括为三个方面：

① 乌审旗文物局主编：《乌审旗文物志》，第6—7页。

宏观气候波动、土地沙漠化进程加快、人类过度垦荒行为和水土流失灾害的扩大化。

一、元明清时期气候波动的影响

历史气候学研究表明，在元明清时期宏观气候由温暖转为寒冷的大背景下，气候的干燥与湿润状况也的确发生过变化。同时，温暖与湿润、寒冷与干燥之间也存在一定的关联。例如南宋后半期至元代（12—14世纪）比较湿润、近500年来的寒冷与干燥等，就是明确证据。① 此外，也存在着大气温度无明显变化，而气候趋于干燥的实例。在战国时期迄今的2500多年中，气候的干湿变化可分为前、后两期，以距今700年（元代后期）为界限，其前期气候较为湿润，其后期气候则渐渐变得较为干燥。②

近500年间，我国北部地域气候干湿状况显示，的确存在着大气候变暖变干的趋势。在此期间，旱灾发生的频率远大于水灾。依据旱涝灾害统计资料可知，在15世纪后半叶至16世纪前半叶（明代中期）、17世纪（明后期至清前期）、18世纪后半叶至19世纪前半叶（清代中期），都出现了旱灾持续发生的时期。③

气候的冷暖、干湿变化，对区域野生动植物种群必然产生深刻的影响。一般来说，温暖湿润的气候条件，为野生动植物提供着较为优越的生存环境，有利于野生动物的栖息、生长和繁衍，有利于天然植被群落的生长、增长和分布扩展，例如元代大部时间就是如此。寒冷湿润的气候则比较适合耐寒性强的野生动物种群栖息。温暖干燥的气候则导致植被生长受到抑制，使得野生动物因为食物短缺而被局限，但并无太大的影响。寒冷干燥的气候条件，则会让那些适应此种气候环境的植被、野生动物得到生存与繁衍的必要条件，比如明清时期。

就单一的气候影响因素而言，元代相对温暖湿润的气候环境，有利于鄂尔多斯高原野生动植物种群生存与繁衍；明清时期相对寒冷干燥的气候环境，使得部分野生动植物种群受到环境变化的限制。主要表现在：寒冷的冬季过于漫长，意味着极低的气温笼罩着鄂尔多斯高原地域（即大地封冻），植物无从早日萌芽、扎根、生长、开花、结果，生长周期缩短，植株生长质量低下。持续的冬季暴风雪引发食物短缺，则会冻死、饿死许多野生动物。温暖干旱的气候则导致炎热缺水，干渴会导致野生动物大量死亡，干旱就使得草原森林植被大量干枯。无论如何，极端气象灾害事件必将严

① 中国科学院《中国自然地理》编辑委员会主编：《中国自然地理　历史自然地理》，科学出版社，1982年，第17页。

② 中国科学院贵阳地球化学研究所第四纪孢粉组、C^{14}组：《辽宁省南部一万年来自然环境的演变》，《中国科学》1977年第6期。

③ 马正林主编：《中国历史地理简论》，第9—14页。

重制约野生动植物种群的发展。

二、元明清时期土地沙漠化扩张的影响

宋金时期，夏州西部的沙漠化现象愈加严重。其西南方的宥州（治长泽县，今内蒙古鄂托克前旗城川古城）地方也受到流沙和扬沙的威胁。初期毛乌素沙漠逐渐漫延至无定河上游河道南侧一带。

历元迄明，鄂尔多斯高原南部毛乌素沙漠流沙带仍在缓慢向东南推进。至明代万历年间，毛乌素沙漠迅速扩张到明长城一线。元明时期土地沙漠化进程加快，最为典型的史例莫过于延绥巡抚涂宗浚于明代万历三十八年（1610）督率延绥军民展开修复大边、扒除积沙之工作。

明代延绥镇大边长城经过万历元年（1573）巡抚张守中重建后，楼橹相望，雉堞相连，屹然雄峙，“崇墉蜿蜒，屹为巨障矣”。但是好景不长，大边长城沿线遭致强烈的风沙侵袭，情势显得极为严峻。[①]由于长城斜亘于毛乌素沙地南侧，长期以来兵连祸结，加上鄂尔多斯高原北部人口繁衍、放牧过度，而且干旱灾害频频发生，致使当地脆弱的生态平衡渐遭破坏。草原植被覆盖率不断下降，潜伏沙质地层的沙土裸露，浮沙在风力的吹动下，缓慢地向东南方移动，演变成数道流动沙丘带。流沙前锋受到大边长城阻挡而停滞在其外侧，经年累月，越积越多，使其丧失军事防御功能。其中，尤以延绥镇中路区段最为严重。据载：“万历二年以来，风壅沙积，日甚一日，高者至于埋没墩台，卑者亦如长堤大坂。一望黄沙，漫衍无际。”[②]延至万历三十七年（1609），形势更加严峻。“中路一带，东自常乐堡起，西至清平堡止，俱系平墙大沙，间有高过墙五七尺者，甚有一丈者”[③]。当时，长城的高度包括女墙在内为2.5—2.7丈。据此推算长城外侧流动沙丘高度达3—3.7丈，厚阔三五丈不等。

万历三十八年，为恢复长城的防御作用，巡抚涂宗浚借调东、西两路班军两千余士兵，相兼应募饥民数百名，实施清除中路段长城外侧壅积流沙的工作。工役自万历三十八年闰三月始，至同年九月中旬告竣，历时6个多月。在常乐堡至清平堡之间，长达246里的长城沿线沙丘均被彻底铲除，运往远方。巡抚涂宗浚接着命令各堡官军在长城以北遍栽蒿类野生植物，以图固定流沙，防之再起。此后，长城雄姿重得

---

① 艾冲：《明代陕西四镇长城》，陕西师范大学出版社，1990年，第34—35页。

② 〔明〕陈子龙等选辑：《明经世文编》卷四四八《涂司马抚延疏草二·修复边垣扒除积沙疏》，中华书局，1997年，第4933页。

③ 《明经世文编》卷四四八《涂司马抚延疏草二·修复边垣扒除积沙疏》，第4932页。

展现，作用再度发挥。正如所谓“非直数十年难竟之工，一旦底绩，而二百里极冲之边，焕然改观。内地借以保障，边民永有利赖”。延绥巡抚涂宗浚在《修复边垣扒除积沙疏》中称：万历三十七年（1609），榆林兵备道许占魁、延绥总兵张永胤亲赴长城勘查壅沙状态。

由此可见，自宋代迄明代晚期，初期毛乌素沙漠渐次向东南扩展。由唐代长庆二年（822）的夏州城（今陕西靖边白城则古城）至德静县城（今陕西榆林市榆阳区巴拉素镇白城台古城）一线初蒙风沙危害，至明万历三十八年流动沙丘直抵长城外壁而高过一丈，即常乐堡（今陕西榆林市榆阳区牛家梁镇常乐堡村）至清平堡（今陕西靖边县杨桥畔镇东门沟村）段明长城一线。在近800年（822—1610）间，毛乌素沙漠流沙带大幅度向东南扩散。其后果就是流动沙丘群与片沙群覆盖了大片大片的草原、河川与湖泽，完全取代了当地原有的优良生态环境。这种环境变化不仅导致天然植被大量消失，而且导致野生动物种群减少，以及其个体数量锐减，从而造成野生动物群体分布空间的缩小与退化。

从长远来看，万历三十八年，榆林镇扒除长城外壁风积沙丘之工，收效甚微。此后，流动沙丘群与飞扬沙尘越过明代长城继续向东南扩张。正如明人刘敏宽在《榆镇中路论》中所说：“保宁、波罗相去八十里，……且东起常乐、西抵波罗，沿边积沙，高与墙等。时虽铲削，旋壅如故，盖人力不敌风力也”[①]。由于风沙对长城内侧地表的覆盖与湮塞，榆溪河与无定河间水草丰茂的三角地带快速沙化。例如：“保宁（堡）昔称水泽之区，年来潴水渐涸，马无所饮”，出现严重缺水的问题。[②]保宁堡故址，位于今榆林市榆阳区芹河镇保宁堡村。万历初年，榆林镇分守中路参将府，驻于保宁堡城，后改设中协副总兵一员，仍然驻扎于保宁堡，其军事地位甚重。[③]

明代长城内外发生严重的沙化问题，很大程度上与人为因素有关，即人类的不当作为加剧了该区域的沙化趋势。主要原因是：明王朝在此一线修筑了抵挡北方游牧民族南侵的长城，又采取了一系列防御措施。在长城内，明王朝沿长城一线又驻扎重兵防守，修建了众多的城堡以供驻军驻守。按明朝的规定，边防驻军既要守城，又要屯田以自给。于是又由驻军在城堡周围开发了一定数量的农田，进行粮食种植。试举延绥镇为例，有明一代，在延绥镇防御区的长城一线，大致兴修了包括榆林卫城也就是后来升置的延绥镇城在内的37或38座城堡。按城堡所在位置及其御敌作用各驻扎不

① 张立德等：《榆林县志》卷二一《兵志·附边防》，民国十八年（1929），第26b页。
② 张立德等：《榆林县志》卷二一《兵志·附边防》，第26b—27a页。
③ 艾冲：《明代陕西四镇长城》，第49页。

同人数的士兵。如成化年间东路的清水、孤山、镇羌、柏林，中路的平夷、怀远、威武，西路的清平、龙州、镇靖、靖边十一堡，各拨骑兵一千守之。东路神木、高家堡和西路安边营，各拨骑兵三千守之。中路双山、波罗和西路宁塞、定边各拨骑兵二千守之。中路榆林城拨骑兵五千守之。[①]按照上述记载的城堡驻军数，明代延绥镇当有驻军五万人左右。

明代的边防守军也如内地卫所军人一样，实行屯田自给，所谓三分守城，七分屯田。这是指平时没有敌情情况下的制度安排。如有敌情，御敌当然是第一要务。这里但看延绥镇的屯田，文献记载保留了两个时期的屯田数字，一是嘉靖年间（1522—1566）榆林卫有屯田27965顷，二是万历时（1573—1620）屯田增加到34644顷。[②]如果把这一屯田数字换算为平方公里，34644顷土地就等于2309.6平方公里。在长城内侧开发出了如此大面积的土地，又由于军人垦荒比较粗放，或有轮种和撂荒，就为区域土地沙化埋下了种子。

除边防守军所从事的屯田以外，还有边军牧养的军马，也需要草场牧放。仍以延绥镇为例，据万历《延绥镇志》记载，当时延绥镇辖的30余座城堡，共计拥有牧马草场157493顷70亩。这一牧马草场的顷亩数换算为平方公里，约等于10500平方公里。牧马草场的超负荷养马，也是影响长城内环境的一大因素。

有明一代，延绥镇于长城内侧开发的屯田与牧马草场面积，共计约可达12809平方公里，面积不可谓不大，对区域环境的人为影响也不可谓不大。

在长城以外，明驻守边军还有一项重要任务和措施，即划长城外50里地为禁地，不许边外游牧民族放牧于此。而且在每年草高羊肥的季节，要对这50里范围内生长的牧草进行焚烧，以保证此一范围内没有马食羊啃之草，从而将蒙古军事势力至少隔绝在距长城50里的地方。这也是当时防范蒙古势力南下犯边的重要措施之一。由于年复一年的烧荒，沉积的草木灰使这宽幅50里的带状区域的土地变成了黑色，后人谓之黑土地。这种烧荒行为是对区域生态环境影响很大的一项人为措施，在生态脆弱的地方，也是土地沙化的一大原因。

仍以延绥镇为例，《延绥镇志》云“榆镇东抵偏关，西接宁夏，绵亘千八百余里”，就按1800里计，折900公里，长城外禁地宽50里，折25公里，则其烧荒的总面积就达22500平方公里。再加上屯田面积和军马草场面积，总面积可达35309.6平方公

① 《明宪宗实录》卷一〇二“成化八年三月壬戌”条，“中央研究院”历史语言研究所，1962年。
② 〔明〕郑汝璧等纂修：《（万历）延绥镇志》卷二《钱粮・附屯田》，北京图书馆，明万历三十五年（1607）刻本缩微片。

里。明代的延绥镇，在如此大的范围内，对生态环境施加了过度的人为影响，烧荒更是消极性的破坏行为，因而对此一时期鄂尔多斯高原生态环境的负面影响不可谓不大。

屯田区域，一改此前固有生态，原有的林草没有了，一变而为一年生的农作物植被，原来林草中栖息的动物会因失去生存环境而逃离。改为军马草场的草原地带，军马就成了这一区域的主要动物，其原生动物肯定受到挤压和驱离。长城外的草原禁地，因烧荒而地面不留生物，没有了植物的生存，也就断了食草动物的生路，同时也断了生物链上捕食食草动物的食肉动物的生路。故明代这一区域的人为因素，对域内动植物的分布与变迁的影响都是巨大的。

进入清代之后，鄂尔多斯高原的生态环境还有持续恶化的趋势。因流沙壅塞，保宁堡地区经济社会渐次凋敝。保宁堡以南之地，原先分布着多个小型湖泊，诸如杨官海、方家海（桑海子）、酸梨海（一作酸林海，或作酸刺海）、天鹅海（均在榆阳区芹河镇南部），以及曹海子、土地海子（均在今横山区东北部），共六七个小湖泊。“凡水之所会渟而不流者，通谓之‘海’。水不大而（名）海者，渟之盛也”。[①]清代康熙十二年（1673），这些小湖泊犹见于《延绥镇志》的记载。但在此后，这些小湖泊就渐次被风沙（流沙与飞沙）湮塞而消失。至20世纪初，当地仅仅留下相关的聚落名称，即杨官海子、桑海子、酸梨海子、天鹅海子等地名，昭示着古湖泊的原来位置。其后，毛乌素沙漠流沙带在长城以内不断向东南推进，扩大其覆盖与占领范围。于是，在榆溪河与无定河间清初就出现大片的沙地，甚至被赋予固定的名称。譬如所谓“十里沙”，就分布在榆溪河西侧，北起长城，南达黑山，逶迤十余里之遥，“风吹日映，色如龙鳞”。[②]延及20世纪70年代初，毛乌素沙漠流沙带前锋已经推进至今鱼河镇东南的峁沟口附近。[③]由于西北风与顺榆溪河谷大风、顺无定河谷大风在此汇合，风力风速大为加强，风沙顺着无定河谷地向前运动。截至20世纪末年，流沙带前锋已抵达榆阳区上盐湾乡驻地附近。于是，形成西北起自明长城、东南伸达上盐湾、长达60余公里的流沙带。此乃毛乌素沙漠流动沙丘群向东南扩张幅度最远之地。[④]

延至清代后期，毛乌素沙漠的扩张致使榆林府城也遭遇跟1000多年前夏州城和德静城近似的困扰，即风沙壅堵城墙的问题。榆林府暨榆林县的官员不得不多次调集

① ［清］李熙龄纂：《榆林府志》卷四《舆地志·山川》，道光廿一年（1841）刻本，第2—3页。
② 《榆林府志》卷四《舆地志·山川》，第2—3页。
③ 参见陕西民政局1971年版《榆林县地图》。
④ 杜忠潮、惠振江：《陕北长城沿线毛乌素沙地的形成与扩展初探》，见朱士光、吴宏岐编著：《西北地区农村产业结构调整与小城镇发展》，西安地图出版社，2003年，第66—74页。

劳动力扒除城墙外壁的积沙。但是，人力扒除积沙的效果不佳，扒除后流沙再度壅塞城墙，乃至榆林府官员最后放弃旧北城墙，向南收缩后别筑新北城墙。《改修北城大略》称："同治二年，常道宪瀚鉴于本省同州、朝邑之回乱，目睹北城沙压残废，于十月内倡议改筑。……于是相度地形，弃旧城，南徙，筑土为垣，计长四百三十八丈七尺，高三丈，阔一丈八尺"[①]。又《刘福堂军门修城记略》曰："同治六年夏，回匪跳梁，榆人筹议城防，共请当道捐款修葺。是时也，但于城东北铲其沙，西南浚其濠，建营房，补睥睨，事未及竣而经费已不支矣"[②]。这就表明：尽管同治二年（1863）改筑榆林城北墙，但新筑北城墙仍旧蒙受流沙壅积之弊，同治六年（1867）不得不铲除其外侧的积沙。

迄20世纪末，毛乌素沙漠流沙带向陕西榆林地区推进的幅度各不相同。在孤山川至窟野河上游地段，沙粒物质随风吹扬，不断向东南方运动，以片状沙或流动沙丘形态覆盖于黄土梁峁坡面与河谷之中，流沙前锋迄今已到达神木市区西北3千米处。在窟野河与榆溪河地段，长城以南出现大片降沙覆盖黄土梁峁，流沙顺着柏林河（解家堡河）谷地而下行，绵延20千米；其中，秃尾河西侧流沙带已伸达榆阳区麻黄梁镇芦家铺村附近的开光川北岸，绵延20千米，宽约2千米；常乐堡东侧、长城以南的流沙带顺佳芦河谷伸向东南方，东岸沙头已经深入到佳县打火店附近，长达40千米，宽2—5千米，厚度则为数米至数十米，呈沙堆、新月形沙丘分布。在无定河干流南侧的榆林市横山区境，流动沙丘带受到西南—东北流向的芦河与相同走向的横山山脉（海拔1400—1600米，东西延亘130千米）的阻挡，流沙沉降在芦河谷地，使之沙化严重。在靖边、定边两县地带，南有白于山脉（海拔1600—1800米）耸立，其北麓台塬（梁地）伸延至两县中部（主要是八里梁、柠条梁），更有红柳河往北转东而流去，因而冬春季节西北风刮行至两县中部的"三边滩"（定边滩即西滩、安边滩即东滩、靖边滩），受白于山拦阻产生风管效应，转为西风，阻滞流动沙丘南移而成为毛乌素沙漠的巨大屏障。流沙带在"三边滩"北部改变运动方向，转向东方推进。正因如此，在靖边、定边两县北部存在着一条与白于山体大致平行、距离约30千米的流动沙带，西自定边县孟家沙窝、东迄靖边县高家沟，南北宽1—3千米。流沙呈现格状沙丘和新月形沙丘并存，高度在3—15米之间。因为受西风的驱动，"三边滩"地流沙向东推移。沙带跨越明长城、芦河后，因白于山拦阻作用减弱，复折向东南方，直逼横

① 张立德等：《榆林县志》卷六《建置志·城池》，第14a页。
② 张立德等：《榆林县志》卷六《建置志·城池》，第14b页。

山县双城乡一带。延绵27千米，宽度达15千米。[①]

在鄂尔多斯高原北半部，也存在类似的生态环境退化现象——土地沙漠化。库布齐沙漠自从东晋十六国时期在今杭锦旗北部形成初期流沙区以来，缓慢扩散。由于初期库布齐沙区在冬春季节受到经由其西方巨大宽阔的山口吹袭而来的强风驱动，其流沙带的扩散主要是向东方运动。其西方巨大宽阔的山口是指今狼山山脉和贺兰山山脉间的宽阔平缓区域。由此东进的强烈西北风或西风运行至今乌海市区，被南北走向的桌子山山体迎头阻挡，风流遂向东北、东南分道吹扬。吹向东南方的大风经行于今鄂托克旗与鄂托克前旗西部区域，继续趋向东南方或南方。而经由桌子山山体北侧吹向东北方的冬春强风与向东的强风合势，吹过位于今杭锦旗北部的初期“库布齐沙漠”，遂驱动地表沙丘向东移动，形成初期“库布齐沙漠”的流沙带；或直接吹扬起地表的土壤与粉沙，于天空向东运行一段距离后，再降落于地面而形成草原上面积不等的片沙。当这些片沙堆积到一定高度与面积时，也遭受强风的吹袭驱动而在地表向前移动。于是，原先的片沙演变成流动沙丘或沙丘链，覆被草原、耕地、湖泊、河流和山梁，改变着原先的生态环境。

据古代文献记载，库布齐沙漠在唐代被称作“库结沙”“普纳沙”等。据学者研究，那时期，“库结沙”沙漠基本已布满今杭锦旗北半部，其西、北至今黄河侧畔，东缘相当于今毛布拉孔兑沟流域，南缘限于今杭锦旗迈勒沟以北。[②]延及宋代，鄂尔多斯高原大部被西夏控制。依据辽夏战争的行军路线与战场位置可知，库布齐沙漠流沙带已经向东漫延至今达拉特旗西部的卜尔色太沟流域。进入蒙元时期，库布齐沙漠流沙带东扩步伐继续，大概抵达今达拉特旗中部的罕台川流域。明代初期，明军控制着阴山山脉，鄂尔多斯高原东北部一度成为山西行都指挥使司东胜诸卫所军人屯垦与畜牧之区。显然，库布齐沙漠流沙带大体扩散至今达拉特旗东部的哈什拉川中游流域，还远未波及今准格尔旗北部。入清以后，鄂尔多斯高原北部的农业开发逐步兴起与发展，迁入其北部的农业人口遂逐步增长。这就加快了库布齐沙漠东扩的速度。大致至清代末期，流沙带已逼临今准格尔旗东北境的黄河西岸；至民国时期，库布齐沙漠到达准格尔旗东北部、黄河西畔的局面得到巩固与强化，流动沙丘链布满黄河西岸区域。

---

① 杜忠潮、惠振江：《陕北长城沿线毛乌素沙地的形成与扩展初探》，见朱士光、吴宏岐编著：《西北地区农村产业结构调整与小城镇发展》，第66—74页。

② 艾冲：《公元7—9世纪库布齐沙漠分布范围探考》，见杜文玉主编：《唐史论丛》第11辑，第251—260页。

鄂尔多斯高原南部的毛乌素沙漠、北部的库布齐沙漠两块沙区流沙、扬沙范围的逐步扩张，对高原地域的天然植被和野生动物种群的生存环境造成难以挽回的负面影响。滚滚风沙所到之处，覆盖丰茂的草原，填压肥沃的农地，湮塞地表的湖泽、河川、泉眼等水源，挤压了温带典型草原环境的空间范围。这就造成草原生态环境的严重退化，直接威胁着原先栖息于此地的野生动植物种群的生存安全，直至将野生动植物种群逼入绝境，迫使其灭绝。首先是野生动植物种群的生存空间自西向东被逐步挤压而区域缩小，直至高原东部区域。其次是野生动植物种群内部个体数量由于环境的退化与萎缩而逐渐减少，乃至于整个种群在当地全部灭绝。反之，被毛乌素沙漠、库布齐沙漠的流沙带覆盖的区域，原先的温带森林草原野生动植物种群趋于消失，而沙生植被群落、适应于沙漠化环境的野生动物种群开始出现，逐步演变为荒漠化草原或者草原化荒漠。于是，高原局部地区的生态环境发生巨大的演变，原先丰茂的温带典型草原被荒漠化草原所替代，植物群落、动物种群发生显著的变迁。况且迄今为止，这种土地沙漠化灾害仍然继续发展与扩散。真所谓“大风起兮沙飞扬，安得绿树兮镇四方”。

三、清至民国时期过度农垦与放牧的影响

鄂尔多斯高原农耕经济的再度兴起与发展，始于清朝康熙后期，盛于清朝末年，至民国时期仍继续推进。清代鄂尔多斯高原为蒙古鄂尔多斯部驻牧之地，并因以置伊克昭盟，下辖鄂尔多斯部所分七旗。清代曾长期对此区实行封禁政策，目的在于阻断蒙汉两族人民之间的交往与联系。但实际上，内地贫民从未中断过进入鄂尔多斯从事偷耕种植的活动。如遇灾荒年份，更会出现大批灾民的涌入。康雍之际，封禁政策尚能严格执行，然此时伊盟境内，已是“凡近黄河、长城处，所在皆有汉人足迹”[①]。而汉人所到之处，都会出现农业种植。一般而言，汉人进入鄂尔多斯地区从事垦殖，大多采取与蒙人合作的方式，即向蒙人租种土地，收获实行分成，谓之“同种”或“伙种”。蒙人坐收地租之利，甚而“资地租为养赡”，这是内地汉人得以持续不断进入鄂尔多斯地区扩大农业种植的一个重要条件。乾嘉以降，清政府的封禁政策往往因形势而时张时弛，鄂尔多斯地区的农业垦殖也往往利用封禁松弛之机得以不断扩大。在很长一段时间内，清政府仍严格规定：汉人在蒙地不得定居，不得携眷，不得娶蒙女为妻；每年必须春去秋还。这些春去秋还的农民谓之“雁行人”。道咸以

① 山东南运湖河筹办处编辑：《调查河套报告书》，北京京华印书局，1923年，第219页。

迄光绪初年，迁入鄂尔多斯的移民越来越多，不得定居的规定逐渐被打破，“搬移眷属”“盖房屋居住”的现象随之出现。时间既久，人口聚集之处逐渐形成村落，田园风光已比比皆是。起初，内地农民进入鄂尔多斯地区从事开垦的土地仅限于明长城北侧的黑土地，但随着黑土地被开垦殆尽，开垦的区域又进而延伸到黑土地以外地区，及至清代后期，更是在放垦政策的影响下，开垦规模进一步扩大，以至遍及整个鄂尔多斯地区。

清朝末年，由于清政府遇到了前所未有的财政危机，辛丑赔款的沉重负担更是压得清政府喘不过气来，于是开垦蒙荒便成为清政府敛财以解燃眉的有效途径之一。1902年，清政府以新政的名义在蒙地推行放垦政策，开始了有史以来鄂尔多斯地区规模最大的一次开垦。所谓放垦，就是扩大对原有牧地的开垦，同时改原来的私垦为官垦，由国家统一征收荒地的赎买价——押荒银，再按1∶1的比例与蒙旗分成，既使蒙人感到有利可图，又增加了国库的收入。清政府任命贻谷为垦务大臣，负责放垦事宜。贻谷在鄂尔多斯地区首先选择垦殖条件最好的杭锦旗和达拉特旗放垦，不一二年，就在鄂尔多斯全境推广。据《清史稿·贻谷传》记载，贻谷在蒙地推行放垦历时6年，“凡垦放逾十万顷，东西二千余里。绝塞大漠，蔚成村落”。鄂尔多斯地区自应包括在内。贻谷离任后，又由将军信勒负责继续放垦，一直施行到清朝灭亡。根据伊克昭盟各旗的放垦数字统计，清末在鄂尔多斯地区放垦的土地达30650.252顷。从当时放垦的情况看，除鄂托克旗因所报垦的土地过于贫瘠而未全部放垦外，其余各旗报垦的土地均如数得以放垦。在清末放垦政策的作用下，内地汉族人口不断涌入鄂尔多斯地区，使区域农业生产得以迅速扩大。农田增加一份，牧地就要消失一份。数年之后，往日以畜牧为胜的草原景观为之一变，成为又一重要的农业生产区域。

适度的农业经济增加了鄂尔多斯的域内财富，也丰富了区域居民的物质生活。但是，过度的滥垦滥伐就会导致草原、森林植被急剧收缩，从而也使得部分野生动物失去其生存空间。截至清朝末年，不仅域内草原出现了大面积减少，鄂尔多斯高原东部地域的天然森林面积也严重萎缩，仅存在极小范围的片状次生林，包括今准格尔旗中南部、伊金霍洛旗东部和北部、府谷县北半部、神木市北半部及榆阳区北部。同一时期，野生动物种群则因丧失绿色植被保护的栖息地，逐步地呈现出数量锐减、种群消失的颓势。

与此同时，随着草原面积的缩小，牧民的游牧空间受到挤压，过度放牧和草原超载问题就出现了，也导致了严重的后果。即在小范围内，畜群长期踩踏、啃食、圈养，必然引发小面积牧草被踩死或啃食殆尽，从而出现草本植物稀疏。久而久之，荒漠化的土地就出现了。

我们知道，茂密的温带森林灌木植被、生机盎然的广阔温带草原是野生动物栖息之佳境。当大范围的森林、草本植被消失之后，不仅意味着森林、草原的灭失，也标志着野生动物种群的大量消亡。鉴于惨痛的历史教训，我们今后必须严格保护以天然植被和野生动物为主体对象的生态环境。

四、水土流失灾害扩大的影响

在明清至民国时期，随着农业经济在鄂尔多斯高原的兴起和不断扩大，驱使东部河川的流水侵蚀地貌不断发展，致使水土流失灾害越来越严重。随着山坡表层土壤的流失，区域绿色植被覆盖度急剧减小，野生动物种群因失去适宜的栖息环境而退化或消亡。

清代前期，鄂尔多斯高原农业开垦区主要局限在明长城北侧“五十里禁留地”范围。至清代中期（雍正、乾隆、嘉庆年间），农耕经济已经扩散至鄂尔多斯高原的中北部。延及清朝末期，清朝中央政府派遣贻谷担任垦务大臣，主持放垦事宜。于是，由官方大规模放垦蒙荒活动遂拉开序幕。随着农业经济向北方拓展，许多地方的天然林灌草植被渐渐被人工植被所取代。

由于人们开垦荒地步伐的加大加快，地表天然植被遭受砍伐而消失。地表既然缺失绿色植被的庇护，于是在夏秋季节遭受暴雨冲击、剥蚀、侵蚀下，出现愈来愈严重的流水侵蚀地貌，以及水土流失问题。水土流失灾害的表现形式包括：其一，河川两侧山坡坡面在下雨期间被地表径流切割得支离破碎，大小冲蚀沟壑遍布坡面，导致原先的山坡地面大量肥沃的表层土壤被降雨冲刷而去。其二，河谷干流与支流发源地出现严重的溯源侵蚀，沟头持续地向着山坡顶部延伸，所到之处，大量的土石就被洪水冲刷而去。当两面山坡河川源头的溯源侵蚀现象进一步发展，就形成相向溯源侵蚀，直至两个溯源侵蚀的沟头相距甚近，形成特殊的“崾岘”地形。其三，密如蛛网的坡面侵蚀沟壑由小变大地继续发展，必然导致更多量的水土流失。最终出现山坡与台塬表层耕作土壤流失殆尽，地力瘠薄，无论是人工植被，还是天然植被，都难以再生。这就形成了所谓“濯濯童山”的地貌景观。

迄今为止，水土流失灾害不仅出现在鄂尔多斯高原南部的无定河流域，也出现在西南部的山水河流域、东南部的黄甫川、清水川、孤山川、窟野河、秃尾河等河川，以及高原北部的“十大孔兑”。鄂尔多斯高原南部的无定河干流以及支流流域，水土流失后留下的侵蚀沟壑比比皆是，植被大多消失。尤其是红柳河、芦河、西芦河、大理河、小理河发源地所在的白于山、横山山区，坡面陡峭，水土流失现象较为突出。西南部的山水河（苦水河）流域亦然。山水河源出大罗山、小罗山及白于山余脉，水土流失问题也是相当严重。高原东部流经今内蒙古、陕西汇入黄河的黄甫川、清水川、孤山川、窟野河、秃尾河等河流域，水土流失面积也很大。特别是黄甫川的全流域几乎尽皆存在水土流失现象，山坡冲沟纵横交错，坡面支离破碎，沟壑断面基岩裸露。目睹山原残破景象，令人触目惊心。源出于东胜梁北坡的“十大孔兑”，是指自南向北流淌的10条小河川，包括毛布拉孔兑、卜尔色太沟、黑赖沟、西柳沟、罕台川、壕庆河、哈什拉川、东柳沟、呼斯太河、母花沟。在这10条小河的上游流域，地表受到夏季降雨的冲击而逐渐出现流水侵蚀、表层土壤流失的问题，且随着斗转星移而愈演愈烈，迄今也发展成水土流失较为明显的区域。于是乎，东胜梁北坡的溯源侵蚀逐渐发育、发展，甚至这些沟头已推进至东胜梁顶部，与其南坡诸河川（主要是十里长川、纳林川、特牛川、东乌兰木伦河、西乌兰木伦河）上游源头交错分布，冲沟密布，其梁面也显得支离破碎，崎岖难行。①

总之，凡是发生过流水侵蚀、水土流失灾害的地方，由于大地表层肥沃土壤的丧失，坚硬的生土地层或基岩裸露，绿色植物无法生长于其上。于是，出现大片的裸露生土地区，并且呈现出继续扩大的态势。尤其是在鄂尔多斯高原东部地区，例如陕西省府谷县古城镇麻镇村与内蒙古准格尔旗龙口镇的大占村、小占村交界附近区域，山坡被流水刻蚀得千沟万壑，河谷则断崖裸露，十分狰狞。其水土流失严重程度惨不忍睹，令观察者触目惊心。②

伴随着水土流失区的缓慢扩张，植被及栖息于其间的野生动物种群生存空间急剧缩小。鄂尔多斯高原生态环境发生了巨大的变迁，森林消失、草本植被退化，野生动物种群减少、个体数量锐减，部分种群因不适应退化的生态环境而濒临灭绝地步，或者已经灭绝。

小　结

元明清至民国时期，鄂尔多斯高原地域处在宏观的由温暖型转为寒冷型的气候条

① 资料来源于多年野外考察所见所闻所测。

② 1989年秋季，作者曾经抵达黄甫川中游地区进行野外踏查。

件下。宋金后期至元代前期，鄂尔多斯高原的气候属于温暖型气候。至元代后期，我国北方气候转趋寒冷。明清时期，鄂尔多斯高原的气候属于寒冷型气候，而且偏于冷干类型。气候因素对野生动植物的生存与繁衍产生一定的影响。

元明清至民国时期，鄂尔多斯高原的生态环境发生明显的变迁。天然植被开始由原先的典型温带草原向荒漠化草原和草原化荒漠转变，野生植物群落物种构成发生巨变。在高原东部区域，古代大量生长且广泛分布的松、柏、杜松、榆、柘、桑、杨诸树种绝大部分消失，林相发生巨大的变化。在高原西部区域，耐寒、耐旱、抗风沙的沙生植物群落替代了原先的典型温带草原植被。

与此同时，野生动物种群也出现种群内部个体数量锐减、种群数量减少乃至消失的大趋势。野马、野鹿、野牛、野驴、虎、豹等野生动物种群在数百年间缓慢地减少，乃至消失殆尽。迄今唯有狼、狐、獾、野兔、雉等动物种群尚存。野生动物种群的减少及消失，标志着它们赖以生存的自然环境发生巨大的不利于其自身的变化。

影响野生动植物种群（群落）衰减及灭绝的因素可概括为四方面，即宏观气候波动（冷热干湿）、土地沙漠化扩张、清至民国时期过度农垦和过度放牧，以及水土流失灾害延续与扩大等。其中，在不同时段不同区域，不同因素发挥的影响作用程度参差不齐，有的发挥主要的作用，有的仅起到辅助的作用。因此，具体问题需要具体剖析与考量。唯有如此，才能较为精准地再现特定时段生态环境原貌及其变化过程，才能深刻地探明特定时段特定区域天然植被群落物种构成、野生动物种群数量及其发展与衰亡的过程，探究自然环境演变与人类经济活动发展间的互动关系，为当今生态文明建设提供历史地理学的支撑与借鉴。

结　语

从总体来看，史前时期本区的环境面貌与今日相比有较大差别。从植被状况来看，石器时代尤其是旧石器时代木本植物（也即森林）发育较多；从动物物种来看，多种大型动物如象、虎、犀牛、鸵鸟等当时在本区较为常见，而今日早已绝迹。本区的荒漠景观应当从史前时代就一直存在，可能只是范围较今日为小，因为鸵鸟、沙鼠等是典型的荒漠动物，这些动物所占据的生态位特点非常明确，肯定不会全是山清水秀之地；从理论上来说，本区毕竟处于西北内陆，水热条件肯定与东部湿润地区有所差距，就算远古时期自然环境较好，也不可无限拔高。

夏商周时期，本区的自然环境整体面貌仍是森林、草原、荒漠同时存在的局面，但具体范围似乎仍很难确认。与史前时期的情况类似，骆驼遗存在相关考古遗址的出土及其在鄂尔多斯式青铜器上的出现，似乎从另一个角度表明了荒漠的存在。

秦汉时期本区生态环境状况似乎非常之好，几乎不见关于流沙的记载，甚至连沙生植物及荒漠动物如骆驼都很少见于记载，壁画墓中却常有水禽的形象出现。秦汉时人以“新秦中”一词称呼本区，足见其富饶可与关中平原相比。即使在新莽、东汉之后农业区内缩，也并非由自然环境变化导致，而主要是由军政形势变化引起的。

关于魏晋南北朝时期的鄂尔多斯高原的自然环境状况，现阶段学界对于统万城及其周边的环境变化研究较为深入，而对于那时期鄂尔多斯高原全局自然环境面貌缺乏详细深入的研究。笔者等在此推测：魏晋南北朝时期本区的生态环境，包括野生动物、天然植被的构成与分布状况，与秦汉时期相比，由于农业经济的退出，对草原植被的恢复起了一定的作用，但也不可忽视高原西北部的库布齐沙漠，在寒冷干旱的情况下出现的边缘扩张与漫延。

隋唐时期，鄂尔多斯高原东部区域呈现出大范围天然森林植被覆盖的景观，尤其是在各条外流河川的上游及发源地。今东胜梁东段各条河川发源地生长着松、柏、榆、柳、竹、杜松诸群落构成的天然森林。今窟野河中游河道两侧山岭分布着以巨大松树为优势种群的森林；今秃尾河上游流域向西抵达今鄂托克旗东北部地带则分布着以榆、柳为优势树种的森林植被；今白于山、横山山区位于高原南缘，降水条件较好，森林植被的构成树种较多，既包括柏、杉、松等针叶树种群落，也包括榆、柳、杨、木瓜等阔叶树种群落。鄂尔多斯高原西部区域（主要是指内流水系分布区，也包括少数外流河川流域）隋唐时期呈现出一派温带稀树草原环境，在广阔的草原上，星星点点地分布着少量的乔木群落与灌木群落。在今杭锦旗东南部和中西部高地，散布着面积不大的天然森林植被；今达拉特旗南部高地、伊金霍洛旗北境山坡也是如此。伊金霍洛旗西南境、乌审旗北境和鄂托克旗东北隅，则分布着北朝以来就已存在的榆柳之林。高原西南部的大罗山、小罗山、牛首山等山区，也存在着森林植被。至于高原西缘的桌子山山区，则由于气候干燥、降水稀少、风力强劲、土层浅薄而无乔木类植物存在。

隋唐时期鄂尔多斯高原野生动植物的分布特点大体包括：基于高原波状高低起伏的地势地形和天然植被状态，野生动物种群的空间分布存在地形的差异，天然植被的分布则受到地势高低的影响。高原波状起伏的地势，造就了山地与河谷、梁地与滩地相间分布的自然地形。高原地表波浪状起伏的地形决定着野生动物种群和天然植被分布与生存的空间格局。野生动物种群既适应着地形、植被等客观自然条件，也遵循着食物链的客观规律。哪个地方存在着野生食草动物种群，也就必然存在其天敌——野生食肉动物种群。

高原野生动植物分布变迁的影响因素，可概括为四点：隋唐时期宏观气候转为温暖湿润状态，大气温度回升。这就为野生动植物生存与繁衍提供了优越的外部环境与条件。隋唐时期的气候类型处在年降水量较前增长、干热型与湿热型频繁波动的状态，间杂着大气温度的升降变动，形成短期季节性的干冷或湿冷型气候。在320多年间，气温、湿度有所波动，为高原野生动物、植物的生存提供着保障性的客观条件。

至唐代后期，农业垦殖线的北移和过度放牧导致高原地域出现两个土地沙漠化区域。其一是位于今杭锦旗北部的“库结沙”，即初期“库布齐沙漠”；其二是位于今鄂托克旗与鄂托克前旗中东部的“沙”，即初期“毛乌素沙漠”。流沙所至之地，原先的绿色植被逐步消失，被沙生植物所取代，从而引发鄂尔多斯高原地域早先的野生动物和天然植被的种类构成、分布格局悄然发生变更。

两宋时期，鄂尔多斯高原的气候、天然植被、野生动物种群经历了前后差距较大的变化。区域气候条件在宏观气候背景下经历着由北宋时期寒冷型气候向南宋及元代温暖型气候的转变。天然植被则相应地因区位、地形的差异经过不同的变迁。西部高平原地区经历着北温带干草原向半草原半荒漠甚至荒漠的渐进式过渡，土地沙漠化程度不断提升与扩散；东部低山丘陵沟壑地区则生长着耐寒耐旱的针叶树种群，东南部生长着阔叶树种群，从而形成针阔叶混交林。野生动物种群与个体数量皆较唐代减少，但仍然存在于此地域，诸如野马、野羊（黄羊）、狼等 。其重要的证据就是宋代地理志记载的区域诸州土贡产品，包括农业经济产品、畜牧经济产品和狩猎经济产品，以及迄今犹存的古树名木——包括松树、柏树、榆树、柳树、杨树等活化石。这就表明：至宋代，虽然由于气候波动、族群战争等自然与社会原因的双重驱动，导致鄂尔多斯高原的生态环境渐趋退化，但是就其天然植被、野生动物种群的构成与空间分布而言，仍然优于当代该地域的生态环境。

元明清至民国时期，鄂尔多斯高原地域处在宏观的由温暖型转为寒冷型的气候条件下。宋金后期至元代前期，鄂尔多斯高原的气候属于温暖型气候。至元代后期，我国北方气候转趋寒冷。明清时期，鄂尔多斯高原的气候属于寒冷型气候，而且偏于冷干类型。气候因素对野生动植物的生存与繁衍产生了一定的作用。

这一时期，鄂尔多斯高原的生态环境发生明显的变迁。天然植被开始由原先的典型温带草原向荒漠化草原和草原化荒漠转变，野生植物群落物种构成发生巨变。在高原东部区域，古代大量生长且广泛分布的松、柏、杜松、榆、桑、杨诸树种绝大部分消失，林相发生巨大的变化。在高原西部区域，耐寒、耐旱、抗风沙的沙生植物群落替代了原先的典型温带草原植被。

与此同时，野生动物种群也出现种群内部个体数量锐减、种群数量减少乃至消失的大趋势。野马、野鹿、野牛、野驴、虎、豹等野生动物种群在数百年间缓慢地减少，乃至消失殆尽。迄今，唯有狼、狐、獾、野兔、雉等动物种群尚存。野生动物种群的减少及消失，标志着其赖以生存的自然环境发生巨大的不利于其生存的变化。

野生动植物种群（群落）的衰减及灭绝，是受到宏观的气候波动（冷热干湿）、土地荒漠化扩张、清至民国时期过度农垦及过度放牧和水土流失灾害延续与扩大诸多因素的综合影响所致。这些变化值得今人关注。

精准地再现特定时段特定地域生态环境原貌及其变化过程，才能深刻地探明特定时段特定区域天然植被群落的物种构成、野生动物种群数量及其发展与衰亡的过程。探明区域自然环境演变与人类经济发展间的互动关系，将为当今生态文明建设提供历史地理学的支撑与借鉴。

后　记

本书是鄂尔多斯高原历史地理研究课题的诸多专题之一。研究任务分配落实后，总课题主持人艾冲教授带领课题研究人员多次深入鄂尔多斯地区进行实地考察，重点考察的地点既有历史时期的人类遗存，如石峁古城、统万城遗址、唐经略军城遗址等，又有反映环境变迁的自然遗存，如寻找“地斤泽”、考察萨拉乌苏文化遗址及一些名为某某海子的地方等。每次考察都有丰硕的收获，成为课题研究不可多得的第一手资料。

我曾两次随艾冲教授进入鄂尔多斯高原考察，自认为收获是丰富的。感触最深的是：自19世纪末20世纪初以来，鄂尔多斯高原的农业开发持续不断，至20世纪七八十年代，过度开发的副作用已经显现，固有的草原环境发生了前所未有的变化，即土地沙化严重、草原退化严重，呈现出沙进人退的变化趋势。其中最突出的变化是：域内的库布齐沙漠愈趋扩大，毛乌素沙地也比以前扩张了许多。尘沙飞扬，沙尘暴不时来袭，成了区域气候环境的常态，也给区域经济社会的发展带来深深的隐忧。这一现状，也促使国家于20世纪90年代出台农牧业生产调整政策，强调人与自然和谐共存的关系，强调因地制宜，以促使各个区域经济社会的可持续发展。具体措施即是在生态脆弱地区实行退耕还林和退耕还草，进一步加大对荒山秃岭和沙化地区的治理力度。20年后，当我们来到鄂尔多斯高原进行实地考察，在经过原来已经沙化的地带时，看到的情况已超出我们的想象，区域景色已经大变，流沙不动了，地表重新长出了草植，移动沙丘变成了固定沙丘，治沙已取得有目共睹的成效。沙地重新变绿，沙尘归于沉寂，充分说明这里的沙地或沙漠不是原来固有的，而是某个历史时期由于人类的不当行为造成的。当然，我们也看到了几处沙地，却都是人们有意识留下的，一可作为对照的标准，二可作为发展区域旅游业的一个选项。这样的事实，就为我们复原历史时期的地域面貌提供了有力佐证，也增加了我们复原历史地理环境的学术底气。

我在历史自然地理研究方面有一定的知识欠缺，于是邀请具有历史自然地理知识优势的李冀博士协助我完成此课题。李冀博士在已有知识积累的基础上，又对鄂尔多斯高原进行了更深入更细致的野外考察，并搜集了大量的参考资料，一方面充分吸收前人的研究成果，另一方面更深入地挖掘史料潜力，在理论与实践相结合的基础上，先行写出了八万字的初稿。之后，再由艾冲教授与我共同补充、修改，遂形成现在的这本书。因此，本书的完成，实得益于李冀博士和艾冲教授的鼎力帮助。在此谨向李冀博士和艾冲教授致以深深的谢意！

吕卓民

2021年5月10日